河南省"十二五"普通高等教育规划教材

矿井监控系统

（第 2 版）

李长青　等编著

北京航空航天大学出版社

内容简介

本书共分 9 章,从矿井监控系统的概念、体系结构、性能与技术指标等方面的介绍入手,对矿井信息传输技术、传感器技术、分站电源、监控分站、监控主站接口、监控系统软件、监控系统的规划设计和安装调试与矿井监控新技术等内容进行了论述,文中融入了作者多年来在矿井监控技术方面的研究思想及成果。

本书层次分明,内容详实,力求具有实用参考价值。既可作为高等院校计算机科学与技术、电气工程、采矿工程等相关专业高年级本科生及研究生教材,亦可作为从事矿井监控技术研究、应用和开发领域的科技工作者和高等院校师生的参考书籍。

图书在版编目(CIP)数据

矿井监控系统/李长青等编著.-- 2 版.-- 北京:
北京航空航天大学出版社,2018.6
　ISBN 978 - 7 - 5124 - 2721 - 1

Ⅰ.①矿… Ⅱ.①李… Ⅲ.①矿山安全—安全监测—监测系统 Ⅳ.①TD76

中国版本图书馆 CIP 数据核字(2018)第 109385 号

矿井监控系统(第 2 版)

李长青　等编著

责任编辑　董宜斌

*

北京航空航天大学出版社出版发行

北京市海淀区学院路 37 号(邮编:100191)　http://www.buaapress.com.cn
发行部电话:(010)82317024　传真:(010)82328026
读者信箱:emsbook@buaacm.com.cn　邮购电话:(010)82316936
三河市天利华印刷装订有限公司印装　各地书店经销

*

开本:787×1092　1/16　印张:15.25　字数:390 千字
2018 年 6 月第 2 版　2018 年 6 月第 1 次印刷
ISBN 978 - 7 - 5124 - 2721 - 1　定价:45.00 元

　　《矿井监控系统》一书,以河南理工大学所研发的 KJ93 型矿井安全生产监控系统为原型,总结了作者 20 余年来从事矿井监控技术研究与应用的经验与成果。该书第 1 版于 2012 年出版,并于 2016 年荣获河南省规划教材。按照河南省教育厅相关要求,并结合近年来新的研究成果以及第 1 版中存在的一些问题,作者对第 1 版进行了修订,从而有了本书第 2 版的出版。

　　第 1 版共分 9 章,其中第 1 章对矿井监控系统进行了概述并简单介绍了 KJ93 型监控系统;第 2 章研究了矿井监控信息传输技术及 KJJ26 信息传输接口;第 3 章研究了监控分站基本原理与 KJF20 监控工作站;第 4 章研究了传感器设计技术;第 5 章研究了隔爆兼本安型电源的设计;第 6 章论述了 KJ93 监控系统软件设计;第 7 章研究了矿井视频监控系统设计;第 8 章研究了工业以太网技术及在矿井监控系统中的应用;第 9 章研究了矿井安全监控系统的规划设计和安装调试。

　　在第 2 版中,作者在对第 1 版内容进行修订的基础上,按照监控系统设计原则,对原章节内容进行了调整,同时从易于教学的角度考虑,为每一章配备了相应的习题。全书主要变动如下:

　　首先,第 1 版中,关于监控主站的设计被放在第 2 章矿井信息传输技术中,在第 2 版中,新增加了监控主站接口章节,同时新增了对原接口进行升级改造的内容;

　　其次,考虑到矿井监控技术的发展,删除了第 1 版的第 7 和第 8 章,新增加了矿井监控新技术章节,将第 1 版中第 7 和第 8 章的部分内容融入了新的章节中;

　　第三,将原第 3 章中的断电控制器部分内容,整合到分站电源章节;

　　第四,在监控分站章节,新增加了无线监控分站设计的内容;

　　第五,在传感器设计章节,新增加了无线传感器设计和光纤传感器设计的内容;

　　第六,将原第 2 章中关于矿井监控系统体系结构的内容整合到了新版的第 1 章;

　　第七,对矿用隔爆兼本安型电源部分的内容安排进行了较大的调整。

　　修订后内容主要安排如下:全书分为 9 章;第 1 章概述,主要论述矿井监控系统的概念与组成、体系结构、性能与技术指标、设计依据、部署要求、现状与发展趋势以及简单介绍了 KJ93 型监控系统;第 2 章矿井信息传输技术,主要论述了信息传输方式、校验技术、串行通信与多路复用技术;第 3 章传感器技术,主要介绍了 KJ93 型监控系统所接入的各类传感器的设计技术;第 4 章分站电源,主要论述分站电源的分类、保护机制、备用电池电源与断电控制技术;第

5 章监控分站,主要论述监控分站设计原理、KJF20 监控分站与无线监控分站设计;第 6 章监控主站接口,主要论述 KJ93 型系统采用的 KJJ26 接口设计以及对 KJJ26 接口的升级;第 7 章监控主站软件,主要介绍了 KJ93 型监控系统软件的设计;第 8 章主要研究了矿井安全监控系统的规划设计和安装调试;第 9 章矿井监控新技术,主要研究了工业以太网技术、无线通信技术、无线传感网技术等以及这些技术在矿井监控中的应用。

参与本书修订工作的主要有李长青、孙君顶、王磊、陈艳丽和毋小省老师,全书由李长青、孙君顶负责统稿和审校。在本书的修订期间,很多人曾给予我们很多的帮助和支持。由于作者水平有限,以及国内外针对矿井监控技术研究的逐步深入和快速发展,书中难免存在一些疏漏与错误,敬请广大读者批评指正。

编 者

2018 年 3 月

目　录

第1章 概　述

煤炭产业是我国的支柱产业,在国民经济中占有重要的地位,而矿井安全生产是煤炭产业健康有序发展的重要保证。由于煤炭资源特殊的生产环境,容易发生瓦斯爆炸、火灾、透水等重大灾害,严重地制约着矿井安全生产。为了能够把矿井事故降到最低的程度,应准确、及时地测定井下工矿环境参数,尤其是测定瓦斯浓度的大小,掌握井下通风安全状况,及早发现事故征兆,达到预防事故的发生和保障矿井安全生产的目的。

矿井监控系统是煤炭高产、高效、安全生产的重要保证,是矿井生产实现现代化管理的一个重要标志。目前,世界各主要产煤国对此都十分重视,研制、生产和推广使用环境安全、轨道运输、胶带运输、提升运输、供电、排水、矿山压力、火灾、水灾、煤与瓦斯突出、大型机电设备运行状况等监控系统,有效保障了煤矿的安全生产,提高了矿井的生产率和设备的利用率。《矿井安全规程》第一百五十八条明确规定:“所有矿井必须装备矿井安全监测监控系统,矿井安全监测监控系统的安装、使用和维护必须符合本规程和相关规定的要求。”

自 2000 年以来,国家对煤矿企业安全生产要求不断提高和企业自身发展的需要,我国各大、中、小煤矿的高瓦斯或瓦斯突出矿井陆续装备矿井监测监控系统。矿井监测监控系统的装备大大提高了矿井安全生产水平和安全生产管理效率,同时也为该技术的正确选择、使用、维护和企业安全生产信息化管理提出了更高的要求。

1.1　矿井监控系统概念与组成

为全面提高企业安全生产水平,国务院发布了《关于进一步加强企业安全生产工作的通知》,强制推行先进适用的技术装备。煤矿、非煤矿山要制定和实施生产技术装备标准,须安装监测监控系统、井下人员定位系统、紧急避险系统、压风自救系统、供水施救系统和通信联络系统等技术装备。

1.1.1　矿井监控系统概念

在矿井安全生产中,影响矿井安全、生产的因素有很多,但归结起来,主要包括矿井环境参数和用电设备的运行参数两种。其中,矿井环境参数包括瓦斯、一氧化碳、风量、温度、顶板压力及其位移、井下粉尘、皮带机头烟雾、水仓水位、风机的负压和风门墙两边的风压等。用电设备的运行参数主要包括转载机、皮带机、割煤机、乳化泵等。无论环境参数或用电设备的运行参数任何一个出现异常,都将影响到矿井的安全生产。为了有效地对这些参数进行监测和控制,这就需要对相关矿井参数进行实时监测和控制。

矿井监控系统,是应矿井生产自动化和管理现代化的要求,确保矿井安全、高效生产,在便携式检测仪器、半固定式、固定式检测装置的基础上,由遥测、遥控技术、监视、计算机技术及网络技术而发展起来的多种现代化技术装置组成的系统。矿井监控系统通过对煤矿工作现场和工作过程进行监测和控制,将现场运行监控、数据的实时采集、事故处理、日常事务管理等工作交给计算机完成,从而及时、准确地反映所需要的监测信息,满足诸如环境安全以及设备状态不同检测对象的要求,实现在煤炭生产过程中对全煤矿的综合监控,以便生产调度和指挥人员及时了解全矿生产信息,掌握设备运行情况,从而有效保障了矿井生产的安全,并提高了矿井现代化管理水平。

矿井监控系统具有对矿井生产各环节的各类参数进行采集、传输、存储、处理、显示、打印、声光报警、控制等功能,可有效监测甲烷浓度、一氧化碳浓度、粉尘浓度、风速、风压、温度、烟雾等环境参数及馈电状态、风门状态、风筒状态、局部通风机开停、主通风机开停等工矿参数,并实现甲烷超限声光报警、断电和甲烷风电闭锁控制等安全保护功能。

1.1.2 矿井监控系统组成

矿井监控系统一般都是由信息传输系统、数据处理系统与传感器及执行装置三大部分构成。根据《煤矿安全监控系统及检测仪器使用管理规范》(AQ1029—2007),矿井安全监控系统需具有模拟量、开关量、累计量采集、传输、存储、处理、显示、打印、声光报警、控制等功能,用于监测甲烷浓度、一氧化碳浓度、风速、风压、温度、烟雾、馈电状态、风门状态、风筒状态、局部通风机开停、主通风机开停,并实现甲烷超限声光报警、断电和甲烷风电闭锁控制。

随着计算机技术、网络技术、微电子技术的不断发展,目前的矿井监测监控系统主要由监测监控终端、地面中心站、通信接口装置、井下分站、各种传感器及通信设备等组成。矿井监控系统典型结构如图1-1所示。

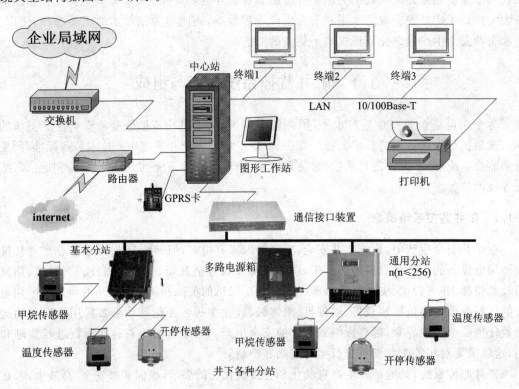

图1-1 监测监控系统结构图

1. 信息传输系统

信息传输系统主要由监控分站、中心站、电缆等组成。

监控分站负责接收来自传感器的信号,并按预先约定的复用方式(时分制或频分制等)远距离传送给主站,同时接收来自主站的多路复用信号(时分制或频分制)等。监控分站还具有线性校正、超限判别、逻辑运算等简单的数据处理能力,能对传感器输入的信号和主站传输来的信号进行处理,并控制执行装置工作。

监控中心站(信息传输接口)负责接收监控分站远距离发送的信号,并送主机处理;接收主机信号,并发送相应监控分站,实现地面非本质安全型电器设备与井下本质安全型电气设备的隔离、控制监控分站的发送与接收、多路复用信号的调制与解调、系统自检等功能。

电缆是信号传输的通路。信号传输方式可采用基带传输、频带传输、宽带传输等方式。基带传输是一种最简单、最基本的传输方式,基带信号不经过调制(不改变频率)而直接传输。频带传输是在发送端将基带信号先调制,再送到信道中传输,在接收端将接收的调制信号解调恢复为原基带信号。宽带传输在宽带局域网中采用宽带传输,它是以电视电缆技术为基础,采用频率调制等技术把电视电缆分别割成多个子频带,这些子频带可用于数字信号的单向或双向传输,每个子频带都有各自的调制解调装置。

2. 数据处理系统

数据处理系统主要由计算机、模拟盘及各种外部设备等硬件和各种应用软件、操作系统等软件组成。其功能是接收来自传输系统的信息,对数据进行处理(信号接收、调制、数据分离、变换、存储、传输),并通过屏幕、模拟盘对监测参数或状态进行显示,同时对其进行综合分析判断,当某些环境参数超过预定值时,自动报警,并可向井下发出控制信号,切断影响区域的电源,防止事故发生。

3. 传感器与执行装置

传感器负责采集各种环境参数并送到传输系统,传感器直接关系到监控内容和数量及监测数据的准确度。因此,必须选择可靠、稳定、准确的传感器。传感器主要包括模拟量传感器和开关量传感器,其中模拟量传感器主要用于监测各种环境参数,如瓦斯、一氧化碳、风速、温度、负压以及电流、电压、速度、位移、流量、比值等。开关量传感器主要用于监测设备开停、设备运转状态等,如各种机电设备开停、机电设备馈电状态、风门开关状态等。

执行装置使用矿用电缆与分站相连,接收来自传输系统的控制信号,并将控制信号转换为被控物理量,执行开、停、断电的控制功能。如控制设备开停,控制断电器动作以及状态调节器运转等。

1.2　矿井监控系统体系结构

矿井监控系统体系结构是指系统监控中心站与监控分站、监控分站与监控分站、监控分站与传感器(含执行机构)之间的相互连接关系。矿井监控系统的体系结构同一般的数字通信和计算机通信网络相比,具有安全防爆的特点。为保证系统的安全性能和可靠性,降低系统成本,便于使用维护,矿井监控系统的体系结构应满足下列要求:

① 有利于系统安全防爆;

② 在传感器分散分布的情况下,通过采用适当的复用方式,使系统的传输电缆用量最少;

③ 抗电磁干扰能力强；

④ 抗故障能力强，当系统中某些分站发生故障时，力求不影响系统中其余分站的正常工作；当传输电缆发生故障时，不影响整个系统的正常工作；当主站及主干电缆发生故障时，保证甲烷断电及甲烷风电闭锁等功能正常。

目前，监控系统的体系结构主要包含星形结构、树形结构和环形结构三种类型。

1. 星形网络结构

星形网络结构，就是系统中的每一分站（或传感器）均通过一根传输电缆与监控中心站（或分站）相连，如图 1-2 所示。这种结构具有发送和接收设备简单、传输阻抗易于匹配、各分站之间干扰小、抗故障能力强、可靠性高等优点。但是，这种结构所需传输电缆用量大，特别是当系统监控量大、使用分站（或传感器）多时，会导致系统的造价高，且不便于安装和维护。因此，星形网络结构主要用于小容量的矿井监控系统。

2. 树形网络结构

树形网络结构，就是系统中每一分站（或传感器）使用一根传输电缆就近连接到系统传输电缆上，如图 1-3 所示。采用这种结构的监控系统所使用的传输电缆量最少。但由于采用该结构的监控系统传输阻抗难以匹配，并且多路分流，因此在信号发送功率一定的情况下，信噪比较低，抗电磁干扰能力较差，系统电缆短路会影响整个系统正常工作。在半双工传输系统中，分站的故障还会影响系统的正常工作。例如，当分站死机时，若分站处于发送状态，将会长时间占用信道，影响系统正常工作，直至故障排除或分站从系统中脱离。采用该种结构的矿井监控系统，其信号传输质量与分支多少、分支位置、线路长度、端接阻抗、分站发送电路截止时漏电流等因素有关。由于不确定因素太多，难以保证质量，在严重的情况下还会影响可靠性。

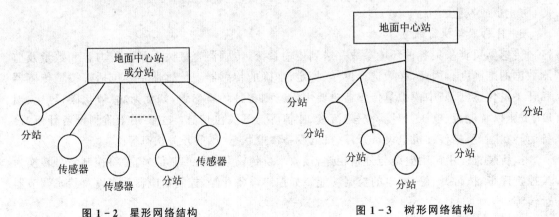

图 1-2 星形网络结构　　　　图 1-3 树形网络结构

（1）传输阻抗不匹配

传输阻抗不匹配将会造成信号电磁波的反射，由于信号电磁波的反射，将会造成在传输线上某些点的电压或电流值大于正常值，在严重的情况下，将影响系统的本质安全性能。同时由于信号电磁波的反射，反射波成为所发送信号的干扰波形，影响信号传输的可靠性。当信号频率较高、传输线较长时，特别当传输线的长度可以与信号基波波长比拟时，由于传输阻抗不匹配和传输线对阻抗的变换作用，将会在传输线的某些点上出现近似于短路和开路现象，从而阻塞信号的正常传输。例如，在图 1-4 所示系统中，如果在 a 点处发生短路或开路故障，不但 A、B、C 分站的信号无法向中心站传输，而且由于 a 点的阻抗（短路或开路）将会导致变 b 点的阻抗变化,还会影响其他分站同中心站的联系,即系统的抗故障能力较星形结构差。

（2）分支影响

树形系统中的传输线是就近并接在一起的,即使不考虑传输阻抗不匹配的问题,其本身的并接方式对系统也会造成较大的影响。

首先,系统主干电缆或分支电缆的短路,将会使整个系统无法正常工作。

其次,多路分流的影响。所谓多路分流就是指在不考虑信号电磁波反射和传输线对信号衰减的情况下,电缆分支对信号能量传输有分流的影响。在图 1-5 所示系统中,P_i 是第个 i 分支分流系数,它代表着该分支获得信号能量大小的程度（$P_i \leqslant 1$）。若分站 A 发送的信号能量为 W,由于多路分流,中心站 K 所获得的信号能量为（$P_1 * P_2 * \cdots * P_i$）* W。由于 $P_i \leqslant 1$,因此信号所经过的节点越多,到达中心站 K 的信号能量就越小。在信号发送功率受本质安全防爆限制的情况下,多路分流大大降低了系统的信噪比,从而使系统的可靠性大大降低。

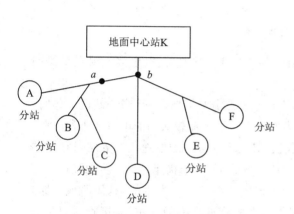

图 1-4 树形系统故障示意图

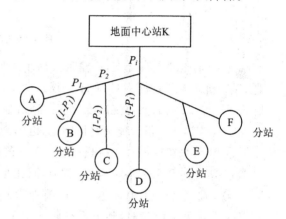

图 1-5 树形系统多路分流示意图

第三,在树形系统中,分站是否发送信号是受中心站咨询信号的控制。如果由于噪声干扰,将会造成咨询信号错误,从而会出现数台分站同时发送的现象。例如,中心站发"00000001"咨询信号,要求 1 号分站发送信号,假如该信号在传输至 3 号分站时,由于附近某种干扰而误成为"00000011",则 3 号分站接收响应,1 号分站和 3 号分站将同时发送,这时传输线上的总功率（或电流）将是叠加的,这必然会影响系统的本质安全性能和中心站接收数据的正确性。

第四,在树形时分基带传输系统中,由于各分站和中心站的输出电路有截止时漏电流输出,将会影响信号的正常传输,特别当系统所接分站较多时,这种漏电流的影响将很大。

在实际树形系统中,为了减轻树形系统传输阻抗难以匹配和多路并联对系统性能的影响,一是加大分站容量,以减少树形系统分支数（当每一个分站都处于满容量工作时,分支数 m 与分站容量 L、系统容量 n 的关系为 $m=n/L$）；二是降低信号的传输速率,以减小信号电磁波反射的影响。总之,树形系统缺点是传输性能不稳定,不利于本质安全防爆性能,抗电磁干扰能力差,分站之间相互影响较大；其优点是使用电缆最少、成本低、使用维护方便。

3. 环形网络结构

环形网络结构就是系统中各分站与中心站用一根电缆串在一起,形成一个环,如图 1-6 所示。不难看出,因环形系统需要电缆往复敷设,使用电缆数量大于树形系统,小于星形系统。

环形系统中的各分站的工作状态是受中心站控制的。数据下行线和数据上行线将中心站和分站串在一起形成一个环,将中心站发送的回控信号传至各分站;同时将分站监测到的信号传送至中心站。环形网络除传输电缆用量在三种网格结构居中外,还具有如下特点:

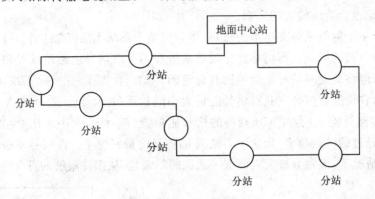

图1-6 环形网络结构

① 传输电缆没有分支,传输阻抗易于匹配,不存在过电压、过电流、电磁波反射严重等问题,系统抗电磁干扰能力强,利于防爆;

② 上一分站的信号仅仅传给下一分站接收,不存在多路分流问题,并且当分站误动作时,不会出现传输线上信号能量叠加问题,也不会因为发送电路漏电流较大而影响系统工作;

③ 环形系统中任一分站既是上一分站的接收机,又是下一分站的发送机。分站对接收到的数字信号进行门限判决、整形、放大,因此在数字传输方式下,抗干扰能力进一步加强;

④ 环形系统的致命问题是抗故障能力差。当系统电缆在任一处发生故障(短路或开路)或任一分站发生故障时,整个系统将无法正常工作。在故障点之前的分站,能接收到同步信号,但信号不能传至中心站;在故障点之后的分站,接收不到信号,无法正常工作。

在实际系统中,为了提高环形系统的抗故障能力,采用了故障时形成新环的方法,如图1-7所示。当分站B(或分站C、D、E)发生故障或传输故障时,分站A通过内部继电器将a、a′短路,构成不包括B、C、D、E的新环。而当分站G或H发生故障短路时,分站F通过内部继电器将b、b′短路,形成不包括G和H的新环。不难看出,在某种情况下,在形成新环时,一些正常工作的分站也从系统中脱离,这是该方法的缺点。为了保证系统对各处故障都有形成新环的再生能力,应尽量避免正常工作的分站从系统中脱离,可以通过增设一些分站,或者将传输线多次往复敷设,以满足下一分站的全部进、出线都必须经过上分站的要求。显然,这将大大增加系统的投资。

总之,环形系统的电缆用量居三种网络结构之中,其抗干扰能力较强,但抗故障能力较差。

通过对三种不同网络结构的分析可以看到,这三种网络结构都各自有优缺点。在实际系统中,一般将星形网络结构用于监控容量较小的系统中,而将树形和环形结构用于大中型矿井监控系统中。

(4) 开闭环形网络结构

开闭环形网络结构是环形网络结构的改进。当只需要集中监测时,可以将中心站与各分站用电缆串接在一起,而不必形成一个环;当既需要集中监测,又需要集中控制时,就需要用一根电缆将中心站与各个分站串接在一起形成一个环。开闭环形网络结构同环形网络结构的根

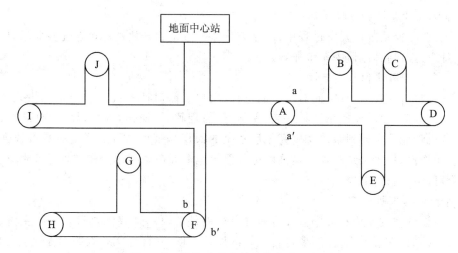

图 1-7 故障时形成新环的方法示意图

本区别在于：前者不但能根据前一分站发来的信号同步工作，而且能在没有外部同步信号的条件下自同步工作；后者则只能在有外部同步信号的条件下工作。因此，采用开闭环网络结构的矿井监控系统，当系统中分站或传输电缆发生故障时，故障点以后的分站仍能正常工作，不会造成整个系统瘫痪，抗故障能力强。

1.3 矿井监控系统性能与技术指标

1.3.1 性能需求

为了保证矿井监控系统能够长期、安全、稳定、可靠、高效的运行，其应该满足以下的性能需求。

1. 监测与监控信息的完备性

矿井监控系统应具有如下主要特性：

① 具有对甲烷、风速，压差、CO、温度等模拟量监测，对馈电状态、设备开停，风筒开关、烟雾等开关量监测和累计量监测功能；

② 具有甲烷浓度超限声光报警和断电/复电控制功能；

③ 具有风、瓦斯、电闭锁功能，具有断电状态监测功能；

④ 具有中心站手动遥控断电/复电功能，且断电/复电响应时间应不大于系统巡检周期；

⑤ 具有异地断电/复电功能；

⑥ 具有备用电源和自检功能。

2. 系统处理的准确性和及时性

监控系统应准确与及时地对所监测的信息进行处理，并完成相关控制功能。在监控系统设计和开发过程中，要充分考虑系统当前和将来可能承受的压力，使系统的处理能力和响应时间能够满足矿井对信息处理的需求。

3．系统的开放性和可扩充性

矿井安全监控系统在开发过程中，应该充分考虑系统的开放性和可扩充性要求，便于系统的更新、升级以及与其他监控系统兼容。

4．系统的易用性和易维护性

矿井安全监控系统是直接面对用户的，但是用户可能对计算机及监控系统相关设备并不是非常熟悉。因此要求监控系统易安装、易学习、易理解、易操作，各种提示信息准确、术语规范，提供联机帮助。考虑到系统实施完成后系统的操作与维护，因此，系统应具备较强的可管理性和易操作性，便于系统管理人员能够尽快熟练地掌握该系统的操作和管理技术，以保证系统能安全可靠地运行。

5．系统的标准性

系统在设计开发使用过程中涉及许多计算机硬件、软件，这些都要符合国际主流、国家和行业标准。同时，在开发系统时，要进行良好的设计工作，制订行之有效的工程规范，保证所开发系统的易读性、可操作性和可移植性。

同时，由于计算机技术发展相当迅速，作为矿井安全监控系统，在系统的生命周期内应尽量保证系统的先进性，充分完成企业信息处理的要求而不至于落后。系统的先进性一方面可通过系统的开放性和可扩充性，不断加以完善；另一方面，在系统设计和开发过程中，应在考虑成本的基础上尽量采用当前主流且有良好发展前途的开发环境。

6．数据自动备份

矿井监控系统中涉及到的数据是矿井企业中相当重要的信息，系统要提供方便的手段进行数据备份，以便于系统维护人员进行日常安全管理和系统意外崩溃时数据的恢复等工作。

7．系统的响应速度

矿井安全监控系统的响应速度应达到实时要求并能够及时反馈信息。

1.3.2　技术指标

针对矿井安全监控系统的主要技术指标，本书主要结合 KJ93 矿井安全监控系统为例进行介绍。KJ93 型矿井安全监控系统是河南理工大学自主研制开发的品牌产品，已在我国煤炭行业得到了推广应用。

KJ93 型矿井安全监控系统主要包括 KJF20 矿用本安型监控分站(见图 1-8)及 KJJ26 型信息传输接口(见图 1-9)两部分。本节分别给出了 KJ93 监控系统、KJF20 和 KJJ26 的主要技术指标。

图 1-8　KJF20 矿用本安型监控工作站　　　　图 1-9　KJJ26 型信息传输接口

1. KJ93 监控系统技术指标

基本容量:32 个工作站,监测 128 个模拟量,256 个开关量,128 个开出量。

传输距离:主站到工作站≥10 km,接中继器达 20 km,传感器到工作站≥2 km。

2. KJF20 工作站技术指标

数据采集容量:开关输入量:8 路;

信号标准 1~5 mA / 9~18 V。

模拟输入量: 4 路 200~1 000 Hz。

开关输出量: 4 路信号标准 0~5 mA / 5~18 V。

传输信号:基带双差分方式。

传输距离:≥10 km。

传输线芯数:2 芯(橡胶外套屏蔽不延燃电缆)。

传输速率:1 200 bit/s。

传输方式:半双工。

传感器到工作站距离:≥2 km。

工作站到断电仪距离:≥2 km。

系统控制执行时间:手动控制≤30 s;

自动控制≤15 s;

异地控制≤60 s。

防爆型式:矿用本质安全型 ibI(150 ℃)。

工作电压:12~18VDC。

工作电流:≤200 mA。

遥控距离:4 m。

外形尺寸:310 mm×210 mm×100 mm。

3. KJJ26 信息传输接口技术指标

管理分站基本容量:32 个。

接口输出:本质安全信号。

最大开路电压:6.1 V。

最大短路电流:≤100 mA。

数据传输形式:基带 RS - 485。

传输距离:≥10 km。

接口类型:内置式(地面普通兼本安型)。

巡检周期:≤30 s。

传输速率:1 200 bit/s。

传输方式:半双工。

传输电缆:主信号电缆为 4 芯(2 芯备用);

模拟量传感器电缆为 4 芯(可接两个传感器);

开关量传感器电缆为 2 芯(分站智能接口电缆最多可接 8 个智能开关量传感器)。

传输误码率:≤10^{-8}。

系统精度:≤±0.5%。

1.4 矿井监控系统设计依据

矿井监控系统设计时应始终遵循高可靠性、先进性、实用性、可扩展性及开放性的原则,以满足高产、高效的现代化矿井对监测、监控等管理信息的有效获取。本节列出了监控系统设计时需要遵从的一些主要依据。

《煤矿安全规程》(2016年版);

《煤矿安全生产监控系统通用技术条件》(MT/T1004—2006);

《煤矿安全监控系统通用技术要求》(AQ6201—2006);

《煤矿安全监控系统及检测仪器使用管理规范》(AQ1029—2007);

《煤矿用低浓度载体催化式甲烷传感器》(AQ6203—2006);

《煤矿甲烷检测用载体催化元件》(AQ6202—2006);

《瓦斯抽放用热导式高浓度甲烷传感器》(AQ6204—2006);

《煤矿用电化学式一氧化碳传感器》(AQ6205—2006);

《煤矿监控系统线路避雷器》(MT/T1032—2007);

《矿用光纤接、分线盒》(MT/T1033—2007);

《矿用信息传输接口》(MT/T1007—2006);

《煤矿用温度传感器通用技术条件》(MT 381—2007);

《矿用分站》(MT/T 1005—2006);

《矿用信号转换器》(MT/T 1006—2006);

《煤矿安全生产监控系统软件通用技术要求》(MT/T 1008—2006);

《煤矿用信息传输装置》(MT/T 899—2000);

《煤炭工业矿井设计规范》(GB 50215—2015);

《煤矿安全装备基本要求(试行)》(煤技字[1983]第1029号);

《煤矿监控系统总体设计规范》(GB 51024—2014);

《爆炸性环境用防爆电气设备本质安全型电路和电气设备要求》(GB 3836.4—1983);

《爆炸性环境用防爆电气设备通用要求》(GB 3836.1—1983);

《煤矿通信、检测、控制用电工产品通用技术条件》(MT 209);

《设备可靠性试验》(GB 5080.1—7);

《煤矿安全生产智能监控系统设计规范》(GB 51024—2014)。

1.5 监控系统部署要求

1.5.1 环境与技术要求

由于煤矿井下是一个特殊的工作环境,有瓦斯(主要成分是甲烷)等易燃、易爆性气体,有硫化氢等腐蚀性气体,并且井下环境潮湿、空间狭小、矿尘大、电磁干扰严重、电网电压波动大、工作场所分散且距离远。因此,矿井安全监控系统不同于一般的工业监控系统。这主要体现在电气防爆、传输距离远、网络结构宜采用树形结构、监控对象变化缓慢、电网电压波动适应能力强、抗干扰能力强、抗故障能力强、不宜采用中继器、传感器宜采用远程供电、设备外壳防护性能要求高等方面。

1. 电气防爆

一般工业监控系统往往工作在非爆炸性环境中,而矿井监控系统工作在有瓦斯和煤尘爆炸性环境的煤矿井下,因此矿井监控系统的设备必须是防爆型电气设备。

2. 传输距离远

一般工业监控对系统的传输距离要求不高,仅为几千米,甚至几百米,而矿井监控系统的传输距离至少要达到 10 km。

3. 体系结构

一般地面工业监控系统电缆敷设的自由度较大,可根据设备、电缆沟、电杆的位置选择星形、环形、总线性等结构。而矿井监控系统的传输电缆必须沿巷道敷设,挂在巷道壁上。同时由于巷道为分支结构,且分支长度可达数千米。因此,为便于系统安装维护,节约传输电缆,降低系统成本,宜采用树形结构。

4. 电网电压波动大,电磁干扰严重

由于煤矿井下空间小,设备之间距离近,采煤机、运输机等大型设备启停和架线电机车火花会造成严重电磁干扰。因此,矿井监控系统必须加强抗干扰设计。

5. 工作环境恶劣

煤矿井下除有瓦斯、一氧化碳等易燃易爆气体外,还有硫化氢等腐蚀性气体,矿尘大、潮湿、有淋水、空间狭小。因此,矿井监控设备要有防尘、防潮、防腐、防霉、抗机械冲击等措施。

6. 传感器(或执行机构)宜采用远程供电

一般工业监控系统的电源供给比较容易,不受电气防爆要求的限制,而矿井监控系统的电源供给,要受到电气防爆要求的限制。由于传感器及执行机构往往设置在工作面等恶劣环境中,因此不宜就地供电。现有矿井监控系统多采用分站远距离供电。

7. 不宜采用中间继电器

煤矿井下工作环境恶劣,监控距离远,维护困难,若采用中间继电器则会延长系统传输时间。由于中间继电器是有源设备,故障率较无中间继电器系统高,若采用远距离供电时,还需要增加供电芯线。因此,不宜采用中间继电器。

鉴于煤矿环境的特殊性,直接用一般工业监控的理论和技术解决矿井监控的问题是行不通的,或者不符合电气防爆要求,或者传输距离太近,或者网络结构不适合用于矿井监控系统,或者不能进行总线供电,或者节点容量太小等。因此,有必要研究适合矿井监控系统的理论和技术。

1.5.2 防爆要求

煤矿井下环境复杂,有瓦斯、一氧化碳、硫化氢等易燃易爆性气体及腐蚀性气体,并且井下环境潮湿、矿尘大,因此要求井下设备具有坚固、防暴、漏电保护及良好的防潮、防水性能。另外,在瓦斯和煤尘爆炸事故中,由于电气设备失爆引起的事故占有很大的比例。因此,加强防爆电气设备的监察与管理,对减少瓦斯和煤尘爆炸事故的发生具有十分重要的作用。根据所采取的防爆措施,《爆炸性环境用防爆电气设备》(GB3836—2010)把防爆电气设备分为隔爆型、增安型、本质安全型、正压型、充油型、充砂型、无火花型、气密型、浇封型和特殊型。

1. 隔爆型电器设备

具有隔爆外壳的电器设备称为隔爆型电器设备。隔爆外壳既能承受内部混合性气体被引爆产生的爆炸压力,又能防止内部爆炸火焰和高温气体窜出隔爆间隙点燃外壳周围的爆炸性混合物,标志为"d"。

2. 增安型电器设备

在正常运行条件下不会产生电弧、火花或可能点燃爆炸性混合物的高温电器设备,在其结构上采取措施,提高安全程度,以避免在正常或规定的过载条件下出现电弧、火花或可能点燃爆炸性混合物的高温电器设备,称为增安型电器设备,标志为"e"。

3. 本质安全型电器设备

全部电路均为本质安全电路的电器设备称为本质安全型电器设备。所谓本质安全电路是指在规定条件下,在正常工作或规定故障状态下,产生的火花和热效应均不能点燃爆炸性混合物的电路,标志为"i"(ia,ib)。

4. 正压型电器设备

具有正压外壳的电器设备称为正压型电器设备。所谓正压外壳是指向外壳内通入保护性气体,保护内部保护性气体的压力高于周围爆炸性环境的压力,以阻止外部爆炸性混合物进入壳内的外壳,标志为"p"。

5. 充油型电器设备

将全部部件或可能产生电火花或过热的部分部件浸在油内,使其不能点燃油面以上或壳外的燃爆炸性混合物的电器设备称为标志为充油型电器设备,标志为"o"。

6. 充沙型电器设备

外壳内部充填沙粒材料,使其在规定的条件下外壳内产生的电弧、传播的火焰、壳壁或沙粒材料表面的过热温度均不能引燃该型设备周围燃爆炸性混合物的电器设备称为充沙型电器设备,标志为"q"。

7. 无火花型电器设备

在正常运行条件下不会点燃周围燃爆炸性混合物,且一般不会发生有点燃作用故障的电器设备称为无火花型电器设备,标志为"n"。

8. 气密型电气设备

具有气密外壳的电气设备。该外壳用熔化、挤压或胶粘的方法进行密封,防止壳外的气体进入壳内,使之与引燃源隔开,标志为"h"。

9. 浇封型电器设备

浇封型电器设备的防爆原理是:将电气设备有可能产生点燃爆炸性混合物的电弧、火花或高温的部分浇封在浇封剂中,避免这些电气部件与爆炸性混合物接触,从而使电气设备在正常运行或认可的过载和故障情况下均不能点燃周围的爆炸性混合物。浇封型电气设备有整台设备浇封的,也有部件浇封的,标志为"m"。

10. 特殊型电器设备

在结构上不属于上述基本防爆类型,或上述基本防爆类型的组合,而采取其他特殊措施经充分试验又确实证明具有防止引燃爆炸性气体混合物能力的电器设备,标志为"s"。

1.6　矿井监控系统现状及发展趋势

1.6.1　监控系统发展简介

国外研制矿井监控系统始于 20 世纪 60 年代,从技术特性来看,主要是从信息传输方式的进步来划分监控系统发展阶段的。国外最早的矿井监控系统的信息传输采用空分制,20 世纪 60 年代中期英国煤矿的运输机控制、日本煤矿中的固定设备控制大都采用这种技术。矿井监控技术的第二代产品的主要技术特征是信道的频分制技术的应用。由于采用频分制,传输信道的电缆芯数大大减少,并很快取代了空分制系统。集成电路的出现推动了时分制系统的发展,从而产生以时分制为基础的第三代矿井监控系统。20 世纪 80 年代,随着英国煤炭研究院推出的 MINOS 系统软件应用成功后,英国的 HSDE、HUWOOD、TRANSMITING 等公司分别生产了以时分制为基础的系统与之相配套;德国也提出了以时分制为基础的 GEAMATIC - 2000 全矿井监控系统的实施计划;对矿井电气电子产品有重要影响的西门子、AEG 等公司也纷纷推出以时分制为基础的矿井监控系统以满足市场需要;波兰也自行开发了以时分制为基础的 HADES 设备工况监测系统;苏联也在以时分制为基础的系统上开发新产品;日本以南大夕张矿为样板也实施了许多以时分制为基础的监控系统项目。

在此期间,美国以其拥有的雄厚高新技术优势,率先把计算机技术、大规模集成电路技术、数据通信技术等现代高新科技用于矿井监控系统,使矿井监控技术跻身于高科技之列。这就形成了以分布式微处理机为基础的第四代矿井监控系统。其中有代表性的是美国 MSA 公司的 DAN6400 系统,其信息传输方式仍属于时分制范畴,但用原来的一般时分制的概念已不足以反映这一高新技术的特点。这些系统在我国煤炭行业中发挥了作用,也为我国研制矿用监控系统提供了很好的借鉴。

20 世纪 70 年代中期,我国在煤矿安全生产中开始使用瓦斯警报断电仪,将单纯的甲烷测量发展为观测甲烷超限报警及工作面断电,使煤矿生产中因甲烷影响造成安全事故的问题大有缓解,煤矿安全生产出现了新面貌。但瓦斯警报断电仪没有把煤矿井下局部通风包括在内,因局扇问题造成生产工作面瓦斯突出影响生产的事故依然存在。许多煤矿用户提出包括局扇在内的"风电甲烷闭锁装置"。风电甲烷闭锁装置在采掘生产中遇停风、甲烷超限,都将强迫工作面断电,并且在局扇没有恢复通风、甲烷没有受限之前,即使人为送电也送不上,这种装置使煤矿安全生产技术又迈上了一个新台阶。

随着煤炭工业现代化进程的加快,矿井安全生产装置需要更先进的技术来保证。1976年,西安煤矿仪表厂研制开发出我国第一套用于煤矿安全生产环境监测的 MJC - 100 型煤矿集中检测装置。该装置井上采用全集中数字化电路,使用时分频分技术、载波技术可以对煤矿井下一百个测点的甲烷、风速、温度、负压及一氧化碳的自动巡回测量。井上显示各测点测值,当超限报警时,所装配的电传打字机可以将每点测值以每秒一个测点的打印速度记录下来。打印分报警打印、定时打印、定点打印和召唤打印。该装置井下部分由电源载波箱及测量传感器组成。煤矿集中检测装置,扩大了煤矿生产环境参数的测量,在井上可直接观测到井下各工作面生产中环境参数的变化,保证了工人井下作业的安全性。早期系统由传感器、断电仪、载波机、传输线、解调器、计算机、调度显示盘等组成。

20世纪80年代,我国先后从国外引进数十套监控系统,如美国的SCADA系统、英国的MINOS系统、德国的TF−200系统、法国的CTT63/40系统、加拿大的森透里昂系统。上述系统在我国煤炭行业中发挥了积极的作用,也为我国研制矿用监控系统提供了很好的借鉴。

在引进的同时,通过消化、吸收并结合我国煤矿的实际情况,先后研制出KJ2、KJ4、KJ8、KJ10、KJ13、KJ19、KJ38、KJ66、KJ75、KJ80、KJ93等监控系统,在我国煤矿已大量使用。实践表明,安全监控系统为煤矿安全生产和管理起到了十分重要的作用。随着电子技术、计算机软硬件技术的迅猛发展和企业自身发展的需要,国内各主要科研单位和生产厂家相继推出了不同的矿井安全监控系统。例如:煤炭科学总院重庆分院的KJ90、河南理工大学的KJ93、天地科技股份有限公司常州自动化分公司的KJ95、煤炭科学总院抚顺分院的KJF2000、北京瑞赛公司的KJ4/KJ2000等监控系统,以及MSNM,WEBGIS等矿井安全综合化和数字化网络监测管理系统。这些系统在软硬件功能、稳定性和可靠性、专业技术服务能力、企业性质和生产规模等方面基本代表了我国矿井监测监控系统的技术水平。我国常见的矿井监控系统见表1−1。这些矿井安全监测监控系统的原理及组成结构基本相似,但也或多或少会有差异。

表1−1　常见矿井监测监控系统

厂家	型号	厂家	型号
北京康斯培克环保系统设备有限公司	KJ31	天地科技股份有限公司常州自动化分公司	KJ72
北京瑞赛长城航空测控技术有限公司	KJ2000	镇江中煤电子有限公司	KJ101
北京瑞赛长城航空测控技术有限公司	KJ4	上海永晋自动化仪表有限公司	KJ99
北京仙岛新技术有限责任公司	KJ66	宜兴市三恒自动化仪表有限公司	KJ70
北京神州鼎天数码信息技术公司	KJ10	天地科技股份有限公司常州自动化分公司	KJ95
天津中煤电子信息工程有限公司	KJ86	南昌煤矿仪器设备厂	KJ65
北京中煤安泰机电设备有限公司	KJ78	上海嘉利矿山电子公司	KJ92
北京神州鼎天数码信息技术公司	KJ83	温州楠江集团有限公司永嘉县防爆机电厂	KJ102
山西省煤炭高新技术总公司	KJ98	淄博瑞安特自动化设备有限公司	KJ76
抚顺煤矿安全仪器总厂	KJ75	河南理工大学高科技开发公司	KJ93
抚顺煤矿安全仪器总厂	KJ80	煤炭科学研究总院重庆分院	KJ25
长春东煤机电研究所	KJ71	煤炭科学研究总院重庆分院	KJ90
煤炭科学研究总院抚顺分院	KJF2000	煤炭科学研究总院重庆分院	KJ54
长春东煤技术开发公司	KJ19	陕西安瑞特电子科技有限公司	KJ103
沈阳煤炭设计研究院新技术开发公司	KJ77		

随着监控技术的进一步发展,视频监控技术应运而生。在20世纪90年代初以前,主要是以模拟设备为主的闭路电视监控系统,称为第一代模拟监控系统。系统由前端设备、监控中心两个部分组成,前端设备包括摄像机、云台、解码器等,监控中心设备包括监视器(电视墙)、视频分割器、切换矩阵、控制键盘、录像机等等。20世纪90年代中期,随着计算机处理能力的提高和视频技术的发展,人们利用计算机的高速数据处理能力进行视频的采集和处理,利用显示器的高分辨率实现图像的多画面显示,从而大大提高了图像质量,这种基于PC机的多媒体主

控系统称为数字化本地视频监控系统。随着半导体技术、音视频压缩技术和网络技术的迅速发展,视频监控系统逐渐向高度集成化和网络化方向发展,基于嵌入式网络视频服务器的监控系统便应用而生。基于网络视频服务器的视频监控系统,视频服务器端直接连入计算机网络,没有线缆长度和信号衰减的限制,扩展了布控区域,网络视频服务器为可直接连入以太网,达到即插即用,省掉各种复杂的电缆,安装方便;网络视频输出已完成模拟到数字的转换并压缩,采用统一的协议在网络上传输,支持跨网关、跨路由器的远程视频传输。相对于传统的模拟监控系统,第二代和第三代的远程视频监控系统能获得更为逼真、清晰的数字化图像,以及更为便捷、实用的监控管理和维护,通过网络平台实现了远距离监控。

在“以风定产,先抽后采,监测监控”十二字方针和《煤矿安全规程》有关条款指导下,规定了我国各大、中、小煤矿的高瓦斯或瓦斯突出矿井必须装备矿井监测监控系统,因此,大大小小的系统生产厂家如雨后春笋般的不断出现,为用户提供了更多的选择机会,也促进了各厂家在市场竞争条件下不断提高产品质量和服务意识。但目前,矿井监控系统还存在一系列问题。

(1)系统反应时间慢且智能性不高

首先监控系统连接设备越来越多,系统的规模不断扩大,同时受主从式体系结构的影响,导致系统反应速度和反应时间不能有效的提高。其次,现有矿井安全监控系统实际上是一个实时检测、监控系统,系统的预测、预报、预警能力很弱。同时,监控系统对中心节点的依赖度过高,系统信息采用集中处理方式,信息处理均集中在地面中心站内,一旦其出现故障,系统存在崩溃的危险。

(2)通信协议不规范

由于现有厂家的监控系统几乎都采用各自专用通信协议,很难找到两个相互兼容的系统。缺乏标准的接口和协议,使系统在设备兼容性、扩展性方面遇到困难。其次,传输技术多采用窄带总线传输方式,在传输带宽、处理容量、可靠性、稳定性、维护性、传输距离等方面存在明显不足。

(3)传感器等质量不过关

与监测监控系统配接的甲烷传感器已成为矿井瓦斯综合治理和灾害预测的关键技术装备,并越来越受到使用单位和研究人员的普遍重视。据统计,国产安全检测用甲烷传感器几乎全部采用载体催化元件,然而,我国载体催化元件一直存在使用寿命短,工作稳定性差和调校期短的缺点,严重制约着矿井瓦斯的正常检测,与国外同类传感器相比差距较大。同时,安全监控设备安装地点分散且运行环境复杂,长期处于湿度大、粉尘多、电磁干扰严重、线路复杂的场所,使得部分监测数据易出现误报警现象。

(4)市场秩序亟待规范

大大小小的系统生产厂家的不断出现,无疑存在着市场竞争条件下初级阶段的恶性竞争,其结果是不仅损坏了厂家的利益,而且导致生产企业的系统研发后劲不足、技术支持能力降低,最终将影响产品用户的正常使用。此外,由于矿井监测监控系统涉及计算机的软硬件技术和网络化管理技术、系统传输设备的软硬件技术、各种传感器技术、系统的完善和升级改造技术、技术支持和服务能力等综合性技术。因此,在选择某种系统时必须特别强调厂家的企业规模、研发能力、系统的技术水平和技术支持能力等。

1.6.2　监控系统的发展趋势

随着计算机技术、通信技术、网络技术、多媒体技术等的快速发展,大大促进了矿井监控系统各项技术的发展,矿井监控系统将在如下几个方面取得突破。

1. 系统框架与通讯协议应标准化

目前大部分型号矿井安全监控系统的架构在原理上是相同的,但接口协议的统一是困扰多年的问题。要解决这个问题,需要做大量的基础研究工作,如对接口的电气特性、时域特性和安全特性进行研究。国外新推出的集散监测监控系统均采用开放系统互连的标准模型、通信协议或规程、支持多种互连标准,如 OPC、COM/DCOM 等。这样,任何集散测控系统,只要遵循这些规程,就能够与其他系统或计算机系统相连,方便地组成多节点的计算机局域网络,实现系统间的通信和数据共享。数据通信协议规范统一后,可以采用统一的通信协议和规范,将广播、有线电话、无线电话等各种通信联络系统融合为一个整体,实现各种通信联络系统的一体化,建立统一的通信联络平台,实现统一调度、统一发布、相互融合的一体化通信联络系统。同时,监控系统应用软件也应逐步向实时多任务化、组态化、智能化、图形化、开放化和标准化的方向发展。

2. 提升信息预警与监控能力

在《安全生产"十三五"规划》中,明确将煤矿重大灾害风险判识及监控预警作为重点的研究方向,将信息预警监控能力建设工程列入重点建设工程项目。而目前,矿井监控系统对数据的分析只是简单的阀值超限判断,缺少对数据的深入发掘和综合应用。虽然近年来,许多煤矿都在配备综合信息平台,但大都停留在数据信息汇总层面上,还达不到综合应用的效果。而建立有效的专家分析系统,可以基于数据挖掘等技术从监测数据中获取有价值的信息,一方面分析事故原因及其所表现出来的各种征兆现象,并进行决策判断,确定所诊断出的不安全类型及其原因,完成安全诊断过程;另一方面,通过对已知数据的分析,实现事故预警功能。从而,基于该系统,可以实现对煤矿生产中存在的危险源进行辨识、风险评价、危险源监测、风险预警、风险控制,以降低风险发生的可能性及其可能造成的损失值,从而达到控制或消除风险,遏制事故发生。同时,建设全国安全生产信息大数据平台,推动矿山等高危行业企业建设安全生产数据采集上报与信息管理系统,改造升级在线监测监控系统。

3. 数据采集设备智能化

当微型计算机正朝着高速度、高性能、低成本发展的同时,传感器也向着集成化、多功能的方向发展。这两种趋势互相结合的结果,就是传感器向着智能化的方向发展,使之不但能进行外界信号的测量和转换,同时还具有记忆、存储、解析及统计处理功能。一方面,随着 ARM 技术的发展,数字信号处理技术的成熟及电子芯片的集成度越来越高,产品的稳定性得到明显提升。另一方面,随着物联网技术的发展,在泛在网络环境下,传感器的无线网络化是必然趋势。网络化的传感器可以方便地接入网络,实现即插即用;传感器配置将更简单,不再需要配置传感器类型、量程等信息,因为网络化传感器接入网络后会自动提供这些信息。另外,传统矿井安全监控系统中分站的主要功能包括传感器信息采集功能、执行器功能、控制器功能、通信网关功能。在物联网环境下,传统传感器转变为无线智能传感器,执行器转变为无线控制执行器,控制器主要实现瓦斯风电闭锁等控制功能。因此,由于泛在网络的实现、传感器和执行器的网络化,传统分站将逐步消亡,并被逻辑分站所取代。

4. 多媒体技术、网络技术深入应用

随着多媒体技术的兴起,矿井监控系统也朝着多媒体方向发展,采用多媒体技术,将图形、图像、动画、声音、视频和安全生产监控系统的信息有机结合起来,进行数字化处理、存储和传输。在监控系统中配接光纤工业电视系统,可以更加直观、实时地监视矿井的各个生产环节;利用光纤和工业电视技术,同时传输图像、语音等各种参数,利用语音通讯同工业电视配合,则可以实现直观调度。目前,在国内外市场上,视频监控系统正处在数控模拟系统与数字系统混合应用并将逐渐向数字系统过渡的阶段。前者技术发展已经非常成熟、性能稳定,在实际工程中得到广泛应用,特别是在大、中型视频监控工程中的应用尤为广泛;后者是新近崛起的以计算机技术及图像视频压缩为核心的新型视频监控系统。

随着网络技术的发展,可以将煤矿的各种独立的子系统,如安全监控系统、工业电视系统、安全考勤系统、轨道运输系统、胶带运输系统、提升运输系统、矿井供电监控系统、矿井火灾监测系统、矿山压力监测系统、煤与瓦斯突出监测系统、矿井大型机电设备健康状况监测系统以及矿井视频监测系统、矿井人员定位系统等连接起来,根据"管控一体化"的思想,使矿井在"采、掘、运、风、水、电、安全"等环节全面实现自动化控制,将煤炭生产、管理等的各个环节,统一在一个网络平台上,形成一个完整、有机的整体,实现全矿井的综合自动化、数字化。在将监控系统同多媒体管理网络一体化后,局、矿之间也可以通过局域网和万维网,实现信息资源共享,是生产指挥和决策步入科学化。

1.7 KJ93 型矿井监控系统简介

KJ93 矿井监控系统属于树状监控系统网络。

1. 系统组成

KJ93 型矿井安全监控系统采用时分制分布式结构,主要由地面监控主机、数据库服务器、网络终端、图形工作站、通信接口、避雷器、监控分站、各种传感器和控制执行器等部分组成。是一套集矿井安全监控、生产工况监控内容为一体的矿井安全生产综合监控系统。具体结构见图 1-10。

2. 系统特点

(1) 系统满足《煤矿安全监控系统通用技术要求》(AQ6201—2006)的规定。

(2) 具有良好的开放性和可伸缩性,采用模块化设计,组态灵活。能满足各类型矿井的监控系统最优化和最经济运行。

(3) 地面监控中心运行在标准的 Ethernet TCP/IP 网络环境,可方便实现网上信息共享和网络互联。

(4) 系统显示画面采用文本、图形兼容方式,显示信息直观、生动,具有实时多屏显示、模拟盘显示、远程终端显示等功能。

(5) 具有实时数据存储和各种统计数据存储能力。数据存储时间长,查询和报表功能丰富。

(6) 有系列化、多用途监控分站,功能丰富,具有甲烷断电仪及甲烷风电闭锁装置的全部功能。

(7) 分站及传感器全面实现了智能化和红外遥控调校、设置。

(8) 分站电源具有宽范围动态自适应能力,适合矿井电网波动大的严酷环境。

(9) 传感器全面满足行业标准,具有稳定性高、寿命长、功耗低、传输距离远等特点。

(10) 系统设备具有完善的故障闭锁功能,当与闭锁有关的设备未投入正常运行或故障时能切断与之有关设备的电源并闭锁。

3. 系统主要技术指标见1.3节。

4. 系统主要设备参数

(1) 地面中心站基本配置

监控主机1台、KJJ26信息传输接口卡1块、打印机1台、不间断电源1台、10/100M自适应网络集线器1台。软件运行平台为WINDOWS环境,通过Ethernet以太局域网组成全网络化环境,协议支持标准TCP/IP等。

(2) KJJ26信息传输接口卡

是KJ93型矿井监控系统的关键设备,主要实现地面中心站与井下监控分站之间的数据双向通信、地面非防爆设备与矿井防爆设备之间的电气安全隔离等功能。通讯方式采用RS-485方式,通讯速率为1 200 bps。

(3) KJF20监控工作站

KJF20监控分站是KJ93型矿井监控系统的关键配套设备,主要实现对各类传感器的数据采集、实时处理、存储、显示、控制以及与地面监控中心的数据通信。具有红外遥控初始化设置功能,可独立使用,实现瓦斯断电仪和瓦斯风电闭锁装置的全部功能。

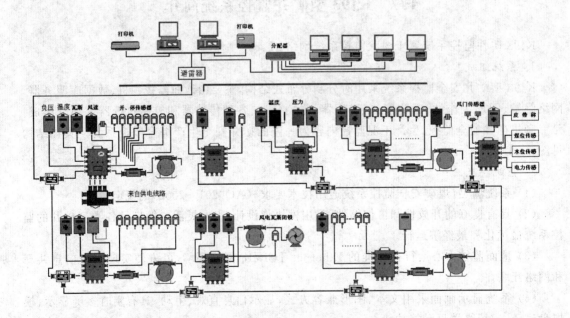

图1-10 KJ93矿井监控系统基本结构

习题 1

1. 什么是矿井安全监控系统？安装矿井安全监控系统意义是什么？
2. 简述矿井安全监控系统的特点。
3. 矿井安全监控系统有哪些性能需求？
4. 以 KJ93 为例试述矿井安全监控系统的主要技术指标。
5. 矿井安全监控系统包含哪几部分？各部分由哪些部件组成，各起是什么作用？
6. 为什么矿用设备要满足防爆要求？有哪些防爆形式？
7. 试述目前矿井监控系统还存在哪些问题？
8. 矿井监控系统目前有哪些新的变化？
9. 对比分析 KJ93 监控系统与现有的监控系统的异同。

第 2 章　矿井信息传输技术

计算机网络作为信息技术的一个实现载体,经过历史的变革,正朝着高速、宽带、综合性的方向发展。工业以太网作为信息技术的重要应用方向,在信息技术的带动下迅速发展。在此基础上,工业控制系统逐步从简单的信号反馈控制、计算机控制技术发展到以计算机网络为依托、以现场总线技术为基础的控制系统。本章主要介绍在矿井特殊的环境条件下,相关的信息传输技术。

2.1　信息传输方式

本节主要介绍在矿井环境下信息传输的方式,主要包括:模拟传输与数字传输,单向传输、半双工及全双工传输,串行与并行传输,异步与同步通信,数字基带与频带传输等技术。

2.1.1　模拟传输与数字传输

在信号传输中,不同的数据必须转换为相应的信号进行传输,模拟数据一般采用模拟信号(Analog Signal)传输,数字数据则采用数字信号(Digital Signal)传输。对于模拟信号来说,其瞬时值的状态数是无限的,如低频正弦信号、语音信号、图像信号等;而对于数字信号来说,其瞬时值的状态数是有限的,如计算机和电报机的输出信号等。

模拟信号在传输过程中,由于噪声的干扰和能量的损失会发生畸变和衰减,所以模拟信号传输时,每隔一定的距离就要通过放大器来增大信号的强度。然而增大信号强度的同时,由噪声引起的信号失真也随之放大。当传输距离增大时,多级放大器的串联会引起失真的叠加,从而使信号失真的越来越大。而数字传输,仅有代表了"0"和"1"变化模式的数据,方波脉冲式的数字信号在传输过程中除了会衰减外,也会发生失真,但可采用转发器来代替模拟信号传输中的放大器。转发器可以通过阈值判别等手段,识别并恢复其原来"0"和"1"变化的模式,并重新产生一个新的完全消除了衰减和畸变的信号传输出去,这样多级的转发不会累积噪声而引起失真。

矿用传感器输出的电信号可分为连续变化的模拟量信号和阶跃变化的开关量信号两大类。从广义上讲,开关量信号是一种简单的数字信号。模拟信号可通过模拟/数字转换器(A/D转换器)转换为数字信号;数字信号也可以通过数字/模拟转换器(D/A转换器)转换成模拟信号。

按照系统所传输信号的不同,矿井监控信息传输方式可分为两类:模拟传输方式和数字传输方式。但目前,在矿井监控系统中,往往是采用数字传输方式进行信息传输。与模拟传输方式相比,数字传输方式具有如下优点:

① 抗干扰能力强;

② 传输中的差错可以控制,可有效改善传输质量;

③ 可以传递各种类型的信息,使传输系统变得通用、灵活;

④ 便于用计算机对系统进行处理和管理。

但是,数字传输的上述优点都是用比模拟传输占据更宽的传输频带而获得的。由于井下电磁干扰严重、传感器种类繁多等因素,数字传输在矿井监控信息传输系统中得到了越来越广泛的应用。

2.1.2　单向传输、半双工及全双工传输

单向传输是指消息只能单方向进行传输的工作方式;半双工传输方式是指通信双方都能收发消息,但不能同时进行收和发的工作方式;全双工传输是指通信双方可同时进行双向传输消息的工作方式。单向传输、半双工传输以及全双工传输的通信方式如图 2-1 所示。

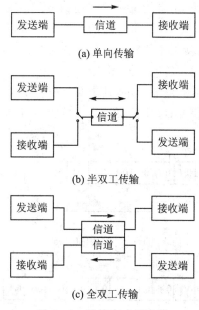

(a) 单向传输

(b) 半双工传输

(c) 全双工传输

图 2-1　通信方式示意图

2.1.3　串行传输与并行传输

串行传输是将代表消息的数字信号序列按时间顺序一个接一个地在信道中进行传输的方式。并行传输是将代表消息的数字信号序列分割成两路或多路的数字信号序列,同时并行地在信道中传输。串行传输及并行传输方式如图 2-2 所示。

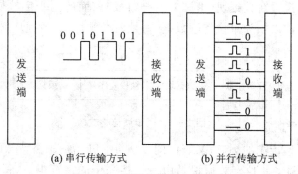

(a) 串行传输方式　　　(b) 并行传输方式

图 2-2　串行与并行传输方式

　　串行传输同并行传输相比,串行传输占用传输信道少,传输速度慢,但为了正确识别每一位是"0"还是"1",接收端与发送端必须保持同步;并行传输正好相反。一般矿井数字信息传输系统都采用串行传输方式,因为这种方式只需占一条通路,系统投资较低,同时也便于维护。

2.1.4　异步通信与同步通信

　　异步通信和同步通信是串行通信中两种最基本的通信方式。

　　1. 异步通信

　　异步通信就是用 1 个起始位表示字符(1 个数据单元)的开始,用 1 个停止位表示字符结束,所传输的有用字符夹在起始位和停止位中间。若有奇偶校验位,奇偶校验位插在字符与停止位中间,两字符间若有空隙,则用空闲位充填的通信方式。对异步通信来说,所传输的有效字符可以是 5、6、7 或 8 位,若少于 8 位,最右边的高位不传送,只传送有效位。传送时,从低位向高位逐位顺序传送。奇偶校验位 1 位,也可以不要;若要奇偶校验,可选择奇校验或偶校验;空闲位为高电平,位长取决于两字符间的间隔。

　　异步传输数据包的格式如图 2-3 所示,其中起始位占 1 位,为低电平;起始位除表示字符开始传输外,还用作字符同步信号;停止位可以是 1 位、1 位半或两位,为高电平。

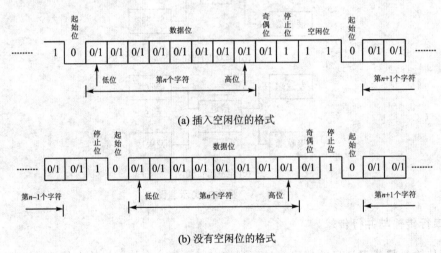

(a) 插入空闲位的格式

(b) 没有空闲位的格式

图 2-3　异步通信格式

　　2. 同步通信

　　同步通信就是通过冠在数据块(由许多字符组成)前面的同步字符使收/发双方取得同步的通信方式。同步通信以帧为单位传输数据,每帧由开始标志、数据块、帧校验序列、结束标志组成,如图 2-4 所示。

开始标志	数据块	帧校验序列	结束标志

图 2-4　同步通信格式

　　开始标志是帧开始传输的标志,又兼作同步字符。开始标志是特殊的二进制代码,可以是一个 8 位,也可以是两个 8 位。数据块是由一个接一个的字符组成,每个字符的长度可以是5、6、7 或 8 位。帧校验序列为循环冗余校验码 CRC。结束标志表示帧结束,其代码与开始标志相同。开始标志与结束标志又统称为标志序列。在数据传输时,发送机先发送开始标志,然后发送数据块。在数据没有准备好时,自动插入标志序列,直到下一个发送字符准备好为止。数据块发送完毕后,发送 CRC 校验码,最后发送结束标志,表明本帧传输结束。在接收端,接收机搜索到开始标志后,才开始接收数据,同时将插入数据块中的标志序列从数据块中删除,并根据 CRC 校验码对数据块进行校验。

3. 异步通信与同步通信的比较

异步通信需要分别在每一个字符的前、后插入起始位和停止位。因此,当传输的字符较多时,每一个字符前、后插入起始位和停止位将影响编码效率,不宜进行大量字符的连续传输。异步通信的传输速率一般较低,因此异步通信常用于传递信息量小、速率低的场合。但是异步通信的传输设备较同步通信传输设备简单。

同步通信在数据块前面插入同步字符,使系统同步工作,因此同步通信常用于传输大数据块的场合,编码效率高、传送信息量大、传输速率高。但传输设备较异步通信的复杂。

由于矿井监控系统分站每次需传输的数据量很小,因此,在数字传输的矿井监控系统中普遍采用异步通信方式,以降低传输设备的成本和减少体积,保证一定的编码效率。

2.1.5　数字基带与频带传输

1. 数字基带传输

数字基带传输是一种用基带数字信号传输信息的方式,适合于时分多路复用系统。目前,采用数字基带传输的矿井监控系统占有一定的比例。数字基带传输系统具有发送和接收设备简单、便于采用光电耦合器进行本质安全防爆隔离等优点。在树状时分矿井信息数字传输系统中,由于所占用的传输频带在低频段,对减少信号电磁波反射具有一定的作用。

数字基带传输系统如图 2-5 所示,由信道信号形成器、信道、接收滤波器、抽样判决电路组成。信道信号形成器将基带信号转换为适于信道传输的另一种基带信号。信道是基带信号传输的媒介,在矿井监控系统中一般采用专用的矿用信号电缆作为传输媒介。接收滤波器尽可能滤除传输过程中从信道加入的各种干扰。抽样判决电路对夹杂有干扰(未被滤波器滤除的干扰)的接收信号进行判决,再定基带信号。

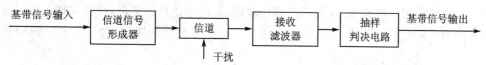

图 2-5　基带传输系统组成示意图

基带数字信号是用不同电位或电流波形来表示数字代码"0"或"1"的电信号,一般来说,基带信号含有较大的低频成分。基带信号有多种类型,但目前基带传输的矿井监控系统中采用矩形脉冲的形式。

2. 数字频带传输

数字频带传输是一种用数字调制信号(即用数字基带信号去调制载波后所形成的信号)传输信息的方式。数字调制信号有数字调幅、数字调频和数字调相三种信号。

(1) 数字调幅

数字调幅就是利用载波幅度的离散变化来表示数字代码。数字调幅是三种数字调制方式中最简单的一种,调制和解调设备最简单。但数字调幅信号的抗干扰能力也是三种数字调制信号中最差的一种,等同于基带信号。数字调幅的调制和解调方法较多,键控法(ASK)是常用的方法之一。所谓键控法,就是用基带信号选择载波的不同幅度。

(2) 数字调频

数字调频就是利用载波频率的离散变化来表示数字代码。数字调频的调制和解调设备较数字调幅复杂,较数字调相简单。数字调频信号的抗干扰能力优于数字调幅和基带传输,劣于数字调相。数字调频的调制和解调方法较多,频率键控法(FSK)是常用的方法之一。所谓频率键控法,就是用基带信号选择不同频率的输出。

(3) 数字调相

数字调相就是利用载波相位的离散变化来表示数字代码。数字调相信号的抗干扰性能优于数字调频、数字调幅和基带信号。数字调相调制和解调设备较数字调频、数字调幅复杂。数字调相有绝对调相和相对调相两种。所谓绝对调相,就是用载波相位的离散变化直接表示数字代码。所谓相对调相,就是用载波相位的相对离散变化表示数字代码。

2.2 信息校验技术

煤矿井下的强电磁干扰给信息的可靠传输带来了很大的困难,为了保证信息的可靠传输,矿井信息传输系统中都采用了检错或纠错技术。

1. 奇偶校验

奇偶校验是一种最简单的检错方法。奇(偶)校验就是在每一串所发送的载有信息的码字之后加一位奇(偶)检验位,该位的取值(0 或 1)应满足:在奇校验的情况下,该组码字(由全部信息码位和校验位组成)所含 1 的总数应为奇数;在偶校验的情况下,该组码字所含 1 的总数应为偶数。

系统工作时,发送端把奇偶校验位附加在每一组信息码后面发送,而接收端在接收完全部信息码和奇偶校验码之后,计算接收到 1 的个数是否满足预先规定的奇校验(或偶校验)的要求。如果符合,则认为该组码字有效;如果不符合,则认为该组码字在传输过程中有错误出现。显而易见,如果在同一组码之中(包括奇偶校验位)有两个比特的错误,接收端则无法判别其正误,而误作为传输无误。因此,奇偶校验只能检出奇数个比特的错误,对偶数个比特的错误就无能为力了。

2. 双坐标奇偶校验

由于简单的奇偶校验只能用于检测一组信息码中的奇数个比特的差错,因而在应用中受到限制。为扩大这种简单的奇偶校验的能力,在发送端发送的数据块中每一组码字(下面称为字符)内都有奇偶校验位。另外,在该数据块的末端附加上数据块校验字符 BCC。数据块校验字符给出前面全部字符的累加和奇偶校验,如图 2-6 所示。图中表示由 10 个字符(A、B、C、…、J)组成的数据块。每个字符长度为 8 比特另加一位校验位 P(图中是按奇校验结果表示的)。从发送顺序看,此校验位处在每个字符的最后一位,即第 9 位,数据块的末端是数据块校验字符(即 BCC)。数据块校验字符的第一个比特是由前面全部字符的第 1 个比特形成的奇偶校验。同样,数据块校验字符的第 N 个($1 < N < 8$)比特是由前面全部字符的第 N 个所形成的奇偶校验。数据块校验字符的第 9 个比特则是由数据块校验字符的前 8 位形成的奇

偶校验。显而易见,数据块的所有比特都进行了两次奇偶校验:一次是水平方向,由字符奇偶校验位来完成;另一次是垂直方向,由数据块校验字符来完成,故此法称为双坐标奇偶校验。

字符位发送顺序

P	8	7	6	5	4	3	2	1	字符
1	0	1	0	0	0	0	0	1	A
1	0	1	0	0	0	0	1	0	B
0	0	1	0	0	0	0	1	1	C
1	0	1	0	0	0	1	0	0	D
0	0	1	0	0	0	1	0	1	E
0	0	1	0	0	0	1	1	0	F
1	0	1	0	0	0	1	1	1	G
1	0	1	0	0	1	0	0	0	H
0	0	1	0	0	1	0	0	1	I
0	0	1	0	0	1	0	1	0	J
0	1	1	1	1	0	1	0	0	BCC

字符发送顺序

图 2-6　双坐标奇偶校验

双坐标奇偶校验的工作过程是:发送端根据预先约定的奇(或偶)校验,计算出每个字符的奇偶校验位和数据块校验字符,然后依次将带有奇偶校验位的数据字符和数据块校验字符发送。接收端在接收数据块字符的同时,先根据预先约定的奇(或偶)校验,计算出每个字符的奇偶校验位和数据块校验字符,再分别将计算出的字符的奇偶校验位与接收到的该字符的奇偶校验位、计算出的数据块校验字符与接收到的数据块校验字符进行比较。如果一致,认为接收到的数据块正确;反之,认为接收到的数据块不正确。

采用双坐标奇偶校验,能检出在整个数据块中仅发生 1 个比特的错误,并能准确地判定该差错比特的位置。如果将该比特取反(即接收到的错误比特为 1 时,改为 0;反之,改为 1),就可达到纠错之目的。双坐标奇偶校验,能通过水平校验检出每一个字符中奇数个比特差错,通过垂直校验检出每一列中奇数个比特差错。因此,在一个数据块中,如果仅有一个字符发生偶数个比特的差错,虽然通过水平校验检不出差错,但可通过垂直校验检出该种差错;反之,如果仅有一列发生偶数个比特的差错,虽然通过垂直校验检不出差错,但可通过水平校验检出该种差错。不难看出,水平和垂直校验起到了互补的作用,提高了系统总的检错能力。但是,双坐标奇偶校验对偶数个字符在偶数个相同位上的错误无法检出,但这种错误的概率是很小的。

图 2-7 列举了 4 种典型的差错模式。字符 A 的单个比特差错,水平和垂直校验均能检出;字符 B 和 C 在相同位上的单个比特差错,仅水平校验能检出;字符 G 的两个比特差错,仅垂直校验能检出;字符 D 和 E 在两个相同位上的差错无法检出。

双坐标奇偶校验至少能纠正一个比特错误和检出两个比特错误,但是这种奇偶检验方式的每个字符有一个奇偶校验位,数据块后面有一个附加字符,所以具有一定数量的校验码。

3. 校验和

校验和的方法是在通信数据中加入一个差错检验字节。对一条报文中的所有字节进行数学或者逻辑运算,计算出校验和,并将校验和形成的差错检验字节作为该报文的组成部分进行传输。接收端对收到的数据重复这样的计算,如果得到了一个不同的结果,就判定通信过程发生了差错,说明它接收到的数据与发送数据不一致。

一个典型的计算校验和的方法是将这条报文中所有字节的值相加,然后用结果的最低字

字符位发送顺序 ←

P	8	7	6	5	4	3	2	1	字符
1	0	0	0	0	0	0	0	1	A
1	0	1	0	0	0	0	0	0	B
0	0	1	0	0	0	0	0	1	C
1	0	1	0	0	1	0	0	0	D
0	0	1	0	0	1	0	0	1	E
0	0	1	0	0	0	1	1	0	F
1	0	1	1	1	0	1	1	1	G
1	0	1	0	0	1	0	0	1	H
0	0	1	0	0	1	0	0	1	I
0	0	1	0	0	1	0	1	0	J
0	1	1	1	0	1	0	0	0	BCC

字符发送顺序 ↓

图2-7　双坐标奇偶校验检错举例

节的补码作为校验和。校验和通常只有一个字节,因而不会对通信量有明显的影响,适合在长报文的情况下使用。但这种方法并不是绝对安全的,会存在很小概率的判断失误。那就是即便在数据并不完全吻合的情况下有可能出现得到的校验和一致,将有差错的通信过程判断为没有发生差错。

4. 循环冗余检验

循环冗余校验方式(CRC),就是利用一组被称为常数的二进制码去除一组载有信息的二进制序列,然后将余数跟随在这组载有信息的二进制序列发送。在接收端,接收机将接收到的这组载有信息的二进制序列,再被同样常数的一组二进制数去除,将所得的计算余数与接收到的余数比较,如果一致,则认为传输无差错;如果不一致,说明在这组序列中有差错存在。由于数字集成电路的飞速发展,采用少量的数字集成电路即可完成校验的过程。

图2-8是采用硬件实现CRC校验的示意图。发送机一边将载有信息的二进制序列经传输线传输给接收机,一边又将该序列送给发送机内的硬件除法电路。硬件除法电路得出的余数,紧随在载有信息的二进制序列之后,也经传输线传输给接收机。接收机一边接收载有信息的二进制序列,一边在接收机硬件除法电路中作除法,然后将所得的计算余数与接收到的余数进行比较、判别。

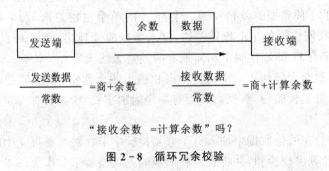

图2-8　循环冗余校验

5. 纠错技术

在矿井信息传输系统中,目前普遍采用的纠错方法是多次发送,取其平均值或择多判决。多次发送取平均值就是对同一监控数据进行多次发送,假如为 N 次,当 N 次数据发送完毕后，接收机将接收到的 N 次数据取平均作为监控数据。

多次发送择多判决是对同一监控数据进行多次发送（假如为 N 次），接收机将 N 次数中取数值完全一致且次数超过 $N/2$ 的数据作为监控数据，从而减小了传输差错的影响。显而易见，这种纠错方法是用增大系统的监测周期换来数据的准确性的。

2.3　串行通信技术

在通用串行通信接口中，常用的有 RS-232C 接口及 RS-422 与 RS-485 接口。PC 及兼容计算机均具有 RS-232C 接口。当需要长距离（几百米到 1 km）传输时，则采用 RS-485 接口（二线差分平衡传输），如果要求通信双方均可以主动发送数据，则采用 RS-422（四线差分平衡传输）。

2.3.1　串行通信技术基础

在串行通信中，参与通信的两台或多台设备通常共享一条物理通路。发送者依次发送一串数据信号，按一定的规则被接收者所接收。由于串行端口通常只是规定了物理层的接口规范，所以为确保每次传送的数据报文能准确到达目的地，使每一个接收者能够接收到所有发向它的数据，必须在通信连接上采取相应的措施。

由于借助串行端口所连接的设备在功能、型号上往往互不相同，其中大多数设备除了等待接收数据之外还会有其他任务。例如，一个数据采集单元需要周期性地收集和存储数据；一个控制器需要负责控制计算或向其他设备发送报文；一台设备可能会在接收方正在进行其他任务时向它发送信息。因此，必须有能应对多种不同工作状态的一系列规则来保证通信的有效性。如使用轮询或者中断来检测、接收信息，设置通信帧的起始、停止位，建立连接握手，实行对接收数据的确认、数据缓存、一级错误检查等。

（1）连接握手

连接握手过程是指发送者在发送一个数据块之前使用一个特定的握手信号来引起接收者的注意，表明要发送数据，接收者则通过握手信号回应发送者，说明它已经做好了接收数据的准备。

连接握手可以通过软件，也可以通过硬件来实现。在软件连接握手中，发送者通过发送一个标识字节表明它想要发送数据；接收者看到这个字节的时候，也发送一个标识编码来声明自己可以接收数据；当发送者看到这个信息时，便知道它可以发送数据了。接收者还可以通过另一个标识编码来告诉发送者停止发送。

在普通的硬件握手方式中，接收者在准备好了接收数据的时候将相应的握手信号线变为高电平，然后开始全神贯注地监视它的串行输入端口的允许发送端。这个允许发送端与接收者的已准备好接收数据的信号端相连，发送者在发送数据之前一直在等待这个信号的变化。一旦得到信号说明接收者已处于准备好接收数据的状态，便开始发送数据。接收者可以在任何时候将握手信号线变为低电平，即便是在接收一个数据块的过程中间也可以把这根导线带入到低电平。当发送者检测到这个低电平信号时，就应该停止发送；而在完成本次传输之前，发送者还会继续等待握手信号再次变为高电平，以继续被中止的数据传输。

（2）确　认

接收者为表明数据已经收到而向发送者回复信息的过程称为确认。有的传输过程可能会收到报文而不需要向相关节点回复确认信息,但是在许多情况下,需要通过确认告知发送者数据已经收到。发送者往往需要根据是否收到确认信息来采取相应的措施,因而确认对某些通信过程是必需的。即便接收者没有其他信息要告诉发送者,也要为此单独发一个数据确认已经收到的信息。

确认报文可以是一个特别定义过的字节,例如一个标识接收者的数值。发送者收到确认报文就可以认为数据传输过程正常结束。如果发送者没有收到所希望回复的确认报文,它就认为通信出现了问题,然后将采取重发或者其他行动。

（3）中　断

中断是一个信号,它通知CPU有需要立即响应的任务。每个中断请求对应一个连接到中断源和中断控制器的信号。通过自动检测端口事件发现中断并转入中断处理。

许多串行端口采用硬件中断方式进行中断处理,在串口发生硬件中断,或者一个软件缓存的计数器到达一个触发值时,表明某个事件已经发生,需要执行相应的中断响应程序,并对该事件做出及时的反应。上述处理过程也称为事件驱动。

很多微控制器为满足这种应用需求而设置了硬件中断,在一个事件发生的时候,应用程序会自动对端口的变化做出响应,跳转到中断服务程序。例如发送数据,接收数据,握手信号变化、接收到错误报文等,都可能成为串行端口的不同工作状态,或称为通信中发生了不同事件,需要根据状态变化停止执行现行程序而转向与状态变化相适应的应用程序。外部事件驱动可以在任何时间插入并且使得程序转向执行一个专门的应用程序。

（4）轮　询

通过周期性地读取数据或发现是否有事件发生的工作过程称为轮询。它需要足够频繁地轮询端口,以便不遗失任何数据或者事件。轮询的频率取决于对事件快速反应的需求以及缓存区的大小。

轮询通常用于计算机与I/O端口之间较短数据或字符组的传输。由于轮询端口不需要硬件中断,因此可以在一个没有分配中断的端口运行此类程序,很多轮询使用系统计时器来确定周期性读取端口的操作时间。

2.3.2　RS-232C 串行通信技术

1. RS-232C 接口

RS-232C 的连接插头用25针或9针的EIA连接插头座,其主要端子分配及各部分功能如表2-1所列。

表2-1　RS-232C 主要端子

端　脚		方　向	符　号	功　能
25针	9针			
2	3	输出	TXD	发送数据
3	2	输入	RXD	接收数据
4	7	输出	RTS	请求发送

续表 2 - 1

端　脚		方　向	符　号	功　能
25 针	9 针			
5	8	输入	CTS	为发送清零
6	6	输入	DSR	数据设备准备好
7	5		GND	信号地
8	1	输入	DCD	数据信号检测
20	4	输出	DTR	
22	9	输入	RI	

（1）符号含义

a. 从计算机到 Modem 的信号

DTR——数据终端设备（DTE）准备好：告诉 Modem，计算机已接通电源，并准备好。

RTS——请求发送：告诉 Modem 现在要发送数据。

b. 从 Modem 到计算机的信号

DSR——数据通信设备（DCE）准备好：告诉计算机，Modem 已接通电源，并准备好。

CTS——为发送清零：告诉计算机，Modem 已做好了接收数据的准备。

DCD——数据信号检测：告诉计算机，Modem 已与对端的 Modem 建立连接了。

RI——振铃指示器：告诉计算机对端电话已在振铃了。

c. 数据信号

TXD——发送数据。

RXD——接收数据。

（2）电气特性

RS—232C 的电气线路连接方式如图 2-9 所示。

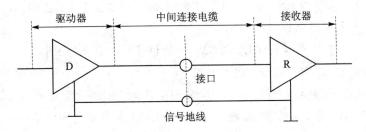

图 2 - 9　RS - 232C 的电气特性

接口为非平衡型，每个信号用一根导线，所有信号回路共用一根地线。信号速率限于 20 kb/s 内，电线长度限于 15 m 之内。由于是单线，线间干扰较大。其电性能用 ±12 V 标准脉冲，值得注意的是 RS-232C 采用负逻辑。

在数据线上：传号 Mark = −5 ～ −15 V，逻辑"1"电平

空号 Spacc = +5～ +15 V，逻辑"0"电平

在控制线上:通 on= +5～+15 V,逻辑"0"电平

断 off= -5～ -15 V,逻辑"1"电平

RS-232C 的逻辑电平与 TTL 电平不兼容,为了与 TTL 器件相连必须进行电平转换。由于 RS-232C 采用电平传输,在通信速率为 19.2 kb/s 时,其通信距离只有 15 m。若要延长通信距离,必须以降低通信速率为代价。

2. RS-232C 通信接口互连

当两台计算机经 RS-232C 直接通信时,两台计算机之间的联络线可采用图 2-10 和图 2-11 所示的连接方式。虽然不接 Modem,图中仍连接着有关的 Modem 信号线,这是由于 INT 14H 中断使用这些信号,假如程序中没有调用 INT 14H,在自编程序中也没有用到 Modem 的有关信号,两台计算机直接通信时,只连接 2、3、7(25 针 EIA)或 3、2、5(9 针 EIA)就可以了。

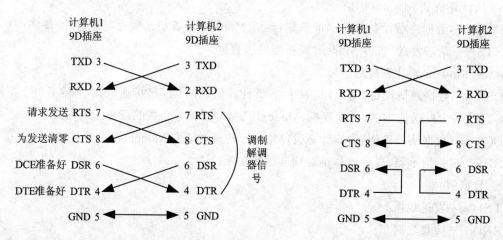

图 2-10　使用 Modem 信号的 RS-232C 接口　　图 2-11　不使用 Modem 信号的 RS-232C 接口

单一+5V 电源供电的 RS-232C 电平转换器还有 TL232、ICL232 等。

3. RS-232C 驱动器/接收器

为了实现采用+5 V 供电的 TTL 和 CMOS 通信接口电路能与 RS-232C 标准接口连接,必须进行串行口的输入/输出信号的电平转换。

目前,常用的电平转换器有原 Motorola 公司生产的 MCl488 驱动器、MCl489 接收器,TI 公司的 SN75188 驱动器、SN75189 接收器及美国 MAXIM 公司生产的单一+5 V 电源供电、多路 RS-232 驱动器/接收器,如 MAx232A 等。MAX232A 内部具有双充电泵电压变换器,把+5 V 变换成±10 V,作为驱动器的电源,具有两路发送器及两路接收器,使用相当方便。引脚如图 2-12 所示,典型应用如图 2-13 所示。

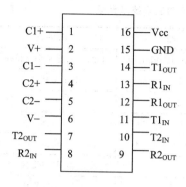

图 2-12　MAX232A 引脚图

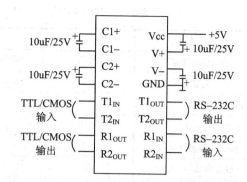

图 2-13　MAX232A 典型应用

2.3.3　RS-485 串行通信技术

由于 RS-232C 通信距离较近,当传输距离较远时,可采用 RS-485 串行通信接口。R-485 接口采用二线差分平衡传输,其信号定义如下。

当采用+5V 电源供电时:

若差分电压信号为 $-2\,500\sim+200$ mV 时,为逻辑"0";

若差分电压信号为 $+200\sim+2\,500$ mV 时,为逻辑"1";

若差分电压信号为 $-200\sim+200$ mV 时,为高阻状态。

RS-485 的差分平衡电路如图 2-14 所示。其一根导线上的电压是另一根导线上的电压取反,接收器的输入电压为这两很导线电压的差值 V_A-V_B。

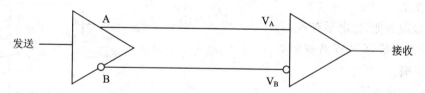

图 2-14　差分平衡电路

RS-485 实际上是 RS-422 的变型,RS-422 采用两对差分平衡线路,而 RS-485 共用一对差分线路。差分电路的最大优点是抑制噪声。由于在它的两根信号线上传递着大小相同、方向相反的电流,而噪声电压往往在两根导线上同时出现,一根导线上出现的噪声电压会被另一根导线上出现的噪声电压抵消,因而可以极大地削弱噪声对信号的影响。

差分电路的另一个优点是不受节点间接地电平差异的影响。在非差分(即单端)电路中,多个信号共用一根接地线,长距离传输时,不同节点接地线的电平差异可能相差好几伏,甚至会引起信号的误读,而差分电路则完全不会受到接地电平差异的影响

RS-485 价格比较便宜,能够很方便地添加到任何一个系统中,还支持比 RS-232 更长的距离、更快的速度以及更多的节点。RS-485、RS-422、RS-232C 之间的主要性能指标的比较如表 2-2 所列。

表2-2 RS-232C、RS-422、RS485 的主要技术参数

规范	RS-232C	RS-422	RS-485
最大传输距离	15 m	1 200 m(速率 100 kbit/s)	1 200 m(速率 100 kbit/s)
最大传输速度	20 kbit/s	10 Mbit/s(距离 12 m)	10 Mbit/s(距离 12 m)
驱动器最小输出(V)	±5	±2	±1.5
驱动器最大输出(V)	±15	±10	±6
接收器敏感度(V)	±3	±0.2	±0.2
最大驱动器数量	1	1	32 单位负载
最大接收器数量	1	10	32 单位负载
传输方式	单端	差分	差分

可以看到,RS-485 更适用于多台计算机或带微控制器的设备之间的远距离数据通信。应该指出的是,RS-485 标准没有规定连接器、信号功能和引脚分配。要保持两根信号相邻,两根差动导线应该位于同一根双绞线内。引脚 A 与引脚 B 不要调换。

1. RS-485 收发器

RS-485 收发器种类较多,如 MAXIM 公司的 MAX485,TI 公司的 SN75LBC184、SN65LBC184,高速型 SN65ALS1176 等。它们的引脚是完全兼容的,其中 SN65ALS1176 主要用于高速应用场合,如 PROFIBUS-DP 现场总线等。下面仅介绍 SN75LBCl84。

SN75LBC184 为具有瞬变电压抑制的差分收发器,SN75LBC184 为商业级,其工业级产品为 SN65LBC184。引脚如图 2-15 所示,各引脚的说明如下:

R:接收端。

/RE:接收使能,低电平有效。

DE:发送位能,高电平有效。

D:发送端。

A:差分正输入端。

B:差分负输入端。

Vcc:+5 V 电源。

GND:地。

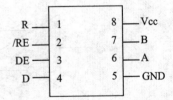

图 2-15 SN75LBC184 引脚图

SN75LBCl84 和 SN65LBCl84 具有如下特点:

(1) 具有瞬变电压抑制能力,能防雷电和抗静电放电冲击;

(2) 限斜率驱动器,使电磁干扰减到最小,并能减少传输线终端不匹配引起的反射;

(3) 总线上可挂接 64 个收发器;

(4) 接收器输入端开路故障保护;

(5) 具有热关断保护;

(6) 低禁止电源电流,最大 300 μA;

(7) 引脚与 SN75176 兼容。

2. RS-485 接口的典型应用

RS-485 典型应用电路如图 2-16 所示。RS-485 收发器可为 SN75LBCl84、

SN65LBCl84、MAX485 等。当 P10 为低电平时,接收数据;当 P10 为高电平时,发送数据。

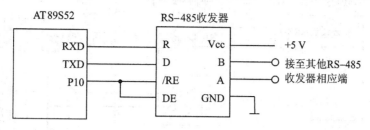

图 2 - 16　RS - 485 典型应用电路

当 P10 变为高电平发送数据之前,应当延时几十微秒的时间。尤其是在 P10 和 DE 之间接有光电耦合器时,延时时间还应更长一些,否则开始发送的几个字节数据可能会丢失。如果采用 RS - 485 组成总线拓扑结构的分布式测控系统,在双绞线终端应接 120Ω 的终端电阻。

3. RS - 485 网络互连

利用 RS - 485 接口可以使一个或者多个信号发送器与接收器互连,在多台计算机或带微控制器的设备之间实现远距离数据通信,形成分布式测控网络系统。

(1) RS - 485 的半双工通信方式

在大多数应用条件下,RS - 485 的端口连接都采用半双工通信方式,有多个驱动器和接收器共享一条信号通路。图 2 - 17 为 RS - 485 端口半双工连接的电路图,其中 RS - 485 总线收发器采用 SN75LBCl84,图中的两个 120Ω 电阻是作为总线的终端电阻存在,当终端电阻等于电缆的特征阻抗时,可以削弱甚至消除信号的反射。

特征阻抗是导线的特征参数,它的数值随着导线的直径、在电线中与其他导线的相对距离以及导线的绝缘类型而变化。特征阻抗值与导线的长度无关,一般双绞线的特征阻抗为 100 ~150 Ω。

RS - 485 的驱动器必须能驱动 32 个单位负载加上一个 60 Ω 的并联终端电阻,总的负载包括驱动器、接收器和终端电阻,不低于 54 Ω。图 2 - 17 中两个 120 Ω 电阻的并联值为 60 Ω,32 个单位负载中接收器的输入阻抗会使得总负载略微降低;而驱动器的输出与导线的串联阻抗又会使总负载增大,最终需要满足不低于 54 Ω 的要求。

还应该注意的是,在一个半双工连接中,在同一时间内只能有一个驱动器工作。如果发生两个或多个驱动器同时启用,一个企图使总线上呈现逻辑"1",另一个企图使总线上出现逻辑"0",则会发生总线竞争,在某些元件上就会产生大电流。因此所有 RS - 485 的接口芯片上都必须包括限流和过热关闭功能,以便在发生总线竞争时保护芯片。

(2) RS - 485 的全双工连接

尽管大多数 RS - 485 的连接是半双工的,但是也可以形成全双工 RS - 485 连接。图 2 - 18 表示两点之间的全双工 RS - 485 连接。在全双工连接中信号的发送和接收方向都有它自己的通路。在全双工、多节点连接中,一个节点可以在一条通路上向所有其他节点发送信息,而在另一条通路上接收来自其他节点的信息。

两点之间全双工连接的通信在发送和接收上都不会存在问题。但当多个节点共享信号通路时,需要以某种方式对网络控制权进行管理。这是在全双工、半双工连接中都需要解决的问题。

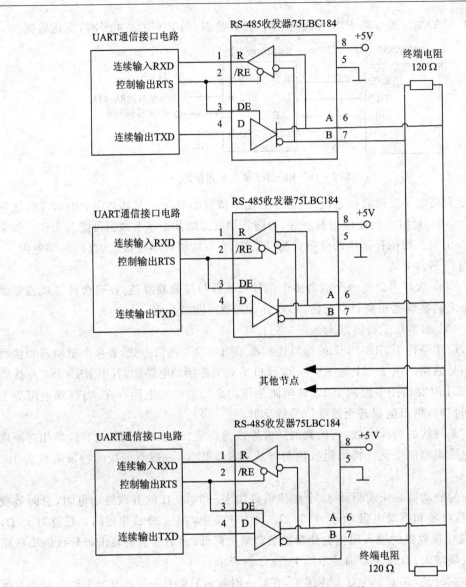

图 2 - 17 RS - 485 端口的半双工连接

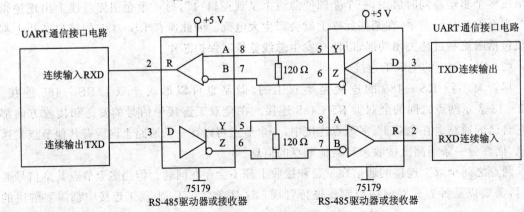

图 2 - 18 两个 RS - 485 端口的全双工连接

2.4　多路复用技术

矿井监控信号包括模拟量(如甲烷、风速等)和开关量(如主要设备的开停)两种信号。矿井监控信号同语声信号相比,变化率较低,占有的频带较窄。一路电话所占有的频带一般为300～3400Hz,而一路模拟量信号所占有的频带却很窄。特别是开关量信号所占有的频带就更窄。因此,在矿井信息传输中,用一对电缆传输一路监控信号是极不合理的,这将会造成传输线资源的浪费。这就要求多路信号共用一对电缆传输,这就是电缆的多路复用。

多路复用是指在一个公共的传输通道上,传送多路信源提供的信息,而又互不串扰。因此,复用方式关系到传输信道的资源是否得到充分利用、信息传输质量的好坏以及系统硬件的复杂性等。用于矿井控系统的复用方式有频分制、时分制和码分制以及它们的复合方式。

2.4.1　频分制

频分制是将一条传输线的频率资源分配给若干个对象,如图 2-19 所示。图 2-19(a)中各对象(分站 1、2、3)将其所含信息对各自的载波 f_1、f_2、f_3 进行调制,在这些载波附近各自形成一个载有相应信息的频带信号,如图 2-19(b)所示。该频带的宽度与所含信息的频带宽度成正比,并与调制方式、调制深度等有关。

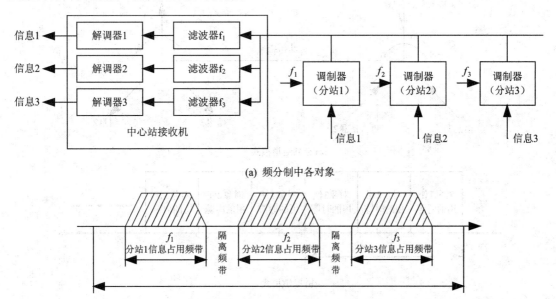

(a) 频分制中各对象

(b) 传输线可用频带(实有频率资源)

图 2-19　频分制原理示意图

当三个分站同时发送信息时,载有信息的三路频带信号通过公共的传输线传到中心站。在中心站接收机内,通过不同频率的滤波器把不同频段的信号分离开来,然后借助于各自的解调器从频带信号中恢复出各自所包含的信息,从而完成了信息发送与接收的全过程。

分配给每个对象使用的频率范围称为频道。各个频道所占的频率范围必须互不重叠,否则将导致不同路信息间的串扰。因此,在相邻频道之间一般要留一段不载有信息的频带,称为隔离频带。隔离频带的宽度因滤波器的滤波能力而异。

从以上讨论可知,频分复用的关键在于:根据各对象所含信息的频率成分、所采用的调制方式、滤波器的性能以及传输线本身的频率资源,合理地安排各自的频道,以达到最经济、最合理地利用传输线频率资源的目的。

2.4.2 时分制

时分制是将一条传输线的时间资源分配给若干个对象,每个对象按一定的规则轮流使用该传输线。一条传输线在同一时间内,只允许一个对象使用。

时分制原理如图 2 - 20 所示。图 2 - 20(a)表示三个对象通过一条公共传输线传送各自信息,其传输方式为:在发送和接收端各有一个同步旋转着的高速电子开关,同时接通一路对象的发送和接收部分。由于轮流地接通和断开,因此可以将三路信息在不同的时间内轮流传送出去。每路对象所分配到的那一段传送时间,称为时隙,如图 2 - 20(b)所示。

在时分制传输中,每路传送信息的时间是间断的,但所要传送的信息本身却可能是连续的。例如,人们的话音便是一个连续变化着的模拟信号,如果只是间断地传送所分配时隙中的信号值称为该模拟信号的采样值,如图 2 - 20(c)所示,那么在给定时隙以外没能传送出去的那一部分信号是否会导致信息的丢失? 这是时分制传输必须解决的问题。

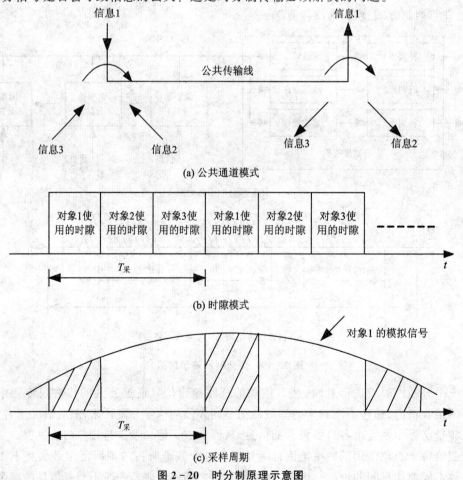

(a) 公共通道模式

(b) 时隙模式

(c) 采样周期

图 2 - 20　时分制原理示意图

研究表明,关于时分制传输是否会导致信息的丢失,关键在于正确选择时隙的间隔,也即采样周期 T_c(或是采样频率 $f_c = 1/T_c$)。可以证明,若被采样信号最高频率为 f_h,也即原有模拟信号本身所含的最高频率成分,只要符合 $f_c \geqslant 2f_h$ 的要求,便可以从离散的采样值中恢复出原有的连续信号,而不致造成信息丢失,这就是采样定理。

可见,时分制传输的关键在于:根据各路对象信息量的多少和信息变化的快慢特点,合理分配各路时隙及采样周期的长短,并且要求收、发两端严格同步。信息变化缓慢的对象,采样周期可长些,而变化快的对象,采样周期可短些。

2.4.3 码分制

频分制和时分制在原理上有很大不同,但也有共同点:它们都是通过将各路信息调制在各自的载波上实现的。其中,频分制的各路载波是频率各不相同的正弦波;时分制的载波是在时间上互不重叠的时隙脉冲序列,如图 2-21(a)和 2-21(b)所示。事实上,为了实现传输线多路复用,上述两种载波并不是仅有的。例如图 2-21(c)所示的波形,也可以用作多路复用的载波。图 2-21(c)中两个波形的特点是:它们是由经一定时间(称为周期)周而复始出现的码串组成,第一个波形的码串特征是 11001100,第二个波形的码串则是 10010110。理论研究表明:只要两个(或多个)波形的码串特征各不相同,而且它们之间的波形相关系数为零,便可作为多路复用的载波。这种基于载波码串特征来区分多路信息的复用方式,称为码分制。

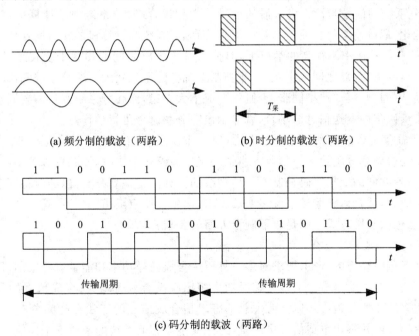

(a) 频分制的载波(两路)　　　　　(b) 时分制的载波(两路)

(c) 码分制的载波(两路)

图 2-21　频分制、时分制和码分制载波示意图

在码分制系统中,为了正确解调,在接收端必须产生一系列与发送端的载波码型特征相同而且同步变化着的波形。接收端利用相关检测器来区分各路信号,相关解调器的工作原理是:只对特定的(相关)码型起反应,对其他(非相关)码型无反应。

2.4.4 理想复用方式

电缆的复用方式是影响系统可靠性和性能价格比的主要因素,在系统的研制、设计或选型时,需要对一些复用方式作比较,从中选择比较合理的方式,这就要求有一个评价合理性的标准。同时,在选择合适的复用方式时还需要考虑每种复用方式的特点、矿井特殊环境条件及矿井监控信息的特殊性。

对于矿井监控来说,在选择复用方式时,首先需要考虑如下两个方面的问题:

(1) 本质安全防爆

本质安全防爆以限制火花放电能量和电气设备的热效应为手段,使其达到不足以点燃环境中可燃性气体。在放电能量一定的情况下,火花点燃周围环境中可燃气体的能力还与放电时间和放电材料、电极形状等因素有关。当传输电缆、电路材料一定的情况下,除放电时间是可控因素外,一般地讲电极形状是一个不可控因素,这是由于故障点的随机性造成的。因此,在多路复用时,除应考虑限制火花放电能量外,还应避免能量在时间上的集中。

(2) 矿井监控信息的特点

由于地质条件、生产条件的不同,带来了矿井监控信息的如下特点:各个矿井对监控容量要求不一,同一矿井的不同时期监控容量不一,变化率慢。

在进行复用方式的选择时,还应考虑上述三种复用方式的优缺点。

① 时分系统的信号与计算机所需的信号非常相近,故时分系统便于计算机接口,也便于系统的智能化,码分制系统也便于计算机管理,而频分系统与计算机的接口则比较复杂。

② 在信息传输速率不很高的情况下,时分系统中各路之间的相互干扰较小;码分制系统在系统同步情况下,各路之间无干扰;而频分制系统各路干扰较大。时分系统和码分系统中各路信息的发送与接收需要严格同步,否则将造成重大差错,而频分系统则不需要同步。在传感器分散分布难以集中发送信息的场合,就显示出频分制这个可贵的优点。

③ 从传输信道资源的利用方面来考虑,时分系统是将信道按时间分配给某一路信源,而频分系统则是按频率分配给某一信源。当某一路信源停止工作时,该路资源就闲置不用,造成浪费,这是两者共同的缺点。码分制不将传输线的资源固定地划分,可以随时将冗余转化为系统的抗干扰能力,适合矿井监控系统多变的要求,达到自适应限错。

为此,理想的复用方式应满足以下两个方面的要求:

(1) 有利于本质安全防爆

针对井下危险环境的特点,要求对多路复用后合成信号功率和能量有所限制,即合成信号的最大瞬时功率与单路信号中的最大瞬时功率相比应没有显著增大;合成信号的最大瞬时功率与平均功率的比值应最小。以上考虑总的思想是合成信号的能量在时间分布上比较均匀,其能量集中的程度并不比单路信号更严重,这样就不会影响系统的本质安全性能。

(2) 充分利用信道资源

针对时分制和码分制多路合成后的信号不会造成能量在时间上的集中,因而对本质安全防爆性能无影响。频分制多路合成信号的路数愈多,则传输线上信号的瞬时功率和平均功率都成正比地增大,有可能造成能量过分集中而危害到系统的本质安全防爆性能。时分系统可以很方便地用多位数码传送模拟量,用位码位传送开关量。这种传输方式对信道资源的利用而言是经济合理的。频分系统由于区分频率的滤波器难以做得非常敏锐,开关量和模拟量大体要占相同的频带宽度,这就造成开关量信道频率资源的浪费。码分制对开关量和模拟量的传输优于频分制,劣于时分制。

习题 2

1. 数字传输系统有何优点? 为什么矿井安全监控系统应尽量采用数字传输方式。
2. 解释什么是单工、半双工、全双工,并简述其优缺点。
3. 什么是异步通信和同步通信? 两者有何异同。
4. 在信息传输系统中如何校正错误? 有哪些常用的校验方法?
5. 数字传输系统什么采用不同的调制方式? 有哪几种常见的调制方式?
6. 什么是串口通信? 串口通信技术有哪些优点?
7. 简述 RS‐232C 串行通信模式。
8. RS‐485 通信方式是什么? 该通信方式有哪些优点。
9. 简述常用的多路复用技术。
10. 选择复用方式时,需要考虑哪些问题?

第3章 传感器技术

传感器是感知外界信息并将之按一定规律转换成便于处理和控制的信息的装置。信息技术的三大支柱包括信息采集、信息传输和信息处理,其中传感器技术是信息技术的源头。传感器是获取信息的工具,其作用相当于人的五官,因此常被称为"电五官"。传感器技术以传感器为核心,涵盖传感器设计、材料、制造、检测、应用等的综合技术,是自动检测与自动控制系统的主要环节,对系统测控质量起决定作用。

矿用传感器是矿山自动化、信息化和数字化系统的"感觉器官",是煤炭安全高效生产的重要保证,这些传感器的使用对提升矿山生产效率、提高设备利用率和增强矿山安全起到了非常重要的作用。在矿井监控系统中,所需监测的物理量大多数是非电量,如甲烷、风速、温度等,由于井下环境复杂,这些物理量无法直接进行远距离传输,必须对其进行变换为便于传输、存储和计算机处理的电信号。为此,就需要使用传感器将被监测的非电量信号转换为电信号。传感器作为监控系统的第一个环节,完成着信息的获取和转换功能,其性能的好坏直接影响着系统的监控精度。当然,随着光传输、存储和处理技术的发展,光信号将会成为另一种便于传输、存储和处理的信号。

3.1 矿用传感器现状及发展趋势

矿井安全监测监控系统是否能够安全、可靠的运行直接影响着煤矿的安全生产。随着我国开采技术水平的提高,煤矿安全要求的提高,"六大系统"(监测监控系统、人员定位系统、紧急避灾系统、压风自救系统、供水施救系统、通讯联络系统)技术的推广,人们对煤矿安全的重视程度达到空前,使得煤矿井下的传感器越来越丰富。先进可靠的传感器技术可以极大地提高矿井安全生产能效,目前开发出的传感器已解决了煤矿安全生产中的一些问题,满足了采煤工作面、回风巷等某些环境参数和设备状态安全监控对于传感器选型和配置的需要,从而减少了灾害的发生,有效地降低了重大恶性事故发生的几率。

3.1.1 矿用传感器的应用现状

煤矿井下生产过程复杂,环境条件恶劣,温度、湿度、有毒气体、噪声、负压及粉尘构成了矿井的微环境,其中湿度和温度对传感器的性能影响较大。提高传感器对环境的适应能力,才能提高监测的可靠性、稳定性、准确性。

目前,国内矿用传感器主要采用12~24 V直流供电,普遍采用本质安全型,通常都具有连续自动将待测物理量转换成标准电信号输送给关联设备,并提供本地显示,超限报警等功能,有的还具有遥控调校、断电控制、故障自校自检等功能。传感器模拟量输出信号主要有三种类型:① 频率输出5~15 Hz;② 电流输出0~5 mA;③ 电压输出0~100 mV。开关量信号输出一般有±0.1 mA、±5 mA和200~2 000 Hz。

目前,矿用传感器主要包括如下种类:

（1）气体传感器

气体传感器主要完成对井下甲烷、一氧化碳等气体浓度检测。甲烷检测方法有实验室取样分析法和井下直接测量法两种,矿井常用的甲烷传感器按检测原理分为:光学式、催化燃烧式、热导式、气敏半导体式等,可根据使用场所、测量范围和测量精度等要求,选择不同检测原理的甲烷传感器。矿井常用的一氧化碳检测仪器有电化学式、红外吸收式和催化氧气式等。

（2）环境参数检测传感器

环境参数检测传感器主要完成对风速、气压、温度等的监测。常用的风速传感器有超声波涡街式风速传感器、超声波时差法风速传感器、热效式风速传感器。风速传感器主要安装在测风站、进回风巷和采区工作面等,检测井巷风速风向,目前测量范围一般为 $0.3 \sim 15$ m/s。

目前常用的矿井温度传感器有热电偶、热电阻、热敏电阻、半导体 PN 结、半导体红外热辐射探测器、热噪声、光纤光栅传感器。

（3）开关量传感器

开关量传感器主要完成对设备运行状态检测。煤矿设备开停传感器主要监测矿井的主要机电设备(如采煤机、掘进机、运输机、提升机、破碎机、输送机、局部通风机、水泵、主要通风机等)的运转状态,主要有辅助触点型和电磁感应型两种。

（4）新型传感器

随着光纤技术、纳米材料、MESM 技术等相继问世,使得可以发展性能更加完善和种类更加丰富的新型矿用传感器。光纤传感器不受电磁干扰,适合在易燃易爆等恶劣环境工作,其传输损耗小,适合长距离传输,避免调校麻烦,已在煤矿发挥其优势。光纤温度传感器和光纤瓦斯传感器已在井下获得较好的使用效果,未来更多的光纤传感器必将在煤矿中迅速发展。

3.1.2　矿用传感器的发展趋势

目前随着传感器相关技术的发展,矿用传感器也朝着集成化、多功能化、智能化和数字化的方向发展。

（1）集成化

矿用传感器的集成化是传感器研制和应用的重要发展趋势,其集成化表现为两方面:一是将同一类型的单个传感器排列在同一平面上,构成线性传感器或面型传感器;二是将传感器和运算、放大及补偿等部分组装成一个器件,形成一体化,如集成固态压力传感器或集成半导体温度传感器等。

（2）多功能化

矿用传感器的多功能化是指一个传感器可以检测两个或两个以上的参数,多个参数显示共用一个显示平台,同时兼备各种补偿、信号处理、智能诊断等功能,这样可大大节省成本,并使项目复杂度降低,提高了矿方的工作效率。比如 $MgCr_2O_4 - TiO_2$ 陶瓷材料制成的湿度-气敏元件,集成化传感器除具有信号转换功能外,还兼备温度补偿、信号处理等功能

（3）智能化

矿用传感器的智能化是指传感器具备自补偿功能、自校准功能、自诊断功能,它将利用人工智能等新的技术,使传感器具有分析、判断、自适应和自我学习的功能,最终实现现场出现问题时能够智能的进行指导处理,使矿井监控系统具有更高的智能。

（4）数字化

矿用传感器的数字化是指传感器应具有信息的储存和远距离传送的功能、抗干扰性强、可与数据处理系统组合、易于与计算机系统连接、所传递信息量多等优点,数字化传输方式正在逐步代替现有频率传输方式。

总的来说,矿用传感器的使用环境决定需采用高稳定性、长寿命的敏感元件,在整机硬件、软件的设计中,采用多种抗干扰措施,满足国家相关标准规定的电磁兼容要求。具有性能稳定、测量精确、响应速度快、抗冲击能力强、遥控调校、断电控制、结构坚固、易维护、易更换、体积小、重量轻等特点的矿用传感器已在矿井广泛应用,集成化、多功能化、数字化、智能化必将成为发展矿用传感器的趋势。

3.2　传感器技术基础

3.2.1　构成与分类

传感器主要由敏感元件、转换元件、测量电路和辅助电源组成,如图3-1所示。在矿井监控领域又将敏感元件和转换元件统称为传感元件。

在进行非电量到电量的转换时,并非所有的非电量都能利用现有技术一次性直接转换为电量,而多是将被测非电量先转换为另一种便于转换为电量的非电量。敏感元件就是将被测非电量转换成另一种便于转换为电量的非电量的器件。转换元件是将敏感元件所输出的非电量转换为电量的器件。例如,矿用超声波旋涡式风速传感器,首先通过敏感元件将风速转换为与风速成正比的旋涡频率,然后再通过转换元件将与风速成正比的旋涡频率转换为电脉冲频率。有时敏感元件同时兼做转换元件,这时被测的非电量被直接转换为电量,例如热催化式甲烷传感器的传感元件。

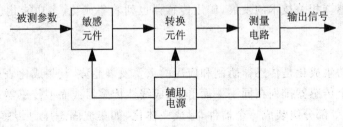

图3-1　传感器组成

转换元件的输出可以是电信号(电压、电流或脉冲),也可以是电阻、电容和电感等参数的变化。当转换元件输出为电信号时,测量电路就是一般的放大器;否则,就需要通过电桥先将这些参数变换成电信号,然后再进行放大。测量电路除完成上述功能外,一般还应具有非线性补偿、阻抗和电平匹配等功能。随着集成电路集成度的提高,微处理机芯片的应用,在智能传感器里,测量电路还具有信号的预处理等功能。

为便于传感器的研究和使用,人们对传感器进行了分类。传感器的分类方法主要有:按输入量(物理量)和按变换原理。按输入量分类方法明确指出了传感器所能监测的物理量,便于使用者选择,但不便于了解传感器的变换原理和性能,如甲烷、风速、负压等传感器。按变换原理分类方法说明了传感器的变换原理,便于专业人员设计和研究,便于使用者了解传感器的变换原理,但不便于使用者选择,如电化学、热催化等。为利用上述两种分类方法的优点,通常将上述两种分类方法同时使用,如热导式甲烷传感器、超声波旋涡式风速传感器等。此外,还有按能量的传递方式(有源和无源)、使用型式(固定式、机载式等)、输出信号(模拟式和数字式)等分类方法。

3.2.2　性能指标

本节主要介绍传感器的性能指标,主要包括:量程、精度、迟滞、重复性、线性度和灵敏度等。

(1) 量　程

量程是传感器的主要输入特性,是指传感器所能测量被测物理量的量值范围。一般用传感器测量的物理量的上、下极限来表示,其中上限值又称为满量程值,如低浓度甲烷传感器的量程为 $0\sim4.0\%CH_4$,风速传感器的量程值 $0.3\sim15\ m/s$。在使用中,如果被测物理量超出了传感器所规定的量程范围,将会造成较大的测量误差或传感器的损坏。

(2) 精　度

任何传感器的测量结果都是被测物理量的近似表示,为表示传感器的测量结果与被测物理量的近似程度引入了精度的概念。精度表示传感器的测量结果与被测实际值的接近程度,精度一般是在校验或标定的过程中确定的,是靠其他更精确的仪器或工作基准给出的。精度一般用“极限误差”来表示,如压力传感器的精度可表示为:$\pm1\ kPa$;或用极限误差与满量程值之比按百分数给出,如压力传感器的精度可表示为:$\pm1\%$。

(3) 迟　滞

由于物理惯性,传感器在输入量 x 增大(正行程)或减小(反行程)时,对应同一输入值的输出值是不相同的。为表示传感器在输入量增大(正行程)或减小(反行程)时对应同一输入值的输出值的差异,引入了迟滞的概念。迟滞是指传感器在输入量增大(正行程)或减小(反行程)时,输出/输入曲线不重合的程度,如图 3-2 所示。

迟滞指标的计算方法如式下所示,

$$迟滞 = (\Delta y_{max}/y_{max}) \times 100\%$$

式中,Δy_{max} 对应同一输入值的输出值在正反行程间的最大差值,y_{max} 为满量程输出值。

在具有机械运动部分的叶轮式风速传感器中,迟滞反映了机械部分的某些缺损,如轴承摩擦和间隙、灰尘的积塞等。

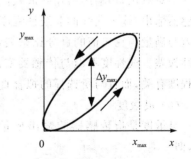

图 3-2　迟滞特性

(4) 重复性

由于传感器的老化和磨损,在相同的工作状态下,重复地输入一个相同的值时,传感器的输出是不同的。重复性就是指传感器在相同的工作状态下,重复地输入一个相同的值时,其输出的一致性程度,如图 3-3 所示。

重复性可以用行程输出值之间的最大偏差与满量程输出的百分比来表示。设正反行程多次测量的输出值之间的最大偏差为 Δy_{1max} 和 Δy_{2max},取这两个最大偏差中较大者作为 Δy_{max},再根据 Δy_{max} 与满量程输出 y_{max} 相比,即为重复性误差。除上述重复性误差的计算方法外,还可用均方根偏差与满量程输出的百分比来计算,其计算方法可参阅相关文献。

（5）线性度

为了标定和数据处理，一般要求传感器的输出与输入成线性关系，并能准确地反映被测量的实际值。然而，在实际应用中，传感器的输出与输入之间并不是所要求的线性关系，而是如图3-4所示的变化关系。这就要求对传感器进行线性化处理，即用一条直线去逼近传感器的实际工作曲线，如图3-5所示。图3-5(a)是采用拟合最小的直线，而图3-5(b)采用通过零点和满量程点的直线。

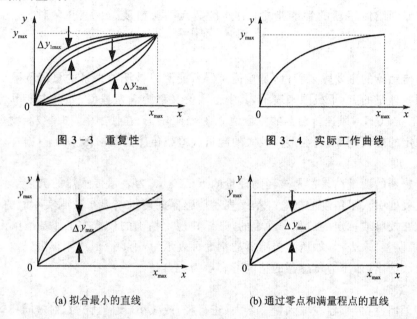

图3-3　重复性　　　　　　　　　图3-4　实际工作曲线

（a）拟合最小的直线　　　　　　（b）通过零点和满量程点的直线

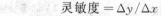

图3-5　线性化

不难看出，用输出与输入成线性关系的直线拟合实际工作曲线，将会带来误差。为了描述传感器输出/输入曲线的非线性程度，一般用所测得的输出/输入标准曲线与理论拟合直线的偏差与满量程输出值的百分比来表示，并称之为线性度或非线性误差。线性度不但与传感器实测输出/输入曲线的非线性程度有关，而且与所选择的拟合直线有关。

（6）灵敏度

灵敏度是指传感器的输出增量 Δy 与输入增量 Δx 之比，即

$$灵敏度 = \Delta y / \Delta x$$

显然灵敏度可以用拟合直线的斜率来表示，如图3-6所示。

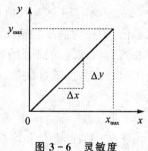

图3-6　灵敏度

3.2.3　供电方式

矿井监控系统中的传感器一般都需要有辅助电源，并且对电源的功率要求都较高。传感器的供电方式有内部供电和外部供电两种。

内部供电方式包括传感器自带整流电源和蓄电池（或干电池）两种。传感器自带整流电

源,体积大、重量重,并且在传感器的设置位置上,不一定能取交流电源,因此该种供电方式在矿用传感器中很少采用。蓄电池(或干电池)供电,需要定期对蓄电池充电(或更换干电池),维护工作量较大,只适用于能耗很小的传感器。

为了满足传感器对电源功率的要求,减小传感器体积,便于维护,一般都采用外部供电方式。外部供电方式包括就近供电和集中供电两种。

(1) 就近供电

外部就近供电方式是指由系统分站电源、电控箱或电源箱向传感器供电的方式,外部就近供电方式如图 3-7 所示,该方式同集中供电相比具有供电距离近、功耗小、简单方便等优点。因此,它是矿井监控系统传感器的主要供电方式,得到了广泛应用。在交流电网短时停电的情况下,为了保证传感器仍能正常工作不小于 2h,在一些分站电源、电控箱或电源箱中还设置了一定容量的蓄电池。

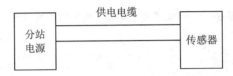

图 3-7　外部就近供电方式

传感器外部就近供电可以采用恒压源供电,也可以采用恒流源供电,具体采用什么方式取决于传感器对电源的要求。采用恒压源供电,传感器所得到的电压大小受供电电缆的长度、芯线直径、材质、接触电阻的影响,同时也受负载的影响。在供电电压一定的情况下,供电电缆越长、芯线直径越细、材质电阻率越大、接触电阻越大、传感器吸收电流越大,线路压降就越大,传感器得到的电压值就越小。因此,采用恒压源供电的传感器一般在传感器内部又设置了二次稳压电路,以保证传感器的正常工作。采用恒流源供电,因为电缆的绝缘电阻很大,传感器所得到的电流大小受外界因素影响较小。但是,由于传感器电路一般需要在稳定的电压下工作,采用恒流源供电的传感器一般也在内部设置稳压电路。

(2) 集中供电

为了在井下供电不正常的情况下,保证能对被测物理量进行监测,有的矿井监控系统采用了中心站集中供电方式,如图 3-8 所示。不难看出,在中心站集中供电方式中,每一传感器都必须有一电缆与中心站相连。因此,在同样的监控容量下,需要的电缆较多,系统投资较大,并且不便于安装维护。与就近供电方式类似,中心站向传感器供电,既可以采用恒流源供电,也可以采用恒压源供电,具体采用什么方式取决于传感器对电源的要求。

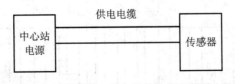

图 3-8　集中供电方式

3.2.4　输入信号

在传感器技术中,被测物理量可分为开关量和模拟量两大类,即输入信号也包括开关量和模拟量两种类型。

开关量就是只取两种状态的物理量，如采煤机、掘进机、运输机、水泵、风机的开停等。开关量可以用电压的有无、电流的有无和极性等来表示，这种反映开关量状态的非编码信号称为开关信号，如图 3-9 所示。开关量状态也可以用一组码字中一位的取值（0 或 1）来表示，如图 3-10 所示。这种反映开关量状态的编码信号称为数字信号，一组编码的数字信号可以表示多个开关量。

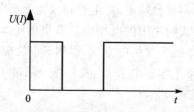

图 3-9　用电压 *U* 或电流 *I* 表示的开关量状态

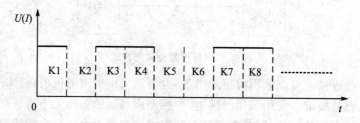

图 3-10　数字信号表示的开关量状态

模拟量就是量值连续变化的物理量，如甲烷浓度、风速、一氧化碳浓度等。模拟量可以用电压、电流的大小和频率的高低等来表示，这种反映模拟量大小的非编码信号称为模拟信号，如图 3-11 所示。模拟量大小也可以用一组码字的编码来近似表示（存在量化误差），如图 3-12 所示。这种反映模拟量大小的编码信号称为数字信号。

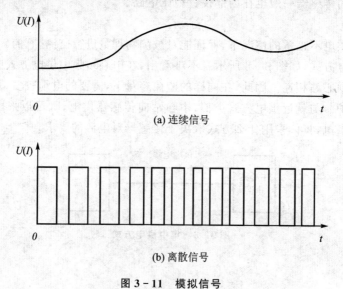

(a) 连续信号

(b) 离散信号

图 3-11　模拟信号

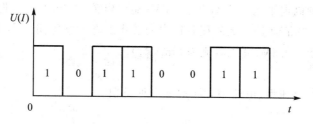

图 3 - 12　数字信号表示模拟量大小

数字信号和频率型模拟信号均可用脉冲表示,但二者本质是不同的:

(1)数字信号的每位脉冲持续时间恒定不变(当传输速率一定时);频率型模拟信号的脉冲持续时间随着频率的变化而变化。

(2)数字信号采用脉冲编码表示数值大小,由于编码长度有限,因此数字信号表示模拟量大小存在量化误差;频率型模拟信号的脉冲频率可以连续变化,因此频率型模拟信号可以准确表示模拟量大小。

(3)数字信号中不同位置的脉冲表示不同的数值;频率型模拟信号的任何位置的脉冲均表示同一数值。

虽然数字信号表示模拟量大小存在量化误差,只要数字信号的字长适宜,其量化误差完全能够满足要求。例如,字长取为 8 位的数字信号,其量化误差小于 $0.5/255$。由于数字信号较模拟信号和开关信号具有许多优点,因此数字信号获得了越来越广泛的应用。

3.2.5　输出信号

矿用传感器输出信号宜采用数字信号,并应满足煤炭行业标准《煤矿用信息传输装置》的有关要求。与输入信号类似,传感器输出信号也主要包括开关信号和模拟信号两种类型。

1. 开关信号

开关信号的输出可以是机械接点,也可以是半导体电路或其他电气元件,这些统称为输出接点。输出接点可以是有源接点,如图 3 - 13 所示;也可以是无源接点,如图 3 - 14 所示。无论是有源接点还是无源接点,其输出端的短路电流和输出端灌入电流均应不大于 $20mA$,为此在进行传感器设计时须设置限流措施,并应加在供给此电流侧的装置中。

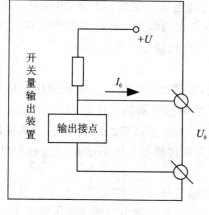

图 3 - 13　有源接点

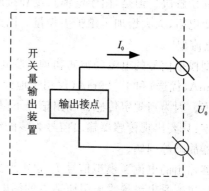

图 3 - 14　无源接点

有源接点输出的高电平电压应不小于+3V(输出电流为2mA时);低电平电压应不大于+0.5V(输出电流为2mA时)。无源接点输出的截止状态的漏电阻应不小于100 kΩ,导通状态的电压降应不大于+0.5V(灌入电流为2mA时)。

2. 模拟信号

模拟信号主要有电压型、电流型和频率型三种类型。

(1) 电压型

电压型模拟信号的电压随被测物理量变化而变化,如图3-15所示。电压型模拟信号一般为0~5V。由于传感器输出的电压型模拟信号(U_0)需经电缆传输至分站,如图3-16所示,因此分站输入的电压型模拟信号U_i受信号电缆长度、芯线直径、材质、接触电阻和负载电流I的影响。若电缆环路电阻和接触电阻用R表示,则分站输入的电压型模拟信号U_i可用下式表示:

$$U_i = U_0 - RI$$

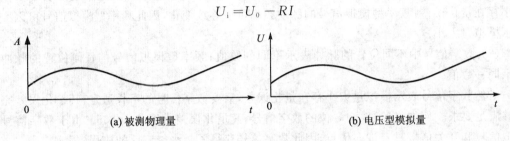

图3-15 电压型模拟信号

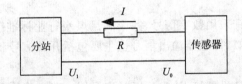

图3-16 分站输入的电压型模拟信号

在实际应用中,为减小电缆长度、芯线直径、材质、接触电阻和负载电流对分站输入的电压型模拟信号的影响,通常在传感器的输出端串接一个可变电阻,通过调节这个可变电阻,使可变电阻值与电缆环路电阻和接触电阻之和为一个常数,当负载电流一定的情况下,电压降为常数,则可通过补偿解决。但是,由于电缆长度和接触电阻受工作面搬迁和环境潮湿等影响,需要经常调整可变电阻,大大增加了维护工作量。因此,电压型模拟信号采用的不多。

(2) 电流型

电流型模拟信号的电流随被测物理量变化而变化,如图3-17所示。电流型模拟信号一般为1~5mA(优选)和4~20mA(仅用于地面)。为了监测传感器的工作状态,规定输出信号下限不为零。因为当规定传感器输出信号下限不为零时,若传感器在正常工作时,则其输出信号不会为零;只要出现传感器输出信号为零的情况,则说明传感器工作不正常,发生了断线、停电或传感器故障等问题。

传感器输出的电流型模拟信号I_0也需要经电缆传输至分站,如图3-18所示。由于电流型模拟信号主要受电缆绝缘电阻所造成的漏电流的影响,并且矿用电缆的绝缘电阻较大,所造成的漏电流很小,因此分站输入的电流型模拟信号I_i受信号电缆长度、芯线直径、材质、接触

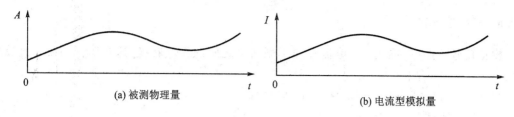

图 3 - 17　电流型模拟信号

电阻、负载电阻的影响很小。

（3）频率型

频率型模拟信号的频率随被测物理量变化而变化,如图 3 - 19 所示。频率型模拟信号一般为 200～1000Hz(优选),在整个频率范围内其正脉冲和负脉冲宽度均不得小于 0.3ms。频率型模拟信号的输出分有源和无源两种:①有源输出高电平电压应不小于 +3V(输出电流为 2mA时);有源输出低电平电压应不大于 +0.5V(输

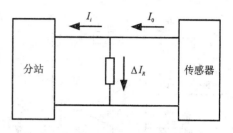

图 3 - 18　分站输入的电流型模拟信号

出电流为 2mA 时)。②无源输出截止状态的漏电阻应不小于 100kΩ,无源输出导通状态的电压降应不大于 +0.5V(灌入电流为 2mA 时),规定输出信号下限不为零,也是为了监测传感器的工作状态。

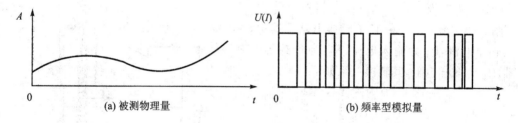

图 3 - 19　频率型模拟信号

由于频率型模拟信号是用单位时间内脉冲个数表示被测物理量大小的,在判决门限允许的范围内,脉冲幅度的变化对频率型模拟信号的正确接收影响不大。因此,无论是电流脉冲还是电压脉冲,受信号电缆长度、芯线直径、材质、接触电阻、负载电阻和电缆绝缘电阻的影响都很小,并且具有一定的抗电磁噪声能力。这是因为当频率型模拟信号在传输过程中受到干扰而发生增加脉冲或减少脉冲时,所带来的相对误差为单位时间内增减的脉冲数与所传输的脉冲数的比值。而频率型模拟信号的接收是一个积分过程,在一个周期内由于受到干扰而发生的增加脉冲和减少脉冲数可以抵消,最后的影响仅为增加脉冲数与减少脉冲数的差值。同时,频率型模拟信号还便于使用性价比高的光电耦合器进行本质安全防爆隔离,而光电耦合器是非线性器件,不能用于电流型和电压型模拟信号的本质安全防爆隔离。因此,模拟信号宜优选频率型。

模拟信号除电压型、电流型和频率型信号外,还有脉冲幅度、脉冲宽度、脉冲相位等,但这些信号在矿井监控系统中应用很少。

3.2.6 模拟信号转换

模拟信号转换主要指电压、电流和频率型信号之间的相互转换,这在监控系统中经常会遇到。

1. 电流/电压(I/V)及电压/电流(V/I)转换

(1) I/V 转换

I/V 转换的方法很多,典型的转换方法如图 3－20 所示。其中 U_0 为输出电压,I_i 为输入电流,R_F 为运算放大器反馈电阻,其转换关系如下,

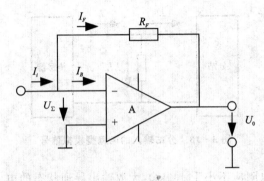

$$I_i = I_F + I_B$$
$$U_\Sigma = R_F I_F + U_0$$
因为　$I_B \to 0$,$U_\Sigma \to 0$
所以　$I_i = I_F$
$$U_0 = -R_F I_F = -R_F I_i$$

图 3－20　I/V 转换电路

(2) V/I 转换

图 3－21 给出了一种 V/I 转换电路。其中,I_0 为输出电流,U_i 为输入电压,R_L 为负载等效电阻,R_S 为取样电阻,其转换关系如下,

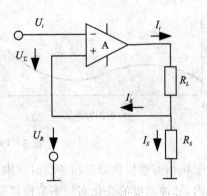

$$U_i = U_\Sigma + U_B$$
因为 $U_\Sigma = 0$,所以 $U_i = U_B$
又因为　　　　$I_B \to 0, I_0 = I_B + I_S$
所以　　　　　　$I_0 = I_S$
$$U_B = I_S R_S$$

图 3－21　V/I 转换电路

$$U_B = I_0 R_S$$
$$U_i = I_0 R_S$$
$$I_0 = U_i / R_S$$

2. 频率/电压(F/V)及电压/频率(V/F)转换

(1) F/V 转换

F/V 转换电路如图 3－22(a)所示。其工作原理是:利用输入脉冲 F 的上升沿(或下降沿)触发单稳态触发器,单稳态触发器对应每一个输入脉冲的上升沿(或下降沿)都有一个恒定宽度的脉冲输出,并且输出脉冲频率与输入脉冲频率相等。该脉冲经 RC 滤波器滤波后,电压

U_o 随输入脉冲频率的增大而增大,从而将频率信号转换为电压信号。各点波形如图 3 - 22 (b)所示。

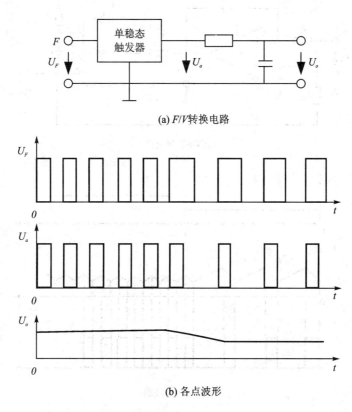

(a) F/V 转换电路

(b) 各点波形

图 3 - 22　F/V 转换电路及各点波形

（2）V/F 转换

由运算放大器和 555 时基电路组成的 V/F 转换器,如图 3 - 23 所示。其中,U_i 为输入电压,F 为输出信号 U_F 的频率。运算放大器与 R_1、C_1、R_2、C_2 共同组成双向积分电路,555 时基电路与 R_3、C_3 组成单稳态电路。积分器的输出信号 U_o 控制单稳态触发电路的触发端,单稳态电路的输出 U_F 被反馈至双向积分器的正向输入端。由于在设计上要求输出脉冲幅度 U_F 大于满量程输入电压脉冲幅度 U_{imax}。因此,双向积分器的输出电压 U_o 作斜坡式上升/下降变化,形成三角波。其工作过程是:当 U_F 为低电平时,U_o 作下降变化(在 R_1、C_1 一定的条件下,其变化速率正比于 U_i),直到达到单稳态触发器门限值 $U_{CC}/3$,使单稳态触发器输出 U_F 变为高电平时为止。当 U_F 为高电平时,U_o 作定时上升变化(在 R_1、C_1、R_2、C_2 一定的条件下,其变化速率正比于 (U_F-U_i)),其定时时间仅取决于单稳态触发器的时间常数由 R_3、C_3 决定,与 U_F 和 U_i 无关。当定时结束后,U_F 又变为低电平。重复上述过程,从而产生频率为 F 的输出信号 U_F。不难看出,在 R_1、C_1、R_2、C_2、R_3、C_3 一定的条件下,U_i 越大,U_o 作下降变化的时间 t_1 就越短。由于 U_o 作上升变化的时间 t_2 仅取决于 R_3、C_3 恒定不变。因此,U_i 越大输出脉冲周期(t_1+t_2)就越小,脉冲频率 F 就越大,可以证明 F 正比于 U_i。

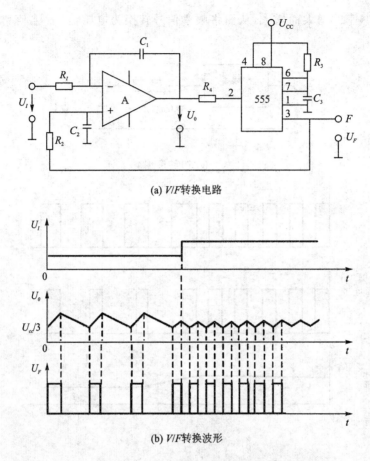

(a) V/F转换电路

(b) V/F转换波形

图3-23 V/F转换电路及其波形

3.3 甲烷传感器

甲烷浓度是矿井安全监控的主要监测对象,当环境中甲烷浓度大于或等于报警浓度时,传感器应发出声光报警信号;当环境中甲烷浓度大于或等于断电浓度时,应切断被控区域的全部非本质安全型电气设备的电源并闭锁;当甲烷浓度低于复电浓度时进行解锁。因此,甲烷传感器既是矿井安全监控系统中最重要的设备,又是矿井安全监控必需的设备之一。

甲烷(CH_4)是一种可燃性气体,只有在与空气或氧化剂按一定的比例均匀混合后才具有爆炸性。甲烷氧气混合物在火源的作用下,完全反应的方程式为:

$$CH_4 + 2O_2 = 2H_2O + CO_2 + Q$$

式中:Q—反应放出的热量。

从上式3-18可以看出,为了使一体积的甲烷完全反应,需要2体积的氧气。由于空气中的氧气(O_2)含量为21%、氮气(N_2)含量为78%,因此甲烷空气混合物爆炸最强点计算如下:

$$10.5/(21 + 78 + 10.5 + 1) = 9.5\%$$

当然,甲烷空气混合物中甲烷的含量偏离这个比例也能发生爆炸,这个偏离是爆炸界限,用上限和下限来表示,即 5%~15%。当然,爆炸界限不是恒定不变的,它随着气体的初始压强、环境温度等参数的变化而变化。在爆炸下限,甲烷不足、氧气过剩,甲烷分子间的距离较大,甲烷与空气中的氧气反应生成的反应热被多余的甲烷和惰性气体吸收,不能激活其他的甲烷分子,爆炸或火焰得不到传播。在爆炸上限,甲烷过剩,氧气不足,氧气分子间的距离较大,甲烷与空气中的氧气反应生成的反应热被多余的甲烷和惰性气体吸收,不足以引起其他的甲烷分子与氧分子反应,爆炸或火焰也不能在其中传播。

甲烷检测的方法有很多种,如热导法、红外光谱系数法、超声波测量法、气敏半导体法、热载体催化元件检测法等。在矿井安全监测中,用于低浓度甲烷监测的主要是催化燃烧式,用于高浓度甲烷监测的主要是热导式。下面主要介绍催化燃烧式和热导式甲烷传感器的工作原理。

3.3.1　催化燃烧式甲烷传感器

催化燃烧式甲烷传感器的工作原理是:在传感元件(含敏感元件,以下同)表面的甲烷(或可燃性气体),在催化剂的催化作用下,发生无焰燃烧,放出热量,使传感元件升温,进而使传感元件电阻变大,通过测量传感元件电阻变化就可测出甲烷气体的浓度。催化燃烧式甲烷传感元件有铂丝催化元件和载体催化元件两种。

铂丝催化元件采用高纯度(99.99%)的铂丝制成线圈,铂丝既是催化剂,又是加热器。当铂丝催化元件通电后,铂丝电阻将电能转换成热能,在铂丝的催化作用下,吸附在铂丝表面的甲烷无焰燃烧,放出热量,进而使铂丝升温,电阻变大,通过测量其电阻变化就可测得空气中甲烷浓度。铂丝催化元件结构简单,稳定性好,受硫化物中毒影响小。但铂丝的催化活性低,必须在 900℃以上高温才能使元件工作,这不仅耗电大,在高温的作用下还会导致元件表面蒸发,使铂丝变细,电阻增大,造成传感器零点漂移。另外,铂丝催化元件机械强度低,机械振动等会改变其几何形状,影响传感器参数。因此,在矿井安全监控装置中,测量低浓度的甲烷传感器主要采用载体催化传感元件。

1. 载体催化元件结构及工作原理

载体催化元件一般由一个带催化剂的传感元件(俗称黑元件)和一个不带催化剂的补偿元件(俗称白元件)组成,如图 3-24 所示。白元件与黑元件的结构尺寸完全相同。但白元件表面没有催化剂,仅起环境温度补偿作用。

黑元件由铂丝线圈、Al_2O_3 载体和表面的催化剂组成。其中铂丝线圈用来给元件加温,提供甲烷催化燃烧所需要的温度,同时甲烷燃烧放出的热量使其升温,通过测量其电阻变化,就可测得空气中甲烷浓度。Al_2O_3 载体用来固定铂丝线圈,增强元件的机械强度。涂在元件表面的铂(Pt)和钯(Pd)等重金属催化剂,使吸附在元件表面的甲烷无焰燃烧。其反应方程式为

$$CH_4 + 2O_2 \xrightarrow[\Delta]{P_t、P_d} 2H_2O + CO_2 + 795.5kJ$$

甲烷无焰燃烧放出的热量使黑元件升温,从而使铂丝线圈的电阻增大,通过电桥可测得。

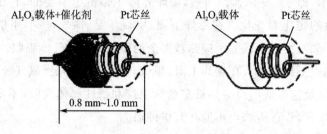

(a) 带催化剂的载体敏感元件　(b) 不带催化剂的载体补偿元件

图 3 - 24　载体催化元件结构(黑白元件)

由于甲烷无焰燃烧使铂丝线圈电阻增大的值。当然,由于环境温度的变化也会使铂丝线圈的电阻发生变化。为克服环境温度变化对甲烷浓度测量的影响,在电桥中引入了与黑元件结构尺寸完全相同的白元件。催化原件检测电路如图 3 - 25 所示。由于白元件表面没有催化剂,甲烷不会在白元件表面燃烧,白元件铂丝线圈的电阻变化仅与环境温度有关。黑元件与白元件处于电桥同一侧的两臂,通过的电流相等(不考虑电压测量电路的漏电流)。因此,在甲烷浓度为零的新鲜空气中,其电阻相等(不考虑由于制造过程中的结构差异),即 $R_1 = R_2$,这时,电桥处于平衡状态,输出电压 U_{AB} 为零。若环境温度发生变化或通过黑白元件的电流发生变化,黑白元件电阻也将发生变化,但变化后的黑白元件电阻仍相等,不会使电桥失衡。因此,白元件具有环境温度补偿作用。

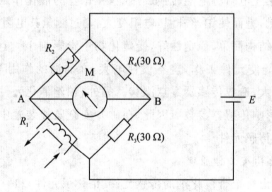

图 3 - 25　催化元件检测电路

当空气中甲烷浓度不为零时,吸附在黑元件表面的甲烷在黑元件表面催化燃烧,燃烧放出的热量与甲烷浓度(在浓度<9.5%的低浓度情况下)成正比,在燃烧热量的作用下,黑元件温度上升,黑元件铂丝电阻也随之增大(增大量用 ΔR_1 表示)。因此,在低浓度情况下,通过测量 ΔR_1 的变化,就可以测得空气中的甲烷浓度。

在图 3 - 25 所示电桥中,若用 E 表示向电桥供电的恒压源,用 U_{AB} 表示电桥输出电压,则有:

$$U_{AB} = \frac{(R_1 + \Delta R_1)}{(R_1 + \Delta R_1) + R_2} E - \frac{R_3}{R_3 + R_4} E$$

因为
$$R_3 = R_4, \; R_1 = R_2, \; 2R_1 >> \Delta R_1$$

所以
$$U_{AB} = \frac{\Delta R_1}{2R_1 + \Delta R_1} E + \frac{R_1}{2R_1 + \Delta R_1} E - \frac{1}{2} E$$

$$\approx \frac{E}{2R_1} \Delta R_1 + \frac{R_1}{2R_1} E - \frac{1}{2} E$$

$$= \frac{E}{2R_1} \Delta R_1$$

不难看出,由于 E、R_1 设计为常数,则 $K_1 = E/2R_1$ 为常数,因此电桥输出电压 U_{AB} 正比于黑元件电阻变化 ΔR_1,即:$U_{AB} = K_1 \Delta R_1$。

若用 α 表示铂丝电阻温度系数,ΔH 表示表示甲烷燃烧热量,h 表示黑元件热容量,D 表示甲烷扩散系数,C 表示被测环境中的甲烷浓度,Q 表示甲烷分子燃烧热,R_0 表示铂丝 0℃时的阻值,则有

$$\Delta R_1 = \alpha(\Delta H/h)R_0 = \alpha(DCQ/h)R_0$$

由于 α、h、R_0 与黑元件材料、性质、结构尺寸有关,元件出厂后为一常数,D 和 Q 为常数。因此,在上式中可用常数 K_2 表示,即:

$$\Delta R_1 = K_2 C$$
$$U_{AB} = K_1 K_2 C$$

不难看出,在低浓度情况下,电桥输出电压与空气中甲烷浓度成正比。

2. 影响载体催化元件主要因素

(1) 双值性

空气中甲烷浓度低于 9.5% 时,甲烷能够充分燃烧,甲烷浓度越高,载体催化元件的电阻变化就越大。当空气中甲烷浓度高于 9.5% 时,甲烷就不能充分燃烧,甲烷浓度越高,载体催化元件的电阻变化就越小,这就是载体催化元件的双值性,如图 3 - 26 所示。因此,载体催化元件只能用于甲烷低浓度的监测。但是,也有使用载体催化元件进行全量程甲烷浓度监测的。准确地讲,使用载体催化元件进行全量程甲烷浓度监测就是:在甲烷浓度小于 9.5% 时,测出的是甲烷浓度;当甲烷浓度大于 9.5% 时,因为高浓度燃烧热量随空气中氧气浓度的增大而增大,测出的

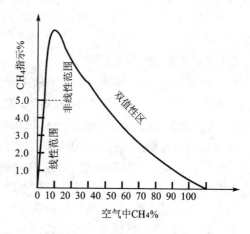

图 3 - 26　催化元件的双值性

是氧气浓度。然后,根据氧气浓度计算出空气中甲烷浓度。当然,在实施过程中,还要解决激活和非线性等问题。

由于甲烷燃烧产生的 CO_2 和 H_2O 会阻止甲烷向元件扩散,并且元件温度增高时,其散热量也增大,元件温度很难随燃烧热量的增加而成比例增加,因此实际测量值达不到理论分析值。当甲烷浓度较低时,燃烧产生的 CO_2 和 H_2O 较少,元件温度也较低,对测量的影响较小,实际测量值与理论分析值比较接近,传感元件的线性度较好。另外,为补偿催化元件的热辐

射,甲烷传感器将补偿元件也制成黑色,并封闭,以提高补偿元件的热辐射率。

（2）激　活

在黑元件制造时,是将 Al_2O_3 载体浸在 $PdCl_2$ 溶液中,热分解后催化剂以 Pd 和 PdO 形式存在于载体上,元件表面呈黑褐色,对甲烷的催化活性较低。在元件出厂前,为使其具有较高的活性,通常在加热条件下通 12% 的 CH_4 进行活化处理,使 PdO 还原为 Pd,这个过程被称为激活。激活后的元件要经过老化和稳定性处理后才能出厂使用。

当在甲烷浓度 1% 以下的甲烷空气混合物中使用元件时,一部分 Pd 会被氧气,生成 PdO,使元件活性降低。当空气中甲烷浓度大于 10% 时,PdO 又被还原为 Pd,元件灵敏度提高,元件又被激活,元件的稳定性被破坏,并且在短时间内不能恢复。

当元件被激活后,要及时用新鲜空气校准零点,用甲烷校准气样校准精度。为避免元件被激活,低浓度甲烷传感器应具有高浓度保护功能。因此,在煤（岩）与瓦斯突出矿井,应使用高低浓度甲烷传感器。

（3）催化剂中毒

硫化合物（H_2S、SO_2）、磷化合物（H_3P）以及有机硅蒸气等能强烈地吸附在催化剂上,与 Pd 反应生成新的化合物,这会降低催化剂活性,严重时会使催化剂完全失去活性,这种现象被称为催化剂中毒。例如 H_2S 与 Pd 反应生成 PdS。

$$H_2S + 2Pd + O_2 \rightarrow 2PdS + 2H_2O$$

催化剂中毒分为暂时性中毒和永久性中毒。硫化物和氯化物中毒是暂时性中毒,暂时性中毒后可以恢复。S_i、S_n 等中毒是永久性中毒,是不能恢复的。一些矿井中有 H_2S、SO_2 气体,爆破作业也会释放 SO_2 等气体,在这些矿井中使用载体催化元件,可以选用抗中毒元件,也可以使用碱性物质和活性碳吸收剂吸附 H_2S、SO_2 等毒性物质,并定期更换吸收剂,防止失效。

（4）灵敏度变化

由于高温烧结,催化剂活性物质的粒子会变大,还会升华为气态等,这些都会使元件的催化活性下降,灵敏度降低。催化剂升华还会使置于同一气室的补偿元件载体上吸附微量催化剂,使甲烷能够在补偿元件上催化燃烧,从而使电桥输出灵敏度下降。

若催化元件长期工作在高浓度甲烷空气混合物中,甲烷因缺氧不能充分燃烧,产生的碳粒子会沉积在催化剂表面或催化层的孔隙中,使催化剂粒子和载体粒子之间的结合力减少,导致催化层断裂、脱落,表面积减小,催化活性下降,元件灵敏度下降。

为增大催化层表面积,提高元件催化活性,氧化铝载体采用多孔结构。但当元件长期处于高温下,多孔结构的氧化铝会逐渐变成刚玉型氧化铝,载体表面积变小,元件灵敏度下降。

除上述因素外,影响催化元件灵敏度的因素还有激活、催化剂中毒等,均会使元件灵敏度变化。因此,载体催化元件必须每隔 7 天定期用校准气样和空气气样校准。当元件灵敏度降到初始值 50% 时,则认为元件报废。

（5）响应时间

响应时间是指甲烷浓度发生阶跃变化时,电桥输出信号值达到稳定值 90% 时所需要的时间。一般要求连续式响应时间为 20s,间断式响应时间为 6s。催化元件的响应时间除与元件尺寸、形状有关外,还与气室结构及通气方式有关。响应时间应包括甲烷空气混合气体通过扩散孔（烧结金属孔）充满气室并到达元件表面的整个扩散过程所需的时间与甲烷在催化元件表面燃烧、产生热量、使元件升温并稳定所需的时间。

（6）气体流量

进入检测气室的气体流量影响催化元件灵敏度，气体流量与灵敏度的对应关系如图 3－27 所示。因此，对于扩散式甲烷传感器，在校准时的流量应与甲烷传感器在井下安装地点的风速相吻合，否则会造成测量误差。

（7）线性度

在低浓度范围内，催化燃烧产生的热量随甲烷浓度的增加而增大。由于元件温度增加时，其散热量也增大，从而导致元件温度不

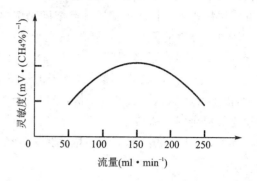

图 3－27　元件灵敏度与流量变化关系

随催化燃烧热量而线性增大。因此，当甲烷浓度不大于 4.0％时，元件的输出与甲烷浓度基本成线性关系，当甲烷浓度大于 4.0％时，元件的输出与甲烷浓度很难保持线性关系。

3.3.2　热导式甲烷传感器

热导式甲烷传感器的工作原理是：利用甲烷的热导率高于新鲜空气的热导率的物理特性，通过热敏元件测量甲烷空气混合物热导率的变化，进而测得甲烷空气混合物浓度的变化。

矿井空气中主要气体成分的热导率如表 3－1 所列。不难看出，热导式甲烷传感器的选择性较差，空气中其他气体的浓度变化会影响甲烷浓度的测量。例如，二氧化碳浓度的增加会使热导率降低，空气湿度的增加将使热导率增大。因此，热导式甲烷传感器要能排除二氧化碳和空气湿度的影响。

表 3－1　矿井空气中主要气体成分的热导率

气体名称	分子式	$K×10^{-2}$(273K)	$K×10^{-2}$(373K)	$\dfrac{K(273K)}{K(273K)空气}$
空气		2.43	3.14	1.0
氧气	O_2	2.47	3.18	1.016
氮气	N_2	2.43	3.14	1.0
甲烷	CH_4	3.0134	4.56	1.24
氢气	H_2	17.4	22.34	7.115
一氧化碳	CO	2.34	3.013	0.96
二氧化碳	CO_2	1.464	2.22	0.707
乙烷	C_2H_4	1.8	3.05	0.74
丙烷	C_3H_8	1.5	2.636	0.839

由于气体的热导率随温度的增大而增大，环境温度的变化也将影响热导式甲烷传感器的测量精度。因此，热导式甲烷传感器必须对环境温度进行补偿，并保持气室温度恒定。

热传导、热对流和热辐射决定了气室内的热交换，温度不高时热交换主要取决于热传导和

热对流。气室尺寸和气体流速会对热对流产生影响,将进一步影响对热导式甲烷传感器的测量值。由于空气中甲烷浓度的微量变化很难通过甲烷空气混合物热导率的变化测得。因此,热导式甲烷传感器目前主要用于高浓度甲烷检测。

测量热导率的元件有金属丝热电阻、半导体热敏电阻、固体热导元件等,测量电路如图 3-28 所示。R_1 为测量元件,R_2 为补偿元件,测量元件与补偿元件结构、形状、电参数完全相同,但测量元件置于与被测气体连通的气室中,而补偿元件置于密封的空气室中。在新鲜空气中,由于 $R_1 = R_2$,所以电桥平衡,输出电压为零。当气室中通入甲烷空气混合气体时,由于甲烷空气混合气体的热导率大于新鲜空气的热导率,因此,测量元件 R_1 的传导出的热量大于补偿元件 R_2,R_1 变小,$R_1 \neq R_2$,电桥失去平衡,输出电压不为零。

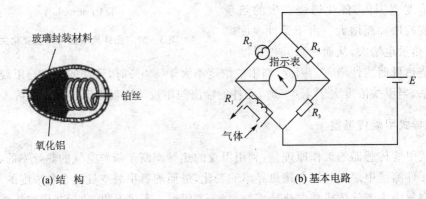

(a)结　构　　　　　　　　　　　　(b)基本电路

图 3-28　气体热导元件及检测电路

3.3.3　GJC4/100 型高低浓度甲烷传感器设计

本节主要介绍与 KJ93 矿井监控系统配套研制的 GJC4/100 型高低浓度甲烷传感器。

1. 性能指标

测量范围:$0 \sim 4.00\% CH_4$,$0 \sim 10.00\% CH_4$,$0 \sim 100\% CH_4$。

测量误差:$< \pm 10\% \times$ 显示值。

报警范围:$0.1 \sim 9.9\% CH_4$。

声电报警:声级 >85 dB　红色 LED 闪光。

工作电压:$9 \sim 18$V DC。

工作电流:<95mA(正常工作电流 55 mA)。

防爆型式:ibdI(150℃)。

响应时间:<20s。

工作条件:温度为 $0 \sim 40$℃。

相对湿度:$\leqslant 98\%$。

输出信号:脉冲频率:$200 \sim 1\,000$ Hz,$200 \sim 5\,200$ Hz。

遥控距离:>4m。

2. 传感器的硬件组成

GJC4/100 型高低浓度甲烷传感器由传感元件、恒流源、稳压电源、测量电桥、放大器、V/F 变换器、红外接收头、单片机电路、显示电路、声光报警电路、频率输出电路、参数存储电路等部分组成。甲烷传感器的硬件组成如图 3-29 所示。

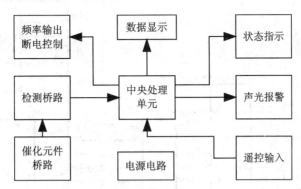

图 3-29　传感器的硬件组成

（1）电源部分

电路设计有两部分电源，如图 3-30 所示。

① 由 DC-DC 变换（LM2674N-ADJ）输出 3.4～3.5V 电压，供给单片机 P89LPC932，显示器件 ZLG7290，NE555。

② 由 78L05 输出 5V 电压供给运算放大器 TLC2262，V/F LM331，仪表放大器 AD623，一体化遥控接收头等。整机消耗电流小于 100 mA（18VDC）。DC-DC（LM2674）的 4PIN 为参考电压端，其接有产生参考电压的 2.4 kΩ 和 1.3 kΩ 电阻，安装时要求选用偏离值小的器件。LM7805 输出最大电流小于 100 mA。

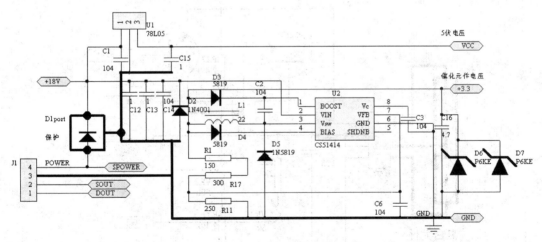

图 3-30　传感器电源电路*

（2）显示电路

显示电路主要器件为 ZLG7290，可驱动最多 8 位共阴级数码管，如图 3-31 所示。其控制接口为 19PIN SCL，20PIN SDA ，15PIN（/RST）CTR，其访问控制符合标准 I^2C 协议。显示数码管限流电阻为 600Ω。ZLG7290 为低电平复位。显示方式：四位红色数码管显示，第一位作功能显示：1—调零、2—调灵敏度、3—调报警点、4—调断电点、5—自检。后三位作测量数值显示。

---

* 本图及后续图片为设计软件截图，仅供参考。

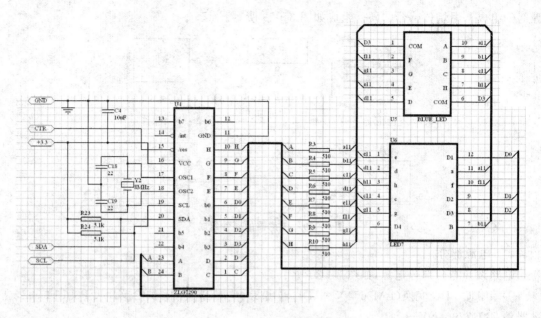

图 3 - 31　传感器的显示电路

（3）催化元件桥路

桥路为两个桥路交叉连成,催化元件由黑元件、白元件、参考电阻(1Ω)、三个元件外接四个参比电阻(3 kΩ,3 kΩ,3 kΩ,300 Ω)组成两个桥路。如图 3 - 32 所示。

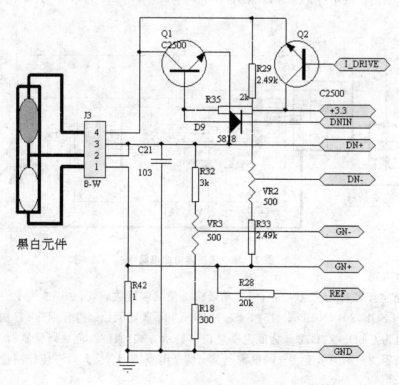

图 3 - 32　传感器的催化元件桥路

由黑元件组成的桥路为低浓桥路,白元件组成的桥路为高浓桥路,低浓桥路脉冲检测方式具有很好的抗高浓冲击的特性,其原理为热催化式,其组成元件为黑元件、白元件、参比电阻(3 $k\Omega$、3 $k\Omega$)。桥路输出进入放大器 TLC2262 双运放之一(PIN 5 +、PIN 6 -、IN 、PIN7 OUT),NE555 电路实现单脉冲产生器延时 500 μs,NE555 的 PIN 3 输出频率信号,驱动开关管 C2500(并接到黑元件两端)和输入到 MCU 的 ICB 引脚。调整 VR2(500Ω)可调整低浓桥路零点,NE555 的 PIN 3 输出 50 Hz 最佳。

高浓桥路原理为热导方式,其组成为白元件(铂电阻)、参考电压电阻(1Ω)及参比电阻 3 $k\Omega$、1Ω。高浓桥路输出后由 AD623 差分放大器放大 20~40 倍(PIN1、PIN8 接 2.4 $k\Omega$),输入到 V/F 变换器 LM331,LM331 的 PIN3 输出频率信号,输入到 MCU 的 ICB 引脚。

MCU 检测 ICA、ICB 引脚的频率信号即可转换为甲烷的浓度。调整 VR1(500Ω)可调整低浓桥路零点,LM331 的 PIN 3 输出 100Hz 最佳。

NE555 的定时电阻 R_t = 4.43 $k\Omega$、电容 C_t = 104F 的选择,LM331 的定时电阻、电容的选择均符合电路图要求 PIN5 脚的电阻 R_t = 3 $k\Omega$,及电容 C_t = 103F,(电阻电容精度 5%)。

(4) 恒流源电路

恒流源供电电压为 DC－DC(LM2674)的输出电压,通过运放 TLC2262 控制 NPN 管 C2500,参考电压电阻(1Ω)组成闭和回路,可实现负载(催化元件)恒流 150 mA,正常工作推荐电流值为 150mA。恒流部分设及电阻应达到 1%精度,调整 VR$_3$(50 kΩ)可调整桥路工作电流。

(5) MCU P89LC932

LPC932 是一款单片封装的微控制器,如图 3 - 33 所示。适合于许多要求高集成度、低成本的场合。LPC932 采用了高性能的处理器结构,指令执行时间只需 2 到 4 个时钟周期。6 倍于标准 80C51 器件。LPC932 集成了许多系统级的功能,这样可大大减少元件的数目。

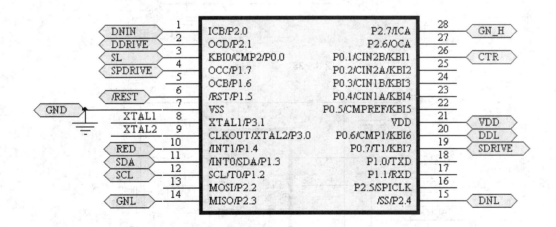

图 3 - 33　甲烷传感器用处理器

LPC932 单片机的 ICA、ICB 检测高浓度、低浓度值;INT1 检测红外遥控信号;SDA、SCL、CTR 控制基于 I²C 的显示器件 ZLG7290;DNL、GNL、DDL、SL 驱动发光管指示灯;SP-DRIVE、SDRIVE、DDRIVE 驱动声光、频率信号、断电信号输出;SREF、DREF 为输入频率信号、断电信号的参考电压;LEDREF 输入由 3.3 $k\Omega$、100Ω 电阻串联产生的参考电压。如图 3 - 34 ～ 图 3 - 37 所示。

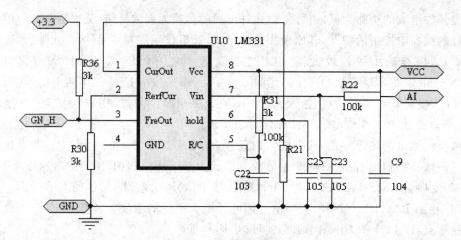

图 3 - 34 高浓监测

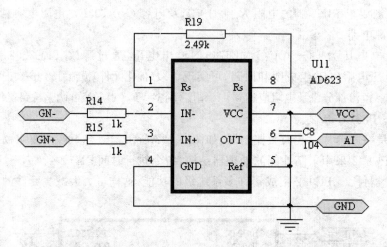

图 3 - 35 高浓转换

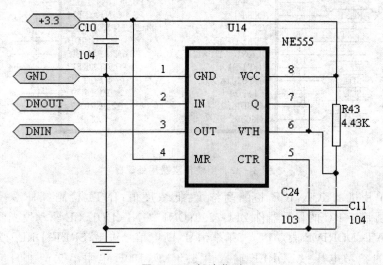

图 3 - 36 低浓监测

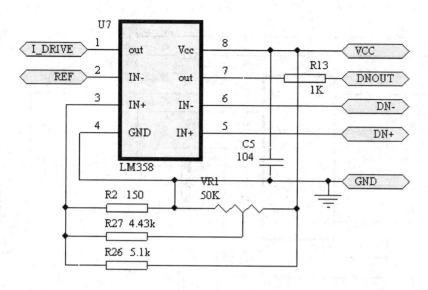

图 3-37　传感器的低浓频率输出电路

（6）遥控发送与接收电路设计

遥控器调节瓦斯传感器的基本思想：红外接收器接到遥控器发出的编码信号后，由单片机进行解码，在对该编码信号识别后，根据事先的约定发出控制信号，从而执行相应操作。利用遥控器，实现对瓦斯传感器的零点、精度调整、报警值、断电值等参数的遥控操作。

① 发射器及编码。使用专用微处理芯片 TC9148。TC9148 的电流电压范围较宽（2.2～5.5 V），内含 500 kΩ 自偏置电阻，外接陶瓷振荡器或 LC 即可产生振荡。该电路采用 CMOS 大规模集成电路，在线路设计上做到只有按键操作时才产生振荡，从而降低功耗。遥控发射电路如图 3-38 所示。

② 接收器及解码。接收器采用红外线一体化接收器 HS0038，如图 3-39 所示。不需要任何外接元件，就能完成从红外线接收到输出与 TTL 电平信号兼容的所有工作，而体积和普通的塑封三极管大小一样，它适合于各种红外线遥控和红外线数据传输。接收器 HS0038 输出信号直接送入单片机的 INT1，由单片机解码并实施相应的操作。

整个解码程序主体采用子程序调用方式，使程序设计模块化。子程序包括 INT1 中断服务程序、T0 溢出中断服务程序和 T1 溢出中断服务程序。解码的过程为：设置 INT1 为下降沿触发方式，定时器 T0 工作在方式 1，且不允许中断。单片机首先检查 INT1 引脚上是否有下降沿到来，若有，表示传送码到来，开启 T0 定时 0.7ms，即单片机在 0.7ms 时对 INT1 采集，高电平为"1"，低电平为"0"。每来一个脉冲，脉冲计数单元 COUNT 加 1，当 COUNT＝12 时，一串码采集完，存入寄存器 24H 中，关闭 INT1。延迟 30 ms，再次启动 INT1，并在 INT1 的下降沿重新启动 T0 开始采集传送码的另一串码，并把采集到的第二串码存入寄存器 22H 中。两串码如果相等，则采集成功，传送码有效。将采集到的传送码与已知键码相比较，用单片机查表的方法取出键值，执行相应的操作。

③ 抗干扰技术。红外遥控系统中，虽然发射、接收芯片内部均含有抗干扰及杂波滤除功能，但红外干扰源对系统的影响仍无法完全避免；另外，某些意外情况也可能造成解码错误，因此需要在软件中加以考虑。对传送码采取二次比较措施，就是连续采集两串代码，将两串数据

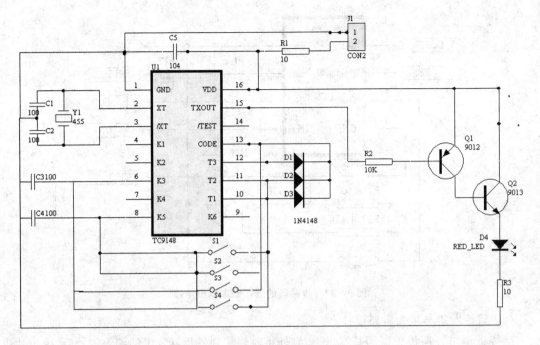

图 3-38 遥控发射电路

码相比较,相同则传送码有效。同时,在程序区建立一个键码表,表中一次列出所有传送码表示的键值,当检测出的传送码表中有相同键码时,才可作为有效代码送给单片机系统。

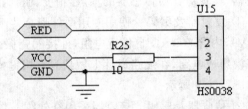

图 3-39 遥控接收电路

3. 软件设计

单片机 P89LPC932 的资源有:T0、T1、CCU 的 TIMER、INT1、比较器 CMP1 和

CMP2、I^2C 硬件、RTC 实时钟、WATCHDOG 和 EEPRONG(512Byte)。完成的主要功能有:T0 用作复用定时器、红外线解码限时及控制声光显示;T1 用作红外线解码定时器;INT1 作为红外线编码信号输入;CCU 的 ICA、ICB 用作输入高、低浓度桥路测量的频率信号;比较器 CMP1、CMP2 用作输入参考电压(频率输出信号、断电信号的参考电压),输出驱动指示灯 DDL、SL;I^2C 硬件用来控制 ZLG7290 显示器件实现显示;RTC 实时钟,定时 1S,用于检测 ICA、ICB 输入的频率量;WATCHDOG 用作看门狗;EEPRONG 进行参数存储。

软件设计主要包括:数据采集、数据处理、信号输出、控制处理以及遥控信号的发射和接收。

(1) 数据采集

输入量为频率量,设定每秒采集频率记数一次。采用 RTC 定时器定时 1 s,采集 CCU 的捕获事件 ICA、ICB 的中断次数,每秒采集一次,记录后,中断计数器清零,再重新进行数据采集。其中 ICA 为高浓频率量输入,ICB 为低浓频率量输入。

（2）数据处理

按照每秒高浓、低浓的频率量与甲烷浓度的相关关系,进行数据处理,经过运算,把低浓频率和高浓频率转换为相应的甲烷浓度,得到实际的浓度值。按照制式（0~4.00％,0~9.99％,0~99.9％）进行数据处理。其中（0~4.00％,0~9.99％）两种量程为低浓制式,只须对低浓频率量进行处理,按照低浓频率量与甲烷浓度的对应关系（线性）进行数据处理,把低浓频率量转换为相应制式的量程显示浓度值。0~99.9％这一量程需要低浓频率量、高浓频率量混合计算,10％以下采用低浓频率量计算,10％以上采用高浓频率量计算,仪器自动转换量程9.99％~99.9％

（3）信号输出

按照相应量程的频率信号输出制式,（0~4.00％,0~9.99％,0~99.9％）经过计算输出200~1 000 Hz,200~1 000 Hz,200~5 200 Hz,根据设定值,在甲烷达到一定浓度时输出断电信号。显示面板显示实时信息。信号指示灯指示当前仪器运行状态:高浓、低浓、频率信号输出、断电信号输出状态。根据量程与输出频率信号的关系公式计算出合适的值装入 CCU 定时器,输出相应的频率信号。断电信号,在大于断电设定值时输出断电信号。在小于复电设定值时关闭断电信号。显示面板,共有四位数码管,其中由三位数码管作为数据显示,一位小数码管作为状态显示。

（4）控制处理

主要为遥控器遥控信号处理,根据仪器的遥控状态进行设定,按状态完成控制。遥控器信号解码采用中断处理方式,故其在后台执行,解码获得的键值作为消息发送到主程序,主程序循检消息标志,并在消息有效状态下执行消息对应的操作。

（5）主程序设计

甲烷传感器主程序主要完成设备初始化、自检、控制数据采集、接收遥控消息、控制信号输出等功能,其流程图如图3-40所示。

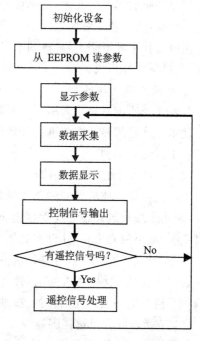

图 3-40　传感器主程序控制流程

3.4　风速传感器

煤矿井下通风是排除有害气体的重要手段,矿井通风的主要目的是保证井下各作业地点有足够的风量,确保安全生产。《煤矿安全规程》规定:矿井必须建立测风制度,每 10 天进行一次全面测风。对采掘工作面和其他用风地点,应根据实际需要随时测风,每次测风结果应记录并写在测风地点的记录碑上。应根据测风结果采取措施,进行风量调节。因此,矿井的风速检测是煤矿安全生产的一项重要工作。近十年来,美、英、德等国研制了不同种类的风速传感器。根据工作原理不同,风速传感器主要有超声波风速传感器、热电偶式风速传感器、激光多普勒风速传感器等。

3.4.1 常见的风速传感器

1. 热线式风速传感器

热线式风速传感器是基于风流经过发热元件时,带走的热量与风速成正比的原理测量风速的。它是将流体速度信号转变为电信号的一种测速仪器。

将一根细的金属丝放在流体中,通过电流加热金属丝,使其温度高于流体的温度,此金属丝称为"热线"。如图 3-41 所示,当检测元件铂丝通以恒定的电流时,如果忽略电阻的变化,则铂丝产生的热量基本不变。当流体沿垂直方向流过铂丝时,将带走一部分热量,使铂丝温度下降。忽略传导、辐射两种散热因素,则铂丝检测元件在气流中的散热量仅取决于流动介质的速度。散热量导致热线温度变化进而引起电阻变化,流速信号即转变成电信号。因此,测出因温度变化而使铂丝电阻产生的增量,就实现了对风速大小的测量。

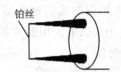

图 3-41 热线式风速传感器探头

但由于井下环境恶劣,影响因素多,采用热线式检测方式测量精度较差。另外流体动力干扰大,也容易损坏热线。

2. 叶轮式风速传感器

叶轮式风速传感器是利用叶轮的转速取决于风速的原理,保留叶轮风表的固有特点,应用电子技术对叶轮的转动频率进行计数、转换,实现风速的连续监测。按照传感器结构又分为光电式和干簧管式两种。

(1) 光电式叶轮风速传感器

光电式叶轮风速传感器的基本原理如图 3-42 所示,在叶轮风表的圆柱形外壳上钻两个圆孔,两孔连线与风表轴心线垂直相交,一孔安装光源(如发光二极管等),并利用聚光器发出一束连续、细小的光束,一孔设有光敏二极管。当叶轮不阻挡时,光源发出的光束直射到光敏二极管上。传感器工作时,外界风流使叶轮转动,叶轮的旋转频率与风速成线性关系,旋转的叶片切过光源发出的连续光束时,使光敏二极管接收到脉动光束。光脉动个数代表了叶轮旋转频率。接收电路通过光电转换、脉冲计数,实现风速测量。

(2) 干簧管叶轮风速传感器

干簧管放在叶轮固定支架上,永久磁铁与叶轮同轴,如图 3-43 所示。其中,①表示叶轮,②表示永久磁铁,③表示干簧管。

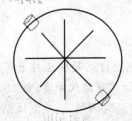

图 3-42 光电式叶轮风速传感器

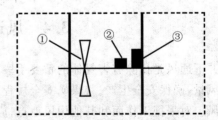

图 3-43 干簧管式叶轮风速传感器

传感器工作时,叶轮转动同时带动轴和永久磁铁一起同速旋转。当永久磁铁转到上方时,与干簧管耦合,使干簧管吸合;永久磁铁偏离耦合位置,干簧管释放。叶轮转动一周,干簧管吸合一次,其动作频率与风速成线性关系。传感器将干簧管的周期性吸合转换成电脉冲,并进行计数就完成了风速的连续测量。

但是,叶轮风速传感器由于叶轮转动部分易受井下水蒸气、煤尘的影响,使叶轮惯性增大,造成较大的测量误差;另外,由于机械转动存在摩擦,严重制约了传感器的使用寿命。

3. 超声波式风速传感器

(1) 超声波时差式风速传感器

超声波时差法是通过测定顺流和逆流情况下,超声波传播一段距离所需的时差来测定风速的。

在静止状态下(风速为零),超声波以速度 V 从甲地传到距离为 L 的乙地时,传播时间为 $t=L/V$。如图 3-44 所示,如果空气以速度 V' 运动时,则所需时间为:

$$t=\frac{L}{V+V_L}=\frac{L}{V+V\cos\varphi}$$

式中:V_L 为 V' 在 V 方向的分量,φ 为 V' 和 V 间的夹角。

在顺风和逆风的条件下,如果超声波传播距离相同,如图 3-45 所示,所需的传播时间分别为 t_+ 和 t_-,即:

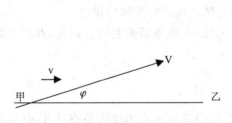

图 3-44　超声波在空气中的传播

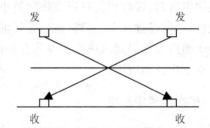

图 3-45　超声波时差法风速传感器工作原理

$$t_+=\frac{L}{V+V\cos\varphi}\qquad(顺风)$$

$$t_-=\frac{L}{V-V\cos\varphi}\qquad(逆风)$$

$$\frac{1}{t_+}-\frac{1}{t_-}=\frac{2V\cos\varphi}{L}$$

$$V=\frac{L}{2\cos\varphi}\left(\frac{1}{t_+}-\frac{1}{t_-}\right)$$

因此,通过测量顺风和逆风超声波的时差 $1/t_+-1/t_-$,就可确定风速大小。但超声波时差式风速传感器结构复杂,造价高,体积大,在实际中使用较少。

(2) 超声波旋涡式风速传感器

超声波旋涡式风速传感器首先将风速转换成与风速成正比的旋涡频率,然后通过超声波将旋涡频率转换成超声波脉冲,再将超声波脉冲转换成电脉冲,从而测得风速。

超声波旋涡式风速传感器工作原理如图 3-46 所示。在风洞中设置一旋涡发生体(即阻挡体),在阻挡体下方安装一对超声波发射器和接收器,当流动的空气经过旋涡发生体时,在其

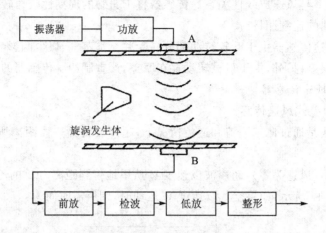

图 3 - 46　超声波旋涡式风速传感器工作原理图

下方产生两列内旋相互交替的旋涡。由于旋涡对超声波的阻挡作用,超声波接收器将会收到强度随旋涡频率变化的超声波,即旋涡没有阻挡超声波时,接收到的超声波强度最大;旋涡正好阻挡超声波时,接收到的超声波强度最小。超声波接收器将接收到的幅度变化的超声信号转换成电信号,经过放大、解调、整形等就可获得与风速成正比的脉冲频率。

　　由于超声波旋涡式风速传感器具有寿命长,易维护,成本低的特点。因此,在矿井监控系统中获得了广泛的应用。

3.4.2　矿用风速传感器

　　用于矿井的风速传感器主要有翼轮、超声波、超声波旋涡式风速传感器三种,这里仅介绍超声波旋涡式风速传感器与超声波风速传感器的工作原理。

　　在无限界流场中,垂直于流向插入一根非流线型阻力体。在一定的雷诺数范围内,当流体流过阻力体时,在其下游会产生两排内旋的、互相交替的旋涡列(即卡门涡街),如图 3 - 47 所示。其中,l 为同列两旋涡间的距离,h 为两旋涡列间的距离。当 $h/l = 0.281$ 时,产生的涡街稳定。

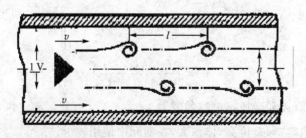

图 3 - 47　卡门涡街形成示意图

　　根据卡门涡街理论,在雷诺数 200~50 000 范围内,由旋涡发生体产生的旋涡个数(频率)与流速成正比,与旋涡发生体的线径成反比,即

$$f = S_t \frac{v}{d}$$

式中：f 为旋涡频率，单位为 Hz；v 为气流速度，单位为 m/s；d 为旋涡发生体迎流面最大宽度，单位为 mm；S_t 为斯特拉哈尔系数；S_t 为常数。从上式中不难看出，只要测出旋涡频率 f，就可间接测得风速。

旋涡对超声波的调制是由于旋涡的旋转方向、压力和流体密度的周期变化，导致了声波的被调制，超声波接受器接受到的不再是一个等幅波信号，而是一个幅度变化的信号，只需将该调幅波解调，就可获得旋涡频率，从而再变换出风速来。

超声波风速传感器是利用穿过空气的超声波被空气旋涡调制，从已调波中检出旋涡频率来测定风速，如图 3-48 所示。A、B 为一对谐振频率相同的超声波换能器，分别安装在旋涡发生体下游的管壁上。A、B 的轴线、发生体的轴线和管道的轴线都相互垂直。A 为发射换能器，发出连续等幅超声波；B 为接收换能器，接收被旋涡调制了的超声波。

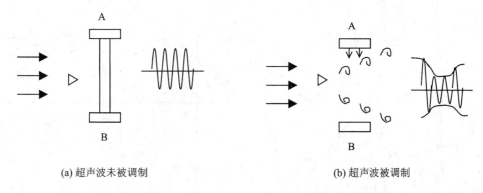

(a) 超声波未被调制　　　　　　　　　(b) 超声波被调制

图 3-48　旋涡调制图

当无旋涡通过超声波束时，接收换能器 B 接收到等幅波信号。

$$P = P_0 \sin(2\pi f_c t)$$

当旋涡与超声波相遇时，由于旋涡内部的压力梯度和旋涡的旋转运动，使超声波发生反射和折射。由于两列旋涡的旋转方向相反，对声束折射的方向也相反，无论哪一列旋涡与声束作用，都使接收到的信号幅度减小。

$$P = P_0[1 + M\sin(2\pi f t)]\sin(2\pi f_c t)$$

其中，P_0 为声波的幅值，M 为调制度，f 为旋涡频率，f_c 为声波频率。

旋涡通过声束后，而下一个旋涡未到达之前，信号又恢复常态，接收到原来幅值的波束。因此，只要有一个旋涡通过超声波，声波就被调制一次。超声波调制频率（幅度变化频率）就是要测量的旋涡频率。

超声波风速传感器的原理如图 3-49 所示，高频晶体振荡器产生的信号经分频，得到与超声波换能器频率相匹配的信号，后经功率放大器放大，驱动发射换能器 F。根据压电效应原理，发射换能器将等幅连续的电信号转换成超声波束发射出去。接收换能器 S 把接收到的已调制超声波信号转换成电信号。该信号经放大、包络检波，检出涡街信号，经整形滤波后输出矩形波送单片机。波形的解调、放大及整形如图 3-50、图 3-51 所示。单片机处理后输出风速值，由数码管显示，同时输出 200～1 000 Hz 频率信号。

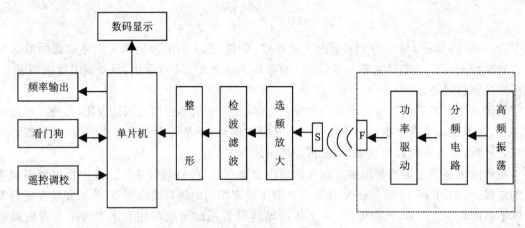

图 3-49 风速传感器原理框图

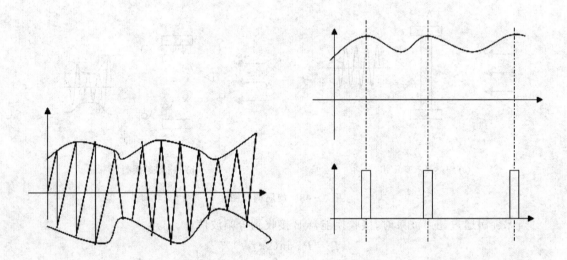

图 3-50 超声波被涡节调制后的幅度图   图 3-51 调制超声波被解调、放大、整形之后的图形

按照《矿用风速传感器》(MT 448-2008)和实际需求,借鉴市场上现有矿用风速传感器的技术指标,与 KJ93 矿井监控系统配套的超声波旋涡式风速传感器具有如下功能:

(1) 适用于煤矿井下各种坑道、风口、扇风机井口等处的风速值连续实时检测;

(2) 防爆型式:矿用本质安全型,防爆标志"ExibI";

(3) 测量范围:0.3~15m/s;

(4) 输出信号:200~1 000 Hz频率;

(5) 显示功能:三位 LED 实时显示;

(6) 工作电压:12~18 VDC;

(7) 工作电流:≤100 mA;

(8) 换能器工作频率:142±3 kHz;

(9) 红外线遥控:遥控距离>6 m。

3.5　CO 传感器

一氧化碳(CO)是一种有爆炸危险和剧毒的气体,是一种无色无味、无刺激性的气体,比重比空气轻。井下煤的不完全燃烧、内燃机车排放的废气中、炸药爆炸时都会产生一氧化碳,劳动卫生条例允许的浓度即 CO 与空气的体积比是 $2\,400 \times 10^{-6}$。井下柴油机的废气中 CO 浓度高达 $3\,000 \times 10^{-6}$,而排放空间的允许浓度仅为 50×10^{-6}。CO 浓度的高低是煤矿井下发生自燃火灾的重要标志之一,同时 CO 也是煤矿井下的主要有害气体之一,是导致人员中毒死亡而引起重大伤亡事故的重要因素。因此,实时、准确地测出井下一氧化碳的浓度,对保障煤炭工业的安全生产具有十分重要的意义。一氧化碳传感器是矿井监测中主要的传感器之一,对井下巷道、竖井掘进面及使用柴油发动机设备的地方必须进行一氧化碳监测。

3.5.1　常用 CO 传感器

目前达到实用化水准的 CO 传感器主要分为金属氧化物半导体(MOS)型、电化学固体电解质型和电化学固体高分子电解质型三种类型。其他如触媒燃烧型、场效应晶体管型、石英晶体谐振型及光电型等则使用较少。

1. 金属氧化物半导体(MOS)型

如图 3-52 为 MOS 传感器的结构,包括陶瓷基体、敏感材料层、加热器及测量电极等。其中敏感材料采用金属氧化物粉末构成,如 SiO_2、Fe_2O_3、In_2O_3、WO_3、Ag_2O 等。金属氧化物半导体传感器已广泛应用于 CO 的探测方面,并主要以 SiO_2 材料为主。其工作原理是当加热器将感测材料升到高温,氧气会被吸附在感测材料表面,然后从感测材料的导带捕获两个电子而形成氧离子,造成感测材料的电阻值上升,而当还原性气体如 CO 吸附在感测材料的导带,便造成电阻值下降。再根据电阻值的变化与气体体积分数的函数关系,即可对气体体积分数进行有效监测。

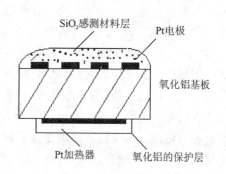

图 3-52　金属氧化物半导体的结构

这类传感器易受其他还原性气体如 H_2、NO、挥发性有机物等的干扰。为了提高选择性,常采取渗入金属如姥(Rh)、钌(Ru)或氧化物如氧化钍(ThO_2)、氧化锑(SbO_3)及氧化铋(BiO_3)等方法;或者利用厚膜技术制备 SnO_2 敏感层;也有学者采用氧化钼(MoO_3)为敏感材料,再掺杂其他金属触媒等方法来提高对 CO 的选择性。

MOS 传感器由于其耐热性、耐蚀性强,材料成本低廉,元件制作简单,再加上具有易于与微处理电路组合及制成的气体监测系统便携等特点,因此广泛应用于家庭、工业生产环境中有毒气体及可燃性、爆炸性气体的监测。

2. 电化学固体电解质型

固体电解液型传感器主要以无机盐类如 ZrO_2、Y_2O_3、Kag_4I_5、K_2CO_3、LaF_3 等为固体电解质,加上阴、阳极材料组合而成,如图 3-53 所示。

纯的固体电解质可以传导离子,但却无法传导电子,且纯的固体电解质在室温下电导率极低,因此常需要高温工作环境,这可采用内建加热器来实现。固体电解质 ZrO_2 主要用于氧气传感器,但也可将其用于 CO 的检测,其工作原理仍为电化学电位式。

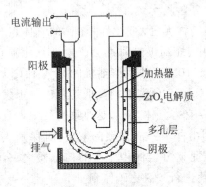

图 3-53　固体电解质传感器的结构

电化学电位式传感器是利用正负两极的气体体积分数差而产生平衡电位差 ΔE,若设已知一电极侧的气体体积分数为 $[X_1]$,而另一电极侧的气体体积分数为未知体积分数 $[X_2]$,便可利用能斯特方程式的关系,求得 $[X_2]$,如下式所示:

$$\Delta E = \frac{RT}{nF} \ln \frac{[X_1]}{[X_2]}$$

式中:R 为气体常数$[8.314J/(g.\ mol.\ K)]$,T 为绝对温度(K),n 为反应物分子式离子反应时交换的电子数(eq/mol),F 为法拉第常数。

由于无机盐固体电解质在低温下的电导率极低,所以需要高温工作环境;且利用电位差原理,对于微小变化并不灵敏,此外也易受其他气体干扰,因此并不适合用在复杂场所检测一氧化碳。

3. 电化学固态高分子电解质型

电化学固态高分子电解质型 CO 传感器的感测原理与固体电解质型类似,但是它以高分子中的官能基来传导离子,且在室温下工作。一般所使用的固态高分子电解质有 Nafion、FEO(Polythylene Oxide)、Dow Sulfonicacid、Dow Carboxylic—acid 等。由于高分子可按照设计需要通过化学反应的方法(如枝接、嵌入、交联、聚合等)进行改性,加工性好,与其他技术(如微电子芯片、晶体管、石英晶体等)兼容性好,且可常温工作等。因此该类传感器是目前受关注研究的重点之一。该类传感器可分为电位式与电流式两种,目前研究重点以后者为主。

电化学电流式 CO 传感器的工作原理是在电极表面加上多孔性材料,以限制气体扩散到电极表面的速度,使反应易于得到传质控制,并在两电极之间施加电压,使扩散到电极表面的气体反应而形成电流。当所施加的电压增大到使气体在电极上的反应速率受限于气体扩散到电极表面的速率时,气体在电极表面的浓度为零。即使再增加电压也不能增加气体反应速率,此时的电流称为极限电流或界限电流(limiting current),此极限电流 I 的大小与被测气体体积分数有如下关系存在,

$$I = \frac{nFDC_x A}{L}$$

式中:I 为极限电流(A);D 为气体扩散系数(cm^2/s);C_x 为待测气体浓度(mol/cm^3);A 为气体扩散孔的总面积(cm^2);L 为气体扩散孔的有效长度(cm)。

电化学高分子固体电解质型 CO 传感器主要以 Pt 或 Au 作催化触媒电极,以 Nafion 或 PEO 为固体电解质,如图 3-54 所示。

在阳极上进行 CO 的氧化反应为

$$CO + H_2O \rightarrow CO_2 + 2H^+$$

氢离子进行高分子电解质的传导后,在阴极上进行还原反应

$$2H^+ + \frac{1}{2}O_2 \rightarrow H_2O$$

此外,还存在以下反应

$$CO + \frac{1}{2}O_2 \rightarrow CO_2$$

于是 CO 被 O_2 氧化而形成 CO_2,通过测得 I 值,就可测知 CO 气体的体积份数。

电极制备方法与排列形式可有多种不同的方式,按照金属触媒淀积到高分子薄膜上的方式大体可分为四种:热压法、溅射法、化学镀和电化学淀积法。当用单一金属触媒作为淀积材料时,其灵敏度、选择性、稳定性均不甚理想,且往往容易受到 CO 的毒化。因

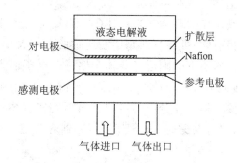

图 3 – 54　高分子固体电解质
传感器的结构

此,可采取单一金属触媒上加入第二、第三种材料,制成合金或是表面修饰电极,以改进上述不足之处。目前在铂或金上用以改性的材料有锡、钌、钯、铋、铊、镉、铅和钼等。感测灵敏度有明显增加。其长期工作稳定性还有待进一步改进。

4. 触媒燃烧型

这是一种结构简单的气体传感器,能检测爆炸点以下高体积分数的可燃性气体,其输出信号与气体体积分数成线性关系,是一种非常适合于可燃性气体检测(如氢气、天然气、液化石油气、酒精等可燃且挥发的有机溶剂)的传感器。触媒燃烧型传感器的结构如图 3 – 55 所示。

触媒燃烧型传感器主要由感测元件和温度补偿元件两部分组成。在敏感元件两端施加电压,并以 200~400 mA 的电流使传感器保持使气体能在催化剂表面燃烧的工作温度(300~400℃),通入可燃性气体后,气体接触到传感器表面的触媒侧面层而产生氧化反应放出热量。可燃性物质的氧化反应在触媒的催化作用下反应速率激增,使 Pt 丝的温度增加,从而引起电阻升高,电流下降,使元件电桥的输出端电压上升,且电压的大小与感测气体的浓度成正比。利用此关系可达到检测 CO 气体浓度的目的。

5. 场效应管晶体管型

场效应晶体管 CO 传感器可分为结型场效应晶体管(J−FET)与绝缘栅极晶体管(FET)或称为金属氧化物-硅场效应晶体管(MOSFET)。场效应管晶体管型传感器的基本结构如图 3 – 56 所示。

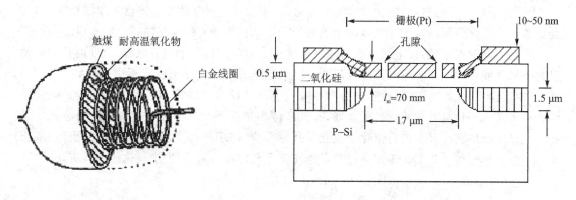

图 3 – 55　触媒燃烧型 CO 传感器的结构　　　　图 3 – 56　MOSFET 气体传感器的结构

上述三者都可制成 P 或 N 通道,但 J－FET 仅有空穴型,MOSFET 则有增强型与空穴型。其工作原理为在半导体(如 SiO_2)层上淀积一层绝缘物质(常用高分子材料),当外加电场在栅极时,则可控制通路中所通过的电流大小。根据以上原理,若有气体吸附在绝缘层上,并且在绝缘层下的附近半导体产生一个电子堆集而成的空穴区时,则会影响到电子通路中的阻力,在适当电路设计下如果维持电流不变,则栅极电压的变化与气体浓度成函数关系,便可达到检测气体体积分数的目的。最新的实验成果表明,在 MOS 元件的金属栅表面添加某种气敏膜,也可以提高 MOSFET 传感器对待定气体的灵敏度。

6. 石英晶体管型

石英晶体型谐振传感器是利用石英晶体的振动频率与吸附于石英表面上的气体质量有关,达到准确检测气体体积分数的目的(见图1－6)。

其关系式为

$$\Delta f = C_f \frac{f_0^2}{A} \Delta m$$

式中:Δf 为频率变化量(Hz),C_f 为质量敏感度($cm^2/$gHz),A 为晶体的截面积(cm^2),f_0 为晶体的谐振频率(Hz),Δm 为质量变化(g)。

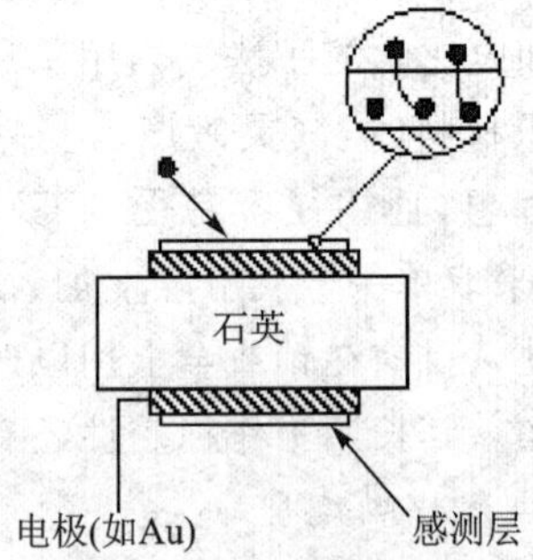

若在石英晶体上淀积一层敏感性物质,则吸附在敏感材料表面上的吸附量与空气中待测的气体浓度有关,利用此方程可以通过测定谐振频率的变化来测量待测气体的浓度。

图 3 - 57 石英晶体谐振型
传感器的结构

7. 光电式

一般光学式气体分析仪可同时感测出几种不同污染物,如 SO_x、NO_x、CO 等,常用在烟道排放的监测方面。这种分析仪在性质上不属于专一物种气体的传感器,但由于使用较普遍,故在此仅做一简介。除了电化学式传感器外,目前在石化系统中光学式分析仪被广泛应用于感测 CO,其权重约占自动监测系统中的 1/3。光学式分析仪分析 CO 时,主要有红外光谱分析仪及非色散型红外光谱分析两种。

3.5.2 矿用 CO 传感器

矿用一氧化碳传感器有电化学式 CO 传感器、催化型可燃气体 CO 传感器和红外气体 CO 传感器。这里以恒电位电解式气体传感器为例介绍电化学式 CO 传感器。

恒电位电解式原理:使电极与电解液面保持一定电位的情况下进行电解,改变电位即能使其进行氧化或还原反应来对 CO 进行监测。恒电位电解式电化学 CO 传感头结构如图 3 - 58 所示,由工作电极、参考电极、计数电极和稀硫酸电解液以及电解槽和透气膜等构成。电化学工作电极是由一块具有催化活性的金属,将其涂覆在透气但憎水的膜上做成。被测量气体经扩散透过多孔的膜在其上进行电化学氧化或还原反应,应中参加反应的电子流入(还原)或流出(氧化)工作电极。当 CO 气体通过半可透气膜进入传感器后,则发生氧化还原反应,

$$阳极:CO + H_2O \rightarrow CO_2 + 2H^+ + 2e^-$$

$$阴极:O_2 + 4H^+ + 4e^- \rightarrow 2H_2O$$

在电极电场作用下,与 CO 浓度相对应的电子由工作电极到达参比电极,从而在两极间产

生扩散电流。该电流与 CO 浓度的关系用下式表示：

$$I = nFADC/\delta$$

式中：n 为 1 摩尔当量产生的电子数；F 为法拉第常数；A 为气体扩散面面积；D 为扩散系数；C 为在电解液中电解的 CO 气体浓度；δ 为隔膜厚度；I 为电流。

从上式中可以看出电流与 CO 浓度成正比，并由电极引出，经电子线路放大、转换。这种方法的传感器还可用于检测其他可燃性气体和有毒气体。

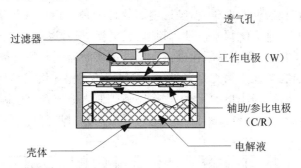

图 3 - 58　恒电位电解式电化学 CO 传感头结构图

CO 传感器电路原理图如图 3 - 59 所示，工作电极响应目标气体，产生与气体浓度成比例的电流，电流都由计数电极产生。参考电极则是为电解液中的工作电极提供一个稳定的电化学电位。参考电极电位与 IC2 的正相输入端比较后，在运放 IC2 输出一个电压信号，其大小正好是与工作电极相等且相反的电流信号，同时电路使工作电极与参考电极间保持恒定的电位差。

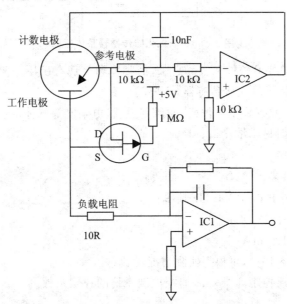

图 3 - 59　一氧化碳传感器原理图

计数电极和工作电极形成回路，如果工作电极正在氧化，就会减少其他化学物质（通常是氧气）的含量；如果工作电极消耗掉目标气体的话，回路又可促进氧化。计数电极电压可以是变动的，有时会随着气体浓度的增加而变化。计数电极端的电压并不重要，不像工作电极端，它需要静态电路提供足够的电压和电流以保持和参考电极相同的电压。

IC2 向计数电极提供电流以保持与工作电极电流的平衡,IC2 信号放大器应该选择低漂移或者是无漂移的元件。IC2 向工作电极提供电流使其电压与参考电极相同,任何 IC2 中偏置电压带来的偏置效果都会在电路工作时产生一个极大的漂移;反过来,输入 IC2 的信号都与参考电极连接起来,这并不会淹没参考电极端主要的电流信号。

一氧化碳传感器将测得的浓度值经过放大后送 A/D 转换器转换成数字信号由单片机读取。单片机从 A/D 转换器读取电压值,经过内部软件处理可得到气体浓度值,并在数码管上显示,同时输出 200~1 000 Hz 频率信号。频率(或电流)信号送系统分站,经通讯接口装置和电缆,将数据送地面工作站,实现一氧化碳浓度的连续实时监测。如果被检测气体浓度超过传感器的浓度报警设定值,则发出声光报警提示。CO 传感器整体组成结构如图 3-60 所示。

系统设有看门狗电路,当由电源干扰、程序跑飞等原因造成系统故障时,看门狗电路启动,系统自动恢复正常运行。采用红外遥控技术进行零点调整、报警参数设定等操作。

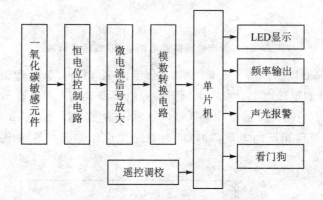

图 3-60 一氧化碳传感器整体框图

根据矿用传感器的技术条件和实际需求,借鉴市场上现有矿用一氧化碳传感器的技术指标,与 KJ93 配套的矿用一氧化碳传感器,主要功能有:

(1) 适用于对煤矿井下采掘工作面、回风巷道、机电硐室等气体浓度进行连续实时测量;

(2) 显示功能:实时显示浓度值;

(3) 测量范围:$0 \sim 1\ 000 \times 10^{-6}$;

(4) 测量误差:$\leqslant 1 \times 10^{-6}$;

(5) 输出信号:200 Hz~1 000 Hz 频率;

(6) 工作电压:9~20 VDC;

(7) 工作电流:<100 mA;

(8) 报警设置:24×10^{-6},可根据实际情况设置;

(9) 红外线遥控:遥控距离>6 m,遥控控制系统的补偿系数。

3.6 温度传感器

为了确保煤矿的安全生产,需要实时了解和监控煤矿井下的各种环境参数,其中对矿井各个关键点和采煤工作面的温度进行实时监测是保证煤矿安全生产的重要监测内容之一。

3.6.1　常见的温度传感器

常见的温度传感器主要包括热电偶式温度传感器、热电阻式温度传感器及铂电阻温度传感器等类型。

1. 热电偶式温度传感器

热电偶是将两条不同金属材料（冷端和热端）连接起来，通过构成闭合电路来测量温度。当热电偶一端受热时，热电偶之间会形成电动势，电路中就有连续电流流过，可用该温度梯度产生的电压计算温度。

但电压和温度之间的非线性关系，温度变化时电压变化很小，很难把被测电压变换为温度。为计算热电偶温度，需通过参考温度作二次测量。总之，热电偶是最简单和最通用的温度传感器，使用热电偶简单到只需连接两条线，但热电偶的测量精度有限，不适合高精度的应用。同时，热电偶方法，其反应速度慢、测量误差大、安装调试复杂不便于远距离传输。

2. 热电阻式温度传感器

热敏电阻是用半导体材料，通常为陶瓷或聚合物制成的热敏电阻器。大多数热敏电阻为负温度系数，即阻值随温度增加而降低。温度变化会造成大的阻值改变，因此它是最灵敏的温度传感器。

高灵敏度的代价是线性度差，热敏电阻的线性极差，并且与生产工艺有很大关系。热敏电阻非常小，对温度变化的响应也快，并且需要使用电流源，小尺寸也使它对自热误差极为敏感。

3. 铂电阻温度传感器

铂电阻温度传感器通常是用铂（半导体材料）制成热敏感电阻器。将铂电阻接入电路中，记下不同温度下的电流值，通过观察电流的变化就可以知道电阻的变化，绘出温度-电阻曲线图，就可以通过测量电阻来测量温度。

铂电阻是最精确和最稳定的温度传感器，它的线性度优于热电偶和热敏电阻。但铂电阻也是最慢和最贵的温度传感器。因此铂电阻温度传感器最适合对精度有严格要求，而速度和价格不太关键的应用领域。

3.6.2　矿用温度传感器

1. 光纤温度传感器

光纤温度传感器是基于各种不同的光学现象或者光学性质实现温度测量的，如光强变化、干涉现象、折射率变化、透光率变化等。半导体感温元件的透射光强随被测温度的增加而减少。在光纤的一端输入恒定光强的光源，因半导体的透射能力随被测温度的变化而变化，故在光纤的另一端接收元件所接收的光强，也将随温度变化而变化。通过测量接收元件的输出电压，便可测定温度。

光纤温度传感器一般分为两类：一类是利用光纤本身具有的某种敏感功能而使光纤起到测量温度的作用，光纤既感知信息，又传输信息；另一类是光纤只起到传输光的作用，必须在光纤端面加装其他敏感元件，如光纤光栅等才能构成新型传感器的传输型传感器。

2. 红外温度传感器

红外温度传感器原理是普朗克黑体辐射理论，即任何物体只要温度高于绝对零度，就会不断产生红外辐射，温度越高，辐射频率越大。只要知道物体的温度 T 和比辐射率 r，就能计算出它所发射的辐射功率 P，即：

$$P = \varepsilon \cdot \sigma \cdot T^4$$

式中，σ 为斯特藩-玻尔兹曼常数，ε 为比辐射率，绝对黑体 $\varepsilon = 1.0$，非绝对黑体 $0 < \varepsilon < 1.0$，T 为物体的热力学温度。

利用上式，采用合适的敏感元件测出物体所发射的辐射功率，则可求出它的温度。

3. 半导体温度传感器

与常见的温度传感器（热电偶、铂电阻等）相比，半导体温度传感器具有灵敏度高、体积小、功耗低、时间常数小、抗干扰能力强等优点，在矿井安全监控系统中得到了广泛应用。当电流一定时，温度探头的感温部分是利用二极管或晶体管的 PN 结正向电压与温度有很好的线性关系，据此可以进行温度检测。

KJ93 监控系统配套的矿用温度传感器，属于半导体温度传感器，利用感温探头 DS18B20，将测得温度通过总线输入至单片机，单片机将测得的温度值进行处理，获得高精度的测量结果，送 LED 数码管显示，同时以频率信号送给监控系统。如果超限温度设定值，发出声光报警提示。整体框图如图 3-61 所示。

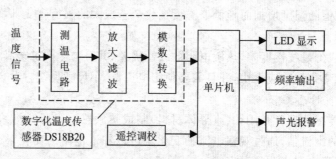

图 3-61 半导体温度传感器系统框图

按照《矿用温度传感器通用技术条件》（MT381-1995）和实际需求，借鉴市场上现有矿用温度传感器的技术指标，此矿用温度传感器有如下功能：

（1）适用于煤矿井下采掘工作面、机电硐室等环境温度进行连续实时测量；

（2）防爆型式：矿用本质安全型，防爆标志"ExibI"；

（3）显示功能：LED 数码显示（℃）

（4）测量范围：0～50℃；

（5）测量误差：≤±0.5℃；

（6）工作电压：12～24 V DC；

（7）工作电流：≤200 mA；

（8）输出信号：脉冲频率 200～1 000 Hz；

（9）响应时间：<10 s；

（10）报警设置：26℃，可根据实际情况设置；

（11）红外线遥控：遥控距离>6 m，实现对传感器零点调整、报警值的设定等功能。

3.7　负压传感器

矿用负压传感器是对矿井通风安全参数连续测量的重要传感器。在矿井的通风工作中，矿井的风压是矿井通风的一个重要参数，通过对风压的连续监测，可为矿井的通风管理、风量调配等通风安全工作及时提供必要的数据。国家煤矿安全监察局明确提出，我国矿井开采要依据"先抽后采，监测监控，以风定产"的原则。此外，在矿井均压灭火技术中，密闭矿井内外的压力是灭火工作中最主要的一个参数，对它的连续监测对防灭火工作十分重要。在煤矿中，不仅要监测煤矿井下巷道的风压变化，还需监测瓦斯抽放泵的工作压力、井下主要风门两端的压力，这些都需要负压传感器。因此，及时准确地掌握井下风量的变化情况，对预防事故的发生和保证煤矿安全生产有着十分重要的意义。

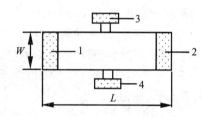

负压传感器是利用半导体的固态压阻效应来实现压力测量的。压阻效应是指硅晶体在压力作用下，晶格发生变化，导致其电阻率发生显著变化。硅膜片上按照一定的晶向位置扩散一个长 L、宽 W 的长条形四端力敏电阻，力敏电阻示意图如图 3 - 62 所示。

图 3 - 62　力敏电阻示意图

在力敏电阻 1、2 端加电压，3、4 端有电压输出。当气体压差作用在硅敏片上时，膜片弯曲变形，产生应力。由于硅晶体材料有压阻效应，在应力的作用下力敏电阻率发生变化，电阻值随之改变，从而使电压改变。其变化关系式如下，

$$V_{out} = \frac{\Delta R_p}{R_0} \cdot \frac{W}{L} \cdot V$$

式中，ΔR_p 为由于应力而产生的力敏电阻变化量，R_0 为应力为零时的力敏电阻值。ΔR_p 正比于作用在硅片上的气体压差，与力敏电阻的晶向位置和所在位置的压阻系数呈正比。由于应力产生的几何尺寸变化量 ΔW、ΔL 远小于 ΔR_p，可以忽略不计。根据输出电压 V_{out} 的变化就可得到所对应的气体压差值。

差敏元件将检测的正压、负压转换为电压信号，经放大电路、A/D 转换电路，送单片机处理，LED 显示负压数值，并输出频率信号。通过红外遥控可以调整零点、调换制式等。负压传感器整体框图如图 3 - 63 所示。

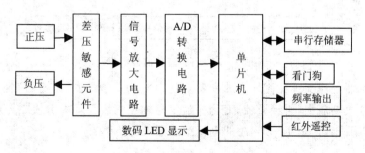

图 3 - 63　负压传感器整体框图

按照《矿用压差传感器通用技术条件》(MT 393 - 1995)和实际需求，与 KJ93 配套的矿用

负压传感器具有如下功能:

(1) 防爆型式:矿用本质安全型,防爆标志:ibI(150℃);

(2) 工作电压:12～18V DC;

(3) 工作电流:50 mA;

(4) 遥控距离:4 m;

(5) 工作条件:温度 0～50℃;相对湿度≤98％;大气压力 86～106 kPa;

(6) 显示方式:四位红色数码管显示,第一位为功能,后三位为数值;

(7) 测量范围:

制式1:量程 0～2 kPa;

制式2:量程 0～5 kPa;

显示分辨率:0.01 kPa;

测量精度:0.02 kPa;

(8)输出信号:脉冲频率200～1 000 Hz;

(9)信号灯指示:频率信号指示灯,红色 LED;

(10)电气接口标准:频率接口信号,电压不小于 5 V,负载 500 Ω,电流大于 3.5 mA,传输距离不小于 2 km。

3.8 开关量传感器

矿井安全生产监控系统中,除了要对甲烷、一氧化碳、风速等环境参数进行监控外,还要对矿井主要机电设备(如采煤机、输送机等)的运转状态、风门状态进行监控。通过开关量传感器,实现矿井主要设备的集中自动监测,随时全面了解全矿的生产、工作状况,统计设备利用率。

开关量传感器用于检测井下机电设备的开动或停止状态。它被固定在设备供电电缆的外皮上工作,由专门的电源为其供电。开关量传感器的工作原理是通电导体周围有磁场,通过测试电缆周围有无磁场来确定有无电流通过,从而确定设备的开停状态,其组成如图 3-64 所示。井下机电设备一般为三相供电,利用传感器的电感线圈贴近电缆中一相芯线,可测得微弱的电磁感应信号,该信号经放大检波、信号变换级信号输出等环节,将设备开/停信息传给分站,再由分站传至地面。

图 3-64 开关量传感器组成

开关量传感器工作原理如图 3-65 所示。其中 L 为检测线圈,当有较大磁场时,L 上感应的电压信号经放大器放大,再经整流,变为直流信号加在三级管基极上使之导通,继电器吸合。从图中原理可以看出,这是 1～5 mA 的电流型的开关量传感器。

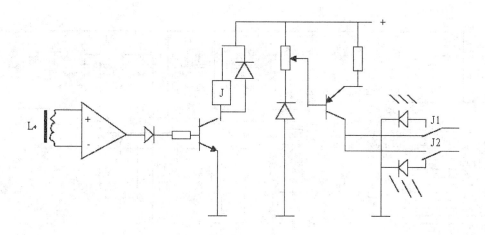

图 3－65　开关量传感器原理图

3.9　无线传感器

本节主要以无线瓦斯传感器为例介绍无线传感器设计。无线甲烷传感器工作原理框图如图 3－66 所示,核心处理器采用 LPC932 芯片,无线收发模块采用 CC2530 芯片。

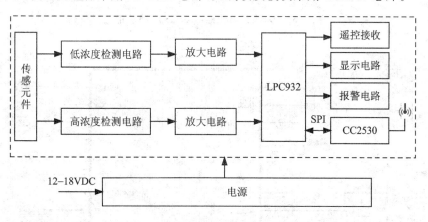

图 3－66　无线瓦斯传感器工作原理框图

无线瓦斯传感器的无线收发功能采用 CC2530 作为核心芯片实现,如图 3－67 所示为无线瓦斯传感器 CC2530 模块应用电路,其中 P1_2、P1_3、P1_4、P1_5 为连接 SPI 信号线的引脚,P1_3 的 SCK2 为时钟信号线,P1_4 的 MISO2 为输出引脚,P1_5 的 MOSI2 为输入引脚,RF_P 和 RF_N 连接的是无线模块电路。图 3－68 为与 CC2530 连接的瓦斯传感器主控处理器电路图,图 3－67 中 CC2530 的 P1_2、P1_3、P1_4、P1_5 引脚分别与图 3－68 瓦斯传感器主控处理器的 P2.4、P 2.5、P 2.2、P 2.3 连接。

传感器节点 CC2530 先进行 SPI 等初始化工作,接收到传感器发送过来的数字量之后,进行脉冲计数,计算频率值,最后以无线的方式发送出去,图 3－69 为传感器节点 CC2530 信号处理过程图。

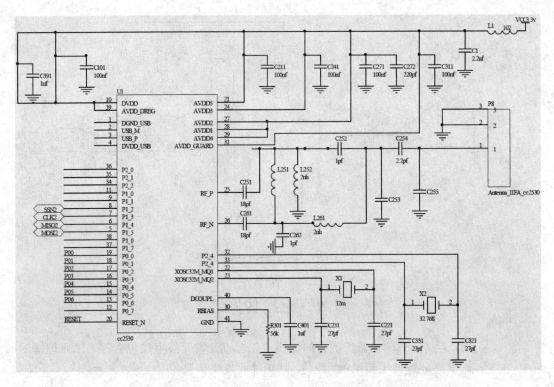

图 3 - 67　无线瓦斯传感器 CC2530 模块电路图

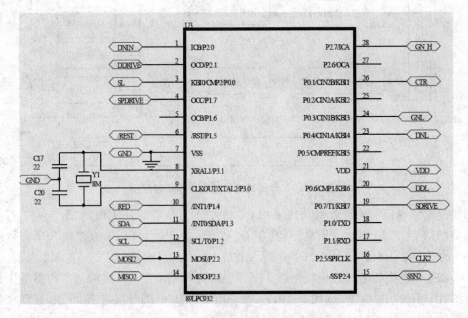

图 3 - 68　无线瓦斯传感器主控处理器电路图

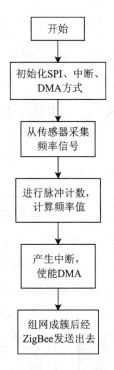

图 3 - 69 传感器 CC2530 信号处理过程图

基于无线瓦斯传感器,加入 CC2530 模块的无线温度传感器、无线风速传感器及无线 CO 传感器工作原理框图,分别如图 3 - 70、3 - 71、3 - 72 所示。

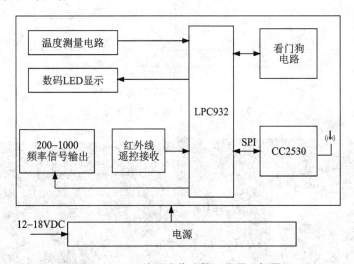

图 3 - 70 无线温度传感器工作原理框图

图 3 - 73 为无线瓦斯传感器的硬件实物图,图 3 - 74 为无线温度传感器的硬件实物图。

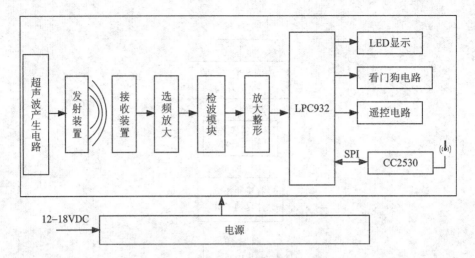

图 3 - 71   无线风速传感器工作原理框图

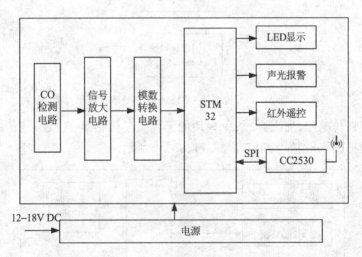

图 3 - 72   无线 CO 传感器工作原理框图

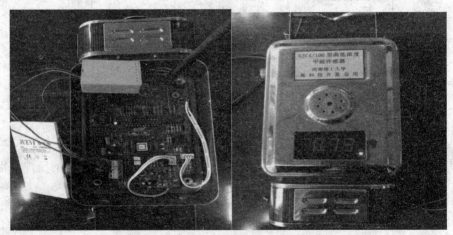

图 3 - 73   无线瓦斯传感器硬件实物图

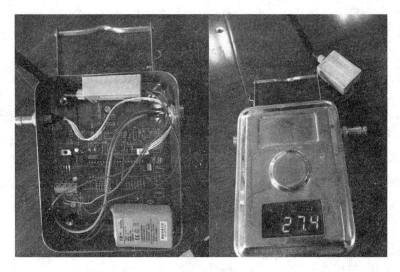

图 3 - 74 无线温度传感器实物图

3.10 光纤传感器

光纤不仅能以高速率和大容量传送传感器获取的信息,并且其本身也可以作为传感元件。与电子传感器和其他类型的传感器相比,光纤传感技术具有独特的优越性,如抗电磁干扰、防水、抗腐蚀、电绝缘好、灵敏度高、测量速度快等。光纤传感技术已经广泛应用于各个工业、交通、通信领域和人们的日常生活,其重要性随着技术的进步和应用领域的扩展不断增强。

光纤传感器由光源、入射光纤、出射光纤、光调整器、光探测器以及调制解调器组成,其基本原理是将光源的光经入射光纤送入调制区,光在调制区内与外界被测参数相互作用,使光的光学性质(如强度、波长、频率、相位、偏正态等)发生变化而成为被调制的信号光,再经出射光纤送入光探测器、调制解调器而获得被测参数。

光纤传感器按传感原理分为两类:一类是传光型(非功能型)传感器;另一类是传感器型(功能型)传感器。在传光型光纤传感器中,光纤仅作为光的传输媒质,对被测信号的检测是靠其他敏感元件来完成的,这种传感器的出射光纤和入射光纤是不连续的,两者之间的调制器是光谱变化的敏感元件或者其他性质的敏感元件。在传感器型光纤传感器中,光纤是连续的,并兼有对被测信号敏感及光信号传输的作用,将信号的感和传合二为一。

这两种传感器中光纤所起的作用不同,因此对光纤的要求也不同。在传光型传感器中,光纤只起到传光的作用,采用通信光纤甚至普通的多模光纤就能满足要求,而敏感元件可以很灵活地选用优质的材料来实现,因此这类传感器的灵敏度很高,但需要很多的光耦合器件,结构较复杂;传感器型光纤传感器的结构相对来说比较简单,可少用一些耦合器件,但对光纤的要求较高,往往需采用对被测信号敏感、传输特性又好的特殊光纤。目前,实际中大多数采用前者,但随着光纤制造工艺的改进,传感型光纤传感器也将得到广泛的应用。

现今,利用光纤对瓦斯的浓度进行检测的方法主要有两类:一种是根据瓦斯浓度和折射率之间的关系,采用干涉法测折射率;另一种是利用瓦斯气体光谱吸收检测浓度。采用两束光干涉策略的干涉型光纤瓦斯传感器,是因为折射率的变化与浓度是直接相关的,利用检测气室中折射率的改变,从而可以检测瓦斯浓度。目前国内大多数使用的便携式瓦斯检定仪都是基于这个原理。这种传感器存在需要经常调校、容易受其他气体干扰的缺点,因此其可靠性及其稳定性都比较差。在此介绍光谱吸收式瓦斯浓度检测方法。

光谱吸收式光纤传感器利用基于气体分子选择吸收的理论,即气体分子只能吸收某些能量恰好等于它的某两个能级能量之差的光子。不同分子结构的气体只能吸收不同频率的光子。光谱吸收法是通过检测气体反射光强,或者是透射光强的变化,去检测气体浓度的一种方法。每种气体分子都有各自的吸收谱特征,光源的发射谱只有与气体吸收谱重叠的那一部分才产生吸收,吸收后的光强会发生变化。当一束输入光的平行光通过含有气体的气室时,如果光源光谱覆盖一个或多个气体吸收线,光通过气体时就会发生衰减,根据 Beer-Lambert 定律,输出光强 $I(\lambda)$ 与输入光强 $I_0(\lambda)$ 和气体浓度之间的关系为:

$$I(\lambda) = I_0(\lambda)\lambda^{-\alpha_\lambda LC}$$

式中 α_λ 是一定波长下的单位浓度、单位长度的介质吸收系数;L 是吸收路径的长度;C 是气体浓度。由上式可得:

$$C = \frac{1}{\alpha_\lambda L}\ln\frac{I_0(\lambda)}{I(\lambda)}$$

该式表明,如果 L、α_λ、$I_0(\lambda)$ 有三个量已知,就可以通过测量 $I(\lambda)$ 来确定气体的浓度 C,对光强的检测一般可以通过光探测器实现,若光探测器的输出电流与照射到其上的光强成正比,则 $i = \alpha I$,其中 i 为光电流,α 为光电转换系数。因此有:

$$C = \frac{1}{\alpha_\lambda L}\ln\frac{i_0}{i}$$

式中 i_0 和 i 分别为光通过气体前后的光探测器产生的光电流。这就是利用光谱吸收方法检测气体浓度的基本原理,也可以通过该方法来完成其他气体浓度的检测。在此理论的基础上构建传感器的基本结构如图 3-75 所示。

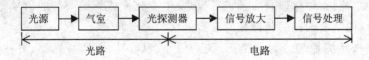

图 3-75　光谱吸收式光纤传感器结构图

光源通过和光纤耦合,将光传输到装载被测气体的气室,入射光经气体吸收衰减后被光探测器接收并转化为电信号,把该微弱信号放大后进行处理,可得到气体浓度。

习题 3

1. 什么是传感器技术?什么是传感器?它由哪几部分组成?
2. 甲烷的监测方法有哪几种?如何监测低浓度的甲烷?试简述其工作原理。
3. 井下设置风速传感器的目的是什么?超声波旋涡式风速传感器的工作原理是什么?
4. 采用定电位电解法的矿用的一氧化碳传感器的工作原理是什么?
5. 简述温度传感器的基本原理。
6. 负压传感器的检测原理是什么?

7. 什么是开关量传感器？

8. 简述无线传感器设计的基本方法。

9. 光纤传感器由哪几部分组成？如何进行分类？

10. 试简述矿用传感器的现状及发展趋势。

第4章 分站电源

分站电源主要功能是为监控分站、传感器提供能量,必要时还要给断电执行机构工作时提供所需的能量。但由于煤矿井下环境复杂,容易发生瓦斯爆炸、火灾、透水等重大灾害,因此在设计分站电源时,需满足两个基本条件:隔爆和本安型。另外,在井下电网停电时,分站电源必需保证在额定负载下正常工作 2h 以上。

4.1 分站电源性能需求

由于分站电源的使用场合比较恶劣,如煤矿井下空气中含有甲烷、硫化氢、一氧化碳等有毒腐蚀性、易燃易爆的气体,工作环境潮湿、煤尘大,煤矿井下电压波动大(一般在 75% ～ 110% 之间)。因此,在进行分站电源设计时,分站电源应具有如下方面的性能。

(1) 本质安全型

由于使用场合空气中含有甲烷,为防止电气设备的危险温度和电火花引起瓦斯或煤尘爆炸,用于煤矿井下爆炸性环境的电气设备必须是防爆型电气设备。鉴于本质安全型防爆电气设备输出电能受到限制,因此输送电能的电缆在发生故障时产生的电火花能量较低,不至于引爆井下爆炸性气体混合物,所以,矿井监控系统分站电源一般为隔爆兼本质安全型。

(2) 适应电压波动情形

井下采煤机、掘进机、输送机等电气设备功率大、负载变化大、供电距离远等造成了井下交流电网电压波动范围大。因此,在设计分站电源时,要求分站电源对电网电压波动适应能力强,即在 75% ～ 110% 的额定电压范围内分站电源的输出电压应稳定。

(3) 输出波纹电压低

对于监控分站来讲,波纹电压是主要的干扰源,波纹电压过大常常会导致(含有单片机的)分站无法正常工作。因此,在进行分站电源设计时,需有效地抑制输出的波纹电压,保证分站电源正常工作。

(4) 具备短路保护能力

分站电源工作的场所环境恶劣,潮湿、有淋水和煤尘,并且常有顶板垮落、机械碰撞等危险存在,可能会造成设备或电缆短路。因此,分站电源设计时要有短路过流保护等功能,同时还要具有防潮、防水、防尘、防霉、防腐的能力。

(5) 输入电压范围宽

煤矿井下交流电网电压等级一般有 36 V、127 V、380 V、660 V、1 140 V、3 300 V 等。通常,矿用电源的输入电压一般选 36 V、127 V、380 V 和 660 V(井下最常见),同时还应兼顾地面的 220 V 电压。

(6) 效率高、体积小、重量轻

由于井下空间狭小,因此在进行分站电源设计时,要求电源体积小,重量轻。为减小分站电源的体积和重量,应尽可能提高电源效率,合理利用隔爆外壳做散热片面积。

（7）多路隔离输出

由于分站、传感器以及其他设备（如断电执行机构）均各自独立工作，因此需要各自独立的电源，这样可以减少相互之间的干扰。同时，由于电源的地各自独立不共地，所以每路电源可制作成容量尽可能大的本质安全型电源。

（8）不间断供电

监控系统要求在井下交流电网突然停电的情况下，设备仍能正常工作 2h 以上，因此分站及传感器要求提供不间断电源，所设计的分站电源应具备该能力。

4.2　分站电源技术指标

依据国家标准，分站电源的主要技术指标包括：额定输入电压、允许输入电压范围、额定输出电压、输出电压范围、最大输出电压、额定输出电流、最大输出电流与最大纹波电压等。

（1）额定输入电压

额定输入电压是分站电源标称输入电压，对于矿井分站电源来说，常用的额定输入电压有 36 V、127 V、220 V、380 V、660 V 等。

（2）允许输入电压范围

允许输入电压范围是分站电源允许输入电压范围，通常用额定输入电压的百分比表示，如额定输入电压的 75%～110%。当输入电压超出分站电源允许输入电压范围时，分站电源将损坏或工作不正常，也可能影响防爆性能。

（3）额定输出电压

额定输出电压是分站电源标称输出直流电压，常用的额定输出电压如 5 V、6 V、9 V、12 V、15 V、18 V、24 V 等。

（4）输出电压范围

输出电压范围是分站电源在规定的输入电压范围内，输出电流不大于额定输出电流的情况下输出电压的变化范围。输出电压的变化范围通常用额定输出电压的相对值来表示，如 ±5%。

（5）最大输出电压

最大输出电压是指分站电源在开路情况下输出的最大电压，该参数是本质安全型防爆电源的一个重要指标。

（6）额定输出电流

额定输出电流是分站电源的标称工作电流。

（7）最大输出电流

最大输出电流是指分站电源在短路情况下所能输出的最大电流，该参数是本质安全防爆电源的另一个重要指标。

（8）稳压系数

稳压系数是指输入交流电压变化所引起的输出直流变化的变化量。稳压系数越小，说明输出越稳定，稳压系数又分为绝对稳压系数和相对稳压系数两种。绝对稳压系数是指当负载不变、环境温度不变，而输入交流电压变化时，稳压电源输出直流电压变化量与输入交流电压变化量之比；相对稳压系数是指当负载不变、环境温度不变，交流输入电压相对变化所引起的输出直流电压相对变化的比值。

（9）电压调整率

电压调整率是指负载为额定负载时,输入交流电压在额定值上下变化±10%,稳压电源输出电压的相对变化量。

（10）电流调整率

电流调整率是指在额定交流输入电压条件下,负载电流从零变化到额定输出电流值时,输出电压变化与输出额定电压的比值。该参数反映了电源对负载电流变化的适应能力,电流调整率越小越好。

（11）输出电阻（内阻）

输出电阻（内阻）是指在额定输入电压情况下,负载电流变化所引起的输出电压变化,输出电阻越小越好。

（12）纹波电压

纹波电压是指在额定输出电压、额定输出电流、额定输入电压情况下,输出交流分量电压的绝对值大小,通常用峰—峰值或有效值表示。

（13）纹波系数

纹波系数是指在额定输出电压、额定输出电流、额定输入电压情况下,输出纹波电压的有效值与输出直流电压的比值。纹波系数越小,说明电源输出电压越平滑、越好。

4.3　分站电源分类

目前,矿井分站电源主要可分为线性直流电源和开关直流电源两种类型。

4.3.1　线性直流电源

线性直流电源又可分为稳压源、恒流源和非稳定电源三种,最常见的是稳压源电源。分站线性直流电源一般由变压器、整流电路、滤波电路、双重限流(恒流)限压(稳压)电路组成,其基本结构如图 4－1 所示。各部分的主要功能如下:

（1）变压器除具有电压变换（降压）作用外,还具有电流的隔离功能,变压器的初、次级的隔离耐压 2500V 在以上,以保证本质安全防爆的性能;

（2）整流电路的主要功能是将交流变换为直流;

（3）滤波电路主要是滤除整流电路输出中的交流成分;

（4）双重限流(恒流)限压(稳压)电路作为限能量电路,保证本质安全型防爆电源输出稳压或恒流电源。

线性直流电源在设计时应注意如下问题:

（1）电源变压器是电压变换部件,将外部供电电源电压变成直流所需要的合适电压,在变压器设计环节中通常要考虑其功率,次级功率应是次级多路绕组功率之和:

$$P = P_1 + P_2 + \cdots + P_n$$

变压器选取的功率容量通常为 $(1.2\sim1.5)P$;其次,变压器通常在初、次级之间有屏蔽层,屏蔽外来杂波信号对次级电源的干扰。

（2）在整流滤波的设计中,常用桥式整流滤波形式,如图 4－2 所示。整流桥选取原则

如下,

$$I_D = U_L / 2R_L$$

其中:I_D—整流桥平均电流;U_L—负载直流电压;R_L—负载电阻。

整流桥反相峰值电压 $U_{d\max}$ 为,

$$U_{d\max} = \sqrt{2U_2}$$

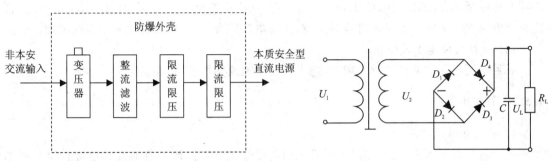

图 4-1　矿用线性直流电源原理框图　　　　　图 4-2　桥式整流电路原理图

(3) 在滤波电路设计环节,关键是选择滤波电容,选取时应遵循如下原则:在负载一定的条件下,一方面,滤波电容越大,放电常数越大,输出电压的平均值就越高,波形就越平滑;另一方面,滤波电容越大,整流桥中单臂二极管在初始单位时间内导通电流会很大,也有可能远远大于平均电流,充电电流大,极容易烧毁整流桥(图 4-2 单臂二极管)。对于 50Hz 交流电,通常取放电常数 RC 不小于 3 ～ 5 的交流电源周期即可,即

$$C \geqslant (3 \sim 5)/(50 \times R_L)$$

(4) 对于线性稳压器件(电路)来说,目前很少再用分立元件搭建线性稳压电路,通常选用市面上现有的线性稳压器件,如:7800 和 78X00 系列稳压器件,它是一种三端稳压器件。如7805 表示稳压输出 +5V,7812 表示稳压输出 +12V。

线性直流电源具有电源稳定度高、负载稳定度高,输出纹波电压小,瞬态响应速度快,线路结构简单,便于维护,没有高频开关信号辐射出的干扰等优点,但也存在以下缺点:

(1) 承受短路能力差

煤矿井下的恶劣环境可能造成分站电源输出短路或过载,负载短路时输出电压将全部由调整管来承担,在正常工作条件下,调整管的压降用来保证输出电压稳定。但是,当输出短路或过载时,调整管通过的电流过大引起发热严重。为保证在输出短路的情况下,调整管不被烧毁,除需要必备的调整管功率和保护电路外,还需要较大的散热片,从而增大了分站电源的体积和重量。

(2) 电网电压波动适应能力差

煤矿井下交流电网的电压波动范围大,为保证分站电源在整个波动范围内正常工作,电源的最小输入电压必须按电网的电压下限设计。当电网的电压达到上限电压时,整个波动范围的全部压差将加在调整管上,如图 4-3 所示,从而使调整管功耗大大增加。

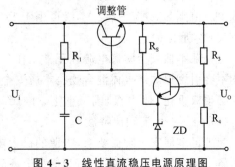

图 4-3　线性直流稳压电源原理图

输入电压与输出电压之间的差越大,耗散功率就越大,理论上讲稳压效果好;输入电压与输出电压之间的差越小,耗散功率就越小,但不宜太小,否则,稳压效果会很差,发热严重,电源效率大大下降。为防止调整管损坏,必需加大调整管功率、采用大散热片,进而增大了体积和重量。

(3)变压器及滤波电容体积大

为了将输入与输出隔离,保证矿用电源的本质安全防爆性能,线性直流电源均采用 50Hz 工频变压器降压并隔离。50Hz 工频变压器效率一般只有 80%～90%,体积大,质量重,并且使整个电源效率下降。为保证有效的滤波,滤波电容较大,进而造成体积和重量的增加。

(4)线性直流电源效率较低

导致备用电源蓄电池容量的增大,加大了蓄电池的体积、重量和成本。

4.3.2 开关电源

1. 开关电源的特点

由于煤矿井下的特殊性,矿用本质安全型防爆开关电源同地面普通开关电源相比具有如下特点:

(1)输出功率受限制

本质安全防爆措施是限制放电火花能量,这就限制了电源的输出能量。限制输出能量就必须限制输出功率,即限电流(或恒流)、限电压(稳压)。对于输出功率较大的本质型安全防爆电源还应具有过流(或短路)快速切断保护措施(即限动作时间)。

(2)输出端滤波电容和电感受限制

本质安全防爆限制火花放电能量,不但要限制电源输出能量,而且要限制电源输出端和负载中的电容和电感的储能,以防电容或电感等储能元件的储能使火花放电能量增大。

(3)输入、输出必须电气隔离

分站电源的输入为非本质安全交流电压,输出为本质安全型直流电压。为防止交流电压窜入本质安全型(防爆)直流回路,引起瓦斯爆炸,分站电源的输入与输出之间必须电气隔离。对主回路一般采用电磁隔离,对监控回路一般采用光电隔离或电磁隔离。

(4)比较大的电压允许输入范围

煤矿井下电网设备功率大,起动频繁,供电距离远,电压波动范围大。因此,要求分站电源有较大的电压允许输入范围。为防止输入电压等级的错误使用,损坏分站电源的防爆性能,矿用本质安全防爆电源不允许采用初级绕组多抽头,多接线端子来满足不同的输入电压等级(如 36 V、127 V、220 V、380 V 等),这样就限制了分站电源的应用范围,即每一个分站电源只允许有一个电压等级。因此,为适应多种电压等级,要求分站电源有较宽的输入电压范围。例如,输入电压范围为 95 V～242 V,既可用于 127 V,又可用于 220 V。

(5)多重保护

为保证本质安全防爆电源在正常工作条件下和规定的故障状态下,所产生的电火花和热效均不会引燃爆炸性气体混合物。本质安全型电源的限流(或恒流)、限压(或稳压)等保护性元件必须双重化(对 ib 级)或三重化(对 ia 级)。

(6)恒压—恒流输出特性

为满足本质安全防爆要求,电源的最大输出电压和最大输出电流均受到限制。因此,在满足本质安全防爆要求的前提下,为提高电源的带负载能力,本质安全型电源的输出宜为恒压—

恒流输出,当负载较重时为恒流输出,当负载较轻时为恒压输出。总输出能量约为 25W。

（7）故障自动恢复

由于煤矿井下工作环境恶劣,输出短路和开路故障时有发生,并且监控距离远。因此,当故障排除后,分站电源应自动恢复,而不应由人工恢复。

（8）体积小、重量轻、可靠性高

由于井下空间狭小,搬运困难,维修困难,分站电源要体积小,重量轻,可靠性高。

2. 开关电源的组成及分类

线性稳压器电路简单,工作可靠,已得到广泛应用。但是线性稳压器的调整管压降大,稳压器效率低,约为 40%～60%（并联式比串联式更低）。开关式稳压电源的效率高,可达80%～90%,大大减轻了稳压器的体积重量。但开关式稳压电源的缺点是电路复杂,纹波电压大,对负载的瞬态响应较差、容易对其他设备产生脉冲干扰。

开关稳压电源按开关管的控制形式分大致分为三种类型:

（1）利用开关管接通或断开电源的控制方式;

（2）利用高频变压器变换的方式;

（3）利用可控硅整流元件的方式。

开关电源的基本原理是采用半导体功率器件作为开关,将一种电源形态转变成为另一种电源形态。但要,要在复杂环境的矿井下应用,还必须具有稳定输出控制和短路保护等功能,只有这样才称得上矿用开关电源。

按照电源的输入来划分,开关电源可分为交流输入和直流输入两种结构,其一是交流变直流型（即 AC/DC 变换器）,其二是直流变直流型（即 DC/DC 变换器）。

交流输入电源的开关稳压电源如图 4-4 所示。其基本原理是:交流电经滤波器和整流变为直流;变换器将直流变换为数十或数百 kHz 的高频方波,经高频变压器隔离、降压（或升压）,再经高频整流、滤波,输出直流电压;经采样、比较、放大及控制驱动电路控制变换器中功率开关管,调整占空比或频率,得到稳定的输出电压。图 4-5 是图 4-4 进一步细化的原理图。

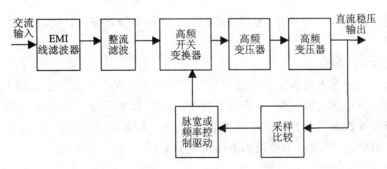

图 4-4　AC/DC 开关变换器原理框图

直流变直流型（DC/DC 变换器）的基本原理图如图 4-6 所示。其基本原理是:变换器将直流变换为数万或数十万千赫兹的高频方波,经高频变压器隔离、降压（或升压）,再经高频整流、滤波,输出直流电压;经采样、比较、放大及控制驱动电路控制变换器中功率开关管,调整占空比或频率得到稳定的输出电压。DC/DC 变换器最大的特点在于输入与输出可制成相互隔离型,使得一路直流输入变成多路相互隔离的输出成为可能。隔离型开关电源是在输入电路

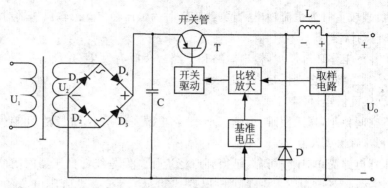

图 4 - 5　AC/DC 开关变换器原理

与输出电路之间,经过高频变压器(也可称为开关变压器),利用磁场的变化实现能量传递,没有电流间的直接流通。隔离型开关稳压电源采用直流供电,经过开关电路,将直流电变成频率很高的交流电,再经变压器隔离、变压(升压或降压),然后经高频整流器整流滤波,最后得到新的、极性和数值各不相同的多组直流输出电压。电路从输出端取样,经放大后反馈至控制端,控制驱动电路的工作,达到稳定输出电压的目的。这种形式的开关稳压电源在实际中应用得最为广泛。

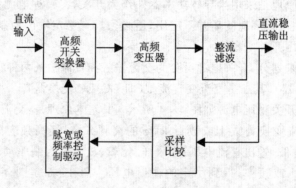

图 4 - 6　DC/DC 开关变换器原理框图

除按照电源的输入来划分外,还存在着其它不同的划分方法,本节也列出了其他的一些划分形式。

(1) 按激励方式划分

按激励方式化分分站电源可分为它激励工作式与自激励工作式。它激励工作式的电路中专设产生激励信号的振荡器电路,专设的振荡器信号经放大后用于驱动开关管工作。自激励工作式开关管兼作振荡器电路中的振荡器管,如图 4 - 7 所示,自激励工作方式相对于它激励工作式来讲不够稳定,开关管承受较高的峰值饱和电流。

(2) 按调制方式划分

按调制方式化分,分站电源可分为脉冲宽度调制型、脉冲频率调制型和混合型三种。脉冲宽度调制型(PulseWidthModulation,缩写为 PWM),其特点是固定开关频率,通过改变脉冲宽度来调节占空比,因开关周期也是固定的,这就为设计滤波电路提供了方便。其缺点是受功率开关管最小导通时间的限制,对输出电压不能作宽范围调节;另外输出端一般要接假负载(亦称预负载),以防止空载时输出电压升高。目前,集成开关电源大多采用 PWM 方式。脉冲

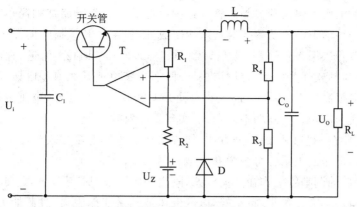

图 4 - 7　自激励工作方式开关电源原理图

频率调制型(PulseFrequencyModulation,缩写为 PFM)是将脉冲宽度固定,通过改变开关频率来调节占空比的。混合型是通过调节脉冲宽度和脉冲频率达到稳定输出电压的目的。图 4 - 8 是 PWM 和 PFM 两种控制方式的调制波形图。

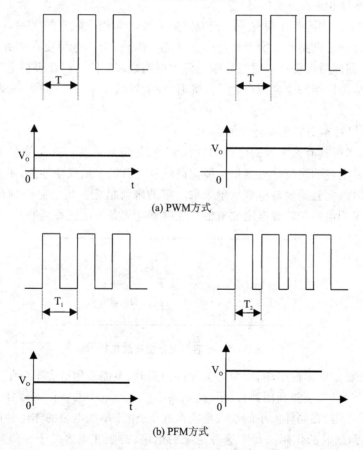

图 4 - 8　两种控制方式的调制波形

(3) 按电路结构划分

按电路结构划分可分为分立原件型和集成模块电路型。集成电路式的开关稳压电源电路或电路的一部分是由集成电路组成的,这种集成电路通常为厚膜电路,有的厚膜集成电路中包括开关晶体管,有的则不包括开关晶体管。这种电源的特点是电路结构简单、调试方便、可靠性高。现在,硬开关的 PWM 功率变换技术相对成熟,但由于开关损耗的原因,开关频率不易太高。目前,开关管采用 MOSFET 管后,频率可达 250～350kHz。为进一步提高开关频率,近些年来正研究高频软开关技术,应用谐振原理,实现零电流开关或零电压开关,减小开关损耗,使开关频率可提高到 MHz 级。高频化可使开关电源中的变压器、电感等磁性元件以及电容的体积、重量大为减小。提高功率体积比,实现更高效的运行。

除此之外还存在一些其他的划分方法,如按储能电感的连接方式分可分为串联型和并联型;按输入与输出电压的关系分可分为升压型和降压型,等等。

由于开关电源的调整管工作在开关状态,隔离变压器采用高频变压器,滤波电容按高频设计。因此,开关电源具有体积小,重量轻,电网电压波动适应能力强,过载能力强,输入电压范围宽等优点。目前,分站开关型电源由于体积小、质量小、效率高、可以做到多路相互隔离,所以,在矿井监控系统中得到了广泛的应用。目前,市场上有多种型号的 DC/DC 集成模块电路型产品,技术上相当成熟,根据设计指标选用即可。

3. 开关电源的本质安全型防爆

开关电源的输出端通常并联有一个较大容量滤波电容或串联有较大的电感,输出能量也没有得到限制,这样的电路难以实现本质安全性能。因此,上述电源要在矿井中应用,通常还需要对其输出电路的后面设计双重限压限流保护电路或多重限压限流保护电路才能得到本安性能。同时,还应保证当一个或两个元件损坏时,应能继续正常工作,满足 ib 或 ia 级的本质安全防爆性能。

(1)滤波电容对本质安全安特性的影响

对于电源输出端具有大电容的电路,其放电火花是短路火花。火花能量不仅有电源的输出能量,而且包括电容的瞬时放电能量。要提高这种电路的本质安全性能,不仅要求电源前端具有稳压限流特性,而且需要对电容放电采取一定的限流措施。当电路中的电容不作为滤波元件使用时,可采用电容储能经电阻放电的方法降低电火花放电能量,如图 4-9 所示。

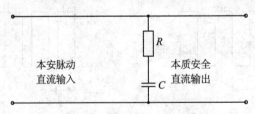

图 4-9 电容串电阻放电的电路

但当电容并联在电源输出端,作为滤波元件使用时,不能采用电容串电阻放电的方法。因为,用电容做滤波元件,主要利用其容(阻)抗随频率增大而减小的特性,旁路纹波(电压)电流。如果电容串联了电阻,在同样大小的纹波电流情况下,由于串联电阻的作用会产生高的输出纹波电压,不能起到滤波的作用。对于这种情况的电路,必须在电容的下一级串联限流保护电路,如图 4-10 所示。

(2)滤波电感对本质安全特性的影响

对于电源输出端含有大电感的电源电路,其放电火花是断路火花。与电容电路类似,在保证电源输出特性的前提下,尽可能降低电感放电火花能量。在具体分站电源设计时可采用如

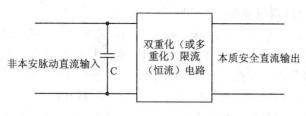

图 4 - 10 串联限流电路

下几种方式保证电源的本安特性。

① 在电感两端并联电阻或压敏电阻

如图 4 - 11 所示，某种原因，当输出突然变为开路时，电感元件的感应电动势就通过并联的电阻构成回路，电流通过，放电火花能量大大降低，提高本安电路的安全性。

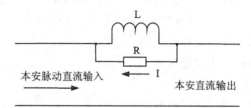

图 4 - 11 电感两端并联电阻的滤波电路

② 在电感两端并联电容

如图 4 - 12 所示，某种原因，当输出突然变为开路时，电感元件的感应电动势就通过并联的电容吸收，放电火花能量大大降低，提高本安电路的安全性。

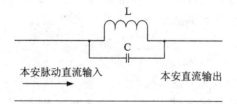

图 4 - 12 电感两端并联电容的滤波电路

③ 在电感两端并联二极管

如图 4 - 13 所示，某种原因，当输出突然变为开路时，电感元件的感应电动势就通过并联的二极管形成回路，放电火花能量大大降低，从而提高本安电路的安全性。该方法在分站电源设计中常常用到。

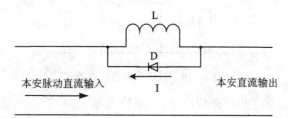

图 4 - 13 电感两端并联二极管的滤波电路

④ 在电感两端并联双向瞬态电压抑制器(TVS管)

瞬态电压抑制器(Transient voltage suppressor)简称 TVS,也称为 TVP、AJTVS、SA-JTVS 等,是一种高效保护器件。当 TVS 的两极受到反相瞬态高能量冲击时,他能以 10^{-12} 秒量级的速度将其两极间的高阻抗变为低阻抗,吸收高达数千瓦的浪涌能量,使两极间的电压钳位于一个预定值,有效地保护电子线路中的元器件,免受各种浪涌脉冲的冲击。

常用的压敏电阻有碳化硅压敏电阻和氧化锌压敏电阻,其中氧化锌压敏电阻更为常见。其主要特点:①工作范围宽,3V 至几万 V;②流通容量大,可达 $2000A/cm^2$;③响应速度快,一般≤50ns;④功耗小、体积小、重量轻。

利用 TVS 和压敏电阻的上述特性,作为电感断路的保护性元件。在电感两端并联双向 TVS 和(或)压敏电阻的电路与并联二极管或电阻的电路类似,并联元件改变即可。

从器件的性能分析中可以看出,当在电路正常工作情况下,电感上流过的电流始终为单向电流时,在电感元件两端并联二极管或在电感元件两端并联双向 TVS 或压敏电阻,较并联电阻和电容的方法有更多的有点。既保证了滤波效果,又避免并联电容增加电容火花的弊端,是减少电感滤波电路放电火花较为理想的方法。

(3) 提高开关电源频率

通过提高开关电源频率可以降低滤波电容或滤波电感的数值,从而有利于开关电源本质安全特性。

4.4 分站电源保护机制

使直流电源具有本质安全特性的另一种重要的方法就是通过限流限压保护或称为过流过压保护。输出能量经限压限流后的能量一般控制在 25W 左右。

4.4.1 过压保护电路

过压保护电路位于直流电源的输出端,当直流输出电压由于某种原因升高时,达到一定的值并影响电源的本质安全特性时,保护电路应自动关断输出,原理图如 4-14 所示。

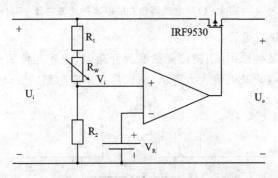

图 4-14 过压保护电路原理图

图中 R_1、R_2、R_w 组成了电压采样电路,当采样电压 V_i 高于基准电压 V_R 时,比较器输出反转,经放大后驱动 IRF9530(MOSFET)管,使其关断无电压输出,达到直流电源输出过压保护的目的。过压保护的大小取决于基准电压的大小以及采样分压的大小,调整 R_w 可达到微

调 V_i 的目的。

4.4.2   过流保护电路

过流保护电路位于直流电源的输出端,当直流输出电流由于某种原因升高时(例如:负荷增加很多或输出短路发生的时情况下)达到预定的值并影响电源的本质安全特性时,保护电路应自动关断输出,原理图如 4 - 15 所示。

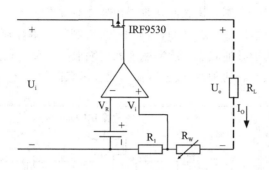

图 4 - 15   过流保护电路原理图

图中 R_1、R_w 组成了过流采样电路,当采样电压 V_i 高于基准电压 V_R 时,比较器输出反转,经放大后驱动 9530(MOSFET)管,使其关断无电流输出,达到直流电源输出过流保护的目的。过流保护的大小取决于基准电压的大小以及采样电阻上分压的大小,调整 R_w 可达到微调 V_i 的目的。

4.4.3   综合保护机制

综合保护机制指同时进行过压和过流保护。将上述过压、过流综合起来由一个场效应管完成,如图 4 - 16 所示,图中 R_1、R_w、R_2、V_R、IC_1、IC_2、IC_3 组成了过压保护用的信号输出电路,输出信号送入"与"门电路。R_3、R_{w1}、R_2、V_{R1}、IC2 组成过流保护用的信号输出电路。图中过流信号或过压信号出现经"与"门电路输出均会使场效应管截止,无能量输出,达到限制能量输出的目的。

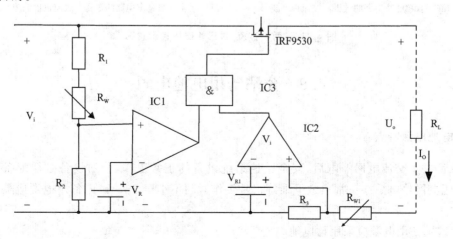

图 4 - 16   过压、过流保护电路原理

4.4.4 自动恢复特性

前面所讨论的过压、过流保护均有一定的不足之处,细分析在输出能量的周期内进行能量积分,在输出端短路时产生的火花有可能不是安全型的。图 4-17 给出了积分能量受控制的过压、过流保护电路。分析电路可知,在电路中由于使用了单稳态电路,在过压或过流时产生的零脉冲电压使单稳态电路翻转输出正脉冲,使电路有正常输出,输出的时间宽度取决与单稳态的时间常数,如果故障解除,则在该脉冲恢复下电路正常工作。如果故障还在,则产生的零脉冲会再次使单稳态电路翻转输出正脉冲,循环下去,直到故障解除后电路正常工作为止,即控制管一直处于周而复始的导通状态。脉冲宽度和周期取决与单稳态的时间常数。脉冲周期内能量的积分应是安全火花。两种过流、过压输出比较示意图如图 4-18 所示。

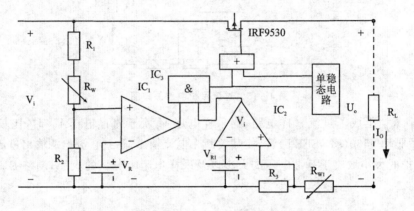

图 4-17 改进型过压、过流保护电路原理

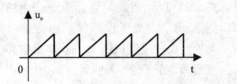

(a) 不含单稳态电路的过压、过流输出波形

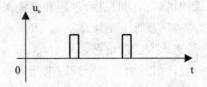

(b) 改进型含单稳态电路的过压、过流输出波形

图 4-18 两种过流、过压输出比较示意图

4.5 分站备用电池电源

4.5.1 电池电源特点

为保证井下交流电网停电后,安全监控系统设备的正常工作,分站设备必须配备备用电源,并保证电网停电后在正常负载下维持正常工作时间不小于 2h。矿用备用电源应具有如下特点:

（1）矿用备用电源应采用蓄电池

备用电源目前可供选的有蓄电池、原电池、储备电池、燃料电池等。由于要求备用电源至

少维持 2h 的正常工作,并且输出功率较大。原电池在能量耗尽后要更换,在煤矿井下爆炸性环境中经常更换电池是一件很困难甚至不允许的事情,因此采用原电池是不合理的。储备电池在使用前处于惰性状态,直到使用时才使电池"激活",难以保证停电频率较高、不间断供电,不宜采用。燃料电池是将活性物质储存在电池体系之外,使用时将活性物质连续注入电池,不能满足停电频率较高,并要不间断供电的要求,不宜采用。因此,矿用备用电源应采用蓄电池。

（2）蓄电池应采用连续浮充制

蓄电池可工作在循环充放电制、定期浮充制和浮充制。循环充放电制一般用于移动、便携式蓄电池,如蓄电池电机车、矿灯、便携式甲烷检测报警仪和便携式工具等。若用于固定式蓄电池需有两组,一组工作(放电),一组备用(充电或待机)。该种工作方式输出直流中无脉冲交流成分,线路简单。连续浮充制(又称全浮充制)是将蓄电池始终并接在负载回路上,由整流电路提供负载所需的能量,同时向蓄电池小电流充电。当电网停电或整流电路输出电压低于蓄电池电压时,蓄电池向负载放电。蓄电池具有平滑输出电压的功能。连续浮充制可保证连续供电,但不能保证蓄电池的充满和放净。因此,镉镍等具有记忆效应的蓄电池不宜采用连续浮充制,否则会降低蓄电池的使用寿命。定期浮充制(又称半浮充制)是部分时间由整流设备供电,并对蓄电池充电;部分时间由蓄电池供电。该种方法难以保证当电网停电后维持 2h 正常供电的要求,例如当蓄电池供电阶段结束时,恰好遇到井下停电,由于蓄电池已放净其电能,因此不能继续向负载供电。为保证井下交流电网停电后蓄电池供电时间不小于 2h,矿用备用电源的蓄电池应采用连续浮充制。

（3）备用电源要与主电路共用输出限压(稳压)和限流(恒流)电路

为保证备用电池的本质安全防爆性能,蓄电池不能直接向负载供电,必须经过双重或多重限压(稳压)和限流(恒流)保护。由于主电路也必须具备双重或多重限压(稳压)和限流(恒流)保护,为避免电路的重复设置,减小体积和重量,降低成本,提高效率,备用电源与主电路输出共用双重化和多重化的限压(稳压)和限流(恒流)电路。

（4）蓄电池要全密封免维护

矿用备用电源蓄电池一般置于隔爆腔内。为防止电解液泄漏,破坏隔爆外壳的防爆性能,矿用备用电源蓄电池要全密封。置于隔爆外壳内的电气设备维护比较困难,因此矿用备用电源蓄电池要免维护。同时,为减轻设备重量,矿用备用电源的蓄电池要体积小、重量轻。

（5）蓄电池无记忆效应

由于矿用备用电源蓄电池应采用连续浮充制,因此蓄电池应无记忆效应,以防止蓄电池容量的迅速下降和使用寿命的降低。

4.5.2　电池电源技术指标

蓄电池的技术指标是选择蓄电池的重要依据,蓄电池的主要技术指标有电动势、开路电压、工作电压、容量、内阻、自放电率、比能量、比功率和寿命等。

（1）电动势

蓄电池的电动势等于组成电池的两个电极间的平衡电势之差,电动势表明蓄电池在理论上输出能量大小度量参数。如果其他条件相同,电动势愈高的电池,理论上能输出的能量就愈大,使用价值就愈高。

（2）开路电压与工作电压

蓄电池在开路状态下的端电压称为开路电压,开路电压在数值上接近蓄电池的电动势。工作电压指蓄电池接通负荷后在放电过程中显示的电压,又称负荷(载)电压或放电电压。蓄电池放电初始的工作电压称为初始电压。

蓄电池在接通负荷后,由于内阻的原因,蓄电池的工作电压低于开路电压。蓄电池的放电电压随放电时间的平稳性表示电压精度的高低。蓄电池工作电压的数值及平稳程度除与电池的活性物质有关外,还依赖于放电条件。高速率、低温条件下放电时,电池的工作电压将降低,平稳程度下降。

(3)容　量

蓄电池在一定放电条件下所能供出的电量称为电池的容量,通常以符号 C 表示。常用单位为安培小时,简称安时(Ah)或毫安时(mAh)。电池的容量可分为理论容量、额定容量、实际容量和标称容量。

理论容量是活性物质的质量按法拉弟定律计算而得到的最高理论值。为了比较不同系列的电池,常用比容量的概念,即单位质量或单位体积电池所能供出的理论电量,单位为 Ah/kg 或 Ah/L。

实际容量是指蓄电池在一定条件下所能输出的电量。它等于放电电流与放电时间的乘积,单位为 Ah,其值小于理论容量。因为组成实际电池时,除活性物质外,还包括非反应成分(如外壳、导电零件等),同时还与活性物质被有效利用的程度有关。

额定容量也叫保证容量,是按国家有关部门颁布的标准,保证电池在一定的放电条件下应该放出的最低限度的容量。

标称容量(或公称容量)是用来鉴别蓄电池适当的近似安时值,只标明蓄电池的容量范围而没有确切值,因为在没有指定放电条件下,蓄电池的容量是无法确定的。

蓄电池的实际容量主要与蓄电池正、负极活性物质的数量及利用的程度(利用率)有关,而活性物质利用率主要受到放电条件、电极的结构、制造工艺等因素的影响。

(4)内　阻

蓄电池的内阻表示电流通过电池内部时引起输出电压变化的程度。因为活性物质的组成、电解液浓度和温度都在放电过程中不断地变化,所以,电池的内阻不是常数。

电池内阻包括欧姆内阻和极化内阻,两者之和为电池的全内阻。其中欧姆内阻遵循欧姆定律;极化内阻随电流密度的对数增大而增大,并非线性变化。

(5)自放电

蓄电池的自放电是在存储期间容量降低的现象,电池无负荷时,由于自行放电而使容量损失。自放电速率用单位时间容量降低的百分数表示。即:

$$自放电率 = \frac{C_a - C_b}{C_a T} \times 100\%$$

式中:C_a—电池存储前的容量;C_b—电池存储后的容量;T——电池存储的时间。

电荷保持能力也是表示电池自放电性能的物理量。它是指蓄电池存储一定时间后(其存储时间是固定的),剩余容量为最初容量的多少,也用百分数表示。

$$K = \frac{C_b}{C_a} \times 100\%$$

(6)比能量与比功率

蓄电池的能量是指：在一定放电制度下，蓄电池所能给出的电能，通常用瓦小时(Wh)表示电池的能量。可分为理论能量和实际能量。理论能量是理论容量与电动势的乘积，实际能量是实际容量与平均工作电压的乘积，通常用比能量来比较不同的电池系列。比能量是电池单位质量或单位体积所能输出的电能，同样有理论比能量和实际比能量之分。蓄电池的功率是指：在一定放电条件下，电池在单位时间内所能给出的能量的大小，单位为瓦(W)。单位质量的电池所能给出的功率称为比功率，比功率也是电池的重要性能指标，电池的比功率大，表示可承受大电流放电。

(7) 寿　命

在规定条件下，蓄电池的有效寿命期限称为该蓄电池的使用寿命。电池的使用寿命可分为循环寿命和浮充寿命。蓄电池的容量减小到规定值以前，蓄电池的充放电循环次数称为循环寿命。在正常工作条件下，蓄电池浮充供电的时间称为浮充寿命。

4.5.3　铅酸蓄电池

1. 铅酸蓄电池工作原理

铅酸蓄电池的电池反应可用如下化学方程式表示：

$$PbO_2 + 2H_2SO_4 + Pb \xrightleftharpoons[\text{放电、充电}]{} PbSO_4 + 2H_2O + PbSO_4$$

铅酸蓄电池正极板上的活性物质是二氧化铅(PbO_2)，负极板活性物质为海绵状纯铅(Pb)，电解液由蒸馏水和纯硫酸按一定比例配制而成。放电过程中，正、负极板上的活性物质都转变为硫酸铅($PbSO_4$)。由于硫酸铅的导电性能比较差，而且在放电过程中，硫酸逐渐变为水，使电解液浓度下降，因此蓄电池内阻增加，电动势降低。充电过程中，正极板上的硫酸铅逐渐变为二氧化铅，负极板上的硫酸铅逐渐变为海绵状铅，同时电解液中的硫酸分子逐渐增加，水分子逐渐减少，电解液浓度逐渐增加，电池电动势也逐渐增加。

在过去，普通铅酸蓄电池使用过程中，需要经常加水、补酸，而且会产生腐蚀性气体，污染环境，损伤人体和设备。近年来，全密封免维护铅酸蓄电池在国内外得到广泛应用。全密封免维护铅酸蓄电池具有密封好、无泄漏、无污染等优点，能够保证人体和各种用电设备的安全，而且在整个寿命期内无需任何维护。

全密封免维护铅酸蓄电池正负极板均采用涂浆式极板，活性材料涂在铅钙合金骨架上，耐酸性强，导电性好，寿命较长，自放电速率较小。隔板采用超细玻璃纤维制成，全部电解液吸附在极板和隔板中，电池内没有流动的电解液，即使外壳破裂也能正常工作。电池顶部装有安全阀，当电池内部压力达到一定值时，安全阀自动开启，排出多余气体；当压力低于一定数值时，安全阀自动关闭。顶盖上还有内装陶瓷过滤器的气塞，可防止酸雾从电池中逸出。电解液全部吸附在隔板和极板中，负极活性物质(海绵状铅)在潮湿的条件下活性很高，能与氧气快速反应。充电过程中，正极板产生的氧气通过隔板扩散到负极板，与负极板活性物质快速反应，化合成水。因此，在整个使用过程中，不需要加水补酸。

2. 铅酸蓄电池充放电特性

单体铅酸蓄电池的标称电压为2V，充电电压最高为$2.3 \sim 2.4V$，放电终止电压随放电率的不同而不同，一般为1.8V。在充电过程中，铅酸电池负极板上的硫酸铅逐渐变为铅，正极板上的硫酸铅逐渐变为二氧化铅。当正负极板上的硫酸铅完全变成铅和二氧化铅后，电池开始发生过充电反应,产生氢气和氧气。这样,在非密封铅酸蓄电池中,电解液中的水将逐渐减少。在密封铅酸蓄电池中,采用中等充电速率时,氢气和氧气能够重新化合为水。

过充电开始的时间与充电速率有关。当充电速率大于 C/5 时,电池容量恢复到放出容量的 80% 以前,即开始过充电反应,如图 4-19 所示。只有充电速率小于 C/100,才能使电池容量恢复到 100% 后,才开始过充电反应。采用较大充电速率时,为了使电池容量恢复到 100%,必须允许一定的过充电反应。过充电反应发生后,单格电池的电压迅速上升,达到一定数值后,上升速率减小,然后电池电压开始缓慢下降.

铅酸蓄电池的充电方法主要有:恒流充电法、分阶段电流充电法、恒压限流充电法和快速充电法。

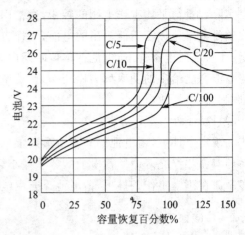

图 4-19 铅酸蓄电池充电特性曲线

(1) 恒流充电法

恒流充电法是用一恒定不变的电流对电池进行充电。随着充电的进行,电池的端电压将逐步升高。因此,充电电源的电压必须随着电池端电压的升高而提高,或者在充电电路中串联一个可满足功率要求的可变电阻,通过改变电阻值来保持充电电流恒定不变。采用恒流充电法充电时,充电电流都比较小,一般采用 0.05C~0.1C 电流进行充电。如果充电电流太大,一方面在充电末期电流利用率不高;另一方面还会造成水的大量分解与蒸发,并使电解液温升过高,从而降低电池的使用寿命。这种充电方法的优点是充入电量的计算很方便,只要用充电电流(A)乘以充电时间(h)即可求得充入电量(Ah),而且充电设备简单。其缺点是充电电流小、充电时间较长。

(2) 分阶段电流充电法

分阶段电流充电法是在充电过程中分阶段逐步减小充电电流,以更有效地利用电能的充电方法,又称为递减电流充电法。根据电池的具体情况,可将充电过程分为数个阶段(如二阶段或四阶段)。一般用途的铅酸蓄电池多采用二阶段充电法。充电开始即第一阶段采用 0.2~0.3C 较大的恒定电流进行充电;如 3~5h。当电池的端电压升高至 2.4V 左右或电解液温度显著升高时,将电流降低到 0.05~0.1C 电流继续充电至充足为止。与恒流充电法相比,这种充电方法的优点是充电时间较短,电流利用率较高,不足的是充电设备复杂。

(3) 恒压限流充电法

恒压限流充电法是在充电全过程中保持充电电源的电压恒定不变的一种充电方法,其电源电压按每个单体电池的充电电压为 2.3~2.4V 进行计算。因此,充电初期的电流很大,随着充电的进行,充电电流随电池端电压的升高而降低,到充电末期几乎没有电流通过。这种充电方法的优点在于能适应电池的充电特性,可以避免发生过充电,减少氢、氧气体的产生,而且在充电过程中不需调整电流,设备简单。它的缺点是充电设备必须适应充电初期的大电流,充入电量也很难计算。

(4) 脉冲快速充电法

脉冲快速充电法可使正常充电时间由 12~15h,缩短到 1h 左右,但设备复杂。免维护铅酸蓄电池一般采用恒压限流充电法,单格铅酸蓄电池的工作电压为 2V,环境温度为 25℃时,单格电池的浮充电压为 2.23V,最高不超过 2.4V,充电电流限制在 0.1~0.3C。当电池的电量全部放完时,先用 0.1C 恒定电流充电,充入 80% 的电量后,再用 2.23V 恒定电压充电,24h 内可充入 100% 以上的电量。充电时间与电池的放电量、起始充电电流和温度有关。适当增加起始充电电流可缩短充电时间。在充电后期,充电电流很小(0.01C 以下),电池内气体再化合率保持 100%。环境温度升高时,充电电压必须适当降低,环境温度每升高 1℃,单格电池浮充电压下降 0.03V。12V 免维护蓄电池组放电特性曲线如图 4-20 所示。曲线表明了电池电压与放电时间的关系。不难看出,放电速率越高,放电电流越大,放电终止电压越低;反之,放电终止电压越高。温度和放电速率对电池放出的容量也有较大影响。通常,环境温度越低,放电速率越大,电池放出的容量越小。为保证电池放出足够的电量,环境温度应在 -15℃~+50℃ 之间,放电速率应在 0.05~0.2C 之间,必要时可高速率放电。免维护铅酸蓄电池的循环寿命与电池每次放电的深度有密切关系。当放电深度为 30% 时,循环寿命为 1200 次,当放电深度为 100% 时,循环寿命为 200 次,因此使用中应避免深度放电,控制放电终止电压。

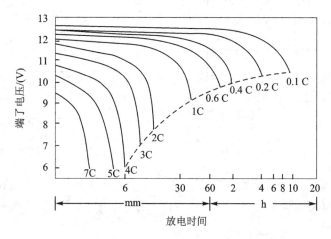

图 4-20　12V 铅酸蓄电池放电特性曲线

3. 铅酸蓄电池特点

铅酸蓄电池制造工艺简单,价格便宜,容量大,可大电流放电,无记忆效应。近年来使用的全密封免维护铅酸蓄电池特别适用于井下长时间无人看守的场合。铅酸蓄电池对充放电电路要求不高,只要求充电时稳压限流,不过放电即可,因此可简化充放电电路。由于铅酸蓄电池的比能量不是很高,相对于同容量的镉镍、镍氢、锂等蓄电池,其体积及重量较大。总之,铅酸蓄电池可用做矿用备用电源。

4.5.4　镍氢蓄电池

1. 工作原理

在镍氢蓄电池中以金属氧化物为负极、氧化镍为正极,组成的蓄电池呈碱性,电池内部反应可用如下电化学方程式表示:

$$NiOOH + MH \xrightarrow[\text{放电、充电}]{} Ni(OH)_2 + M$$

从方程式可以看出,电解液呈碱性。

2. 充放电特性

单体镍氢蓄电池的标称电压为 1.25V，充电终止电压为 1.5V，放电终止电压为 1.0V。在常温下，采用 0.2C、0.5C、1C 充电时，电池电压随充入电量的变化如图 4-21 所示。镍氢电池充足电后，电压基本保持不变，过充电起始，电池电压出现小的负增量。一般情况下，采用 1C 充电时，约 70 分钟镍氢电池可以充足电，采用 0.2C 充电时，约 7 小时镍氢电池可以充足电。

常温下，镍氢蓄电池进行放电，镍氢蓄电池电压随放电容量的变化如图 4-22 所示。由图看出，采用 0.2C 放电速率时，电压降到 1.25V 时，镍氢蓄电池已放出标称容量的 90% 以上。采用 1.0C 放电速率时，电压降到 1.25V 时，镍氢蓄电池已放出标称容量的 70% 以上。

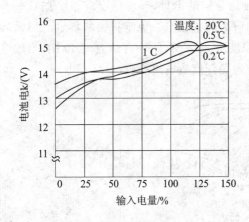

图 4-21　镍氢电池的充电特性曲线

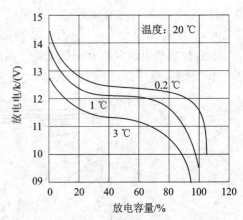

图 4-22　镍氢蓄电池的放电特性曲线

镍氢蓄电池具有较好的低温放电特性。当环境温度为 −20℃ 时，采用 0.2C 放电速率，镍氢蓄电池放出的容量可达到标称容量 90%，采用 1.0C 放电速率，镍氢蓄电池放出的容量可达到标称容量 85% 以上。

镍氢蓄电池在常温以及低温下放电特性均比较好。镍氢蓄电池自放电率较小，常温下（20℃）镍氢蓄电池在充满电后，放置约一个月（如 28 天），电池容量仍可保持在标称容量的 75%～80% 范围内。

3. 镍氢蓄电池特点

镍氢蓄电池比能量高，没有记忆效应。负极为储氢合金，电池本身具有防爆装置，国内外产品相对成熟，镍氢蓄电池对充放电电路要求较高，充电时电池的温度较高，尤其是在过充电时，内部温度急剧上升，会使电池冒气。由于这些原因要求充电电路具有计算电池电压变化曲线斜率的功能，准确判断充电时电压拐点的出现，改变充电状态。同时要求在电池组中装入温度开关，防止电池温度过高，影响防爆性能。镍氢蓄电池的价格较贵，单体容量越高价格增加越大。镍氢蓄电池由于本身很好的特性是煤炭行业倡导使用的后备电源，应用前景看好。另外还有锂离子蓄电池也可用做矿用备用电源。

4.5.5　备用电源连接方式

备用电源与分站电源的连接方式可分为相互独立的连接方式与融为一体的连接方式，最常用的是融为一体的连接方式，也称为一体化的连接方式。

1. 独立连接方式

(1) 备用电源连接在分站电源的交流输入端

备用电源连接在分站电源的交流输入端的连接方式如图 4－23 所示,备用电源的内部实质是一个含有电池的不间断电源。当交流电网有电时,备用电源经 AC/DC 电路向蓄电池充电,分站电源的电能主要由交流电网供给。当交流电网停电或电压值比较低时,备用电源电池经 DC/AC 电路向本质安全防爆型直流电源供电。这种分站连接方式适合于分站电源与备用电源电池相互独立的场合。

图 4－23 备用电源接分站电源的交流输入端

(2) 备用电源接分站电源输出端

备用电源(实质是本质安全防爆型不间断电源)接分站电源输出端的方式如图 4－24 所示。当交流电网有电时,分站电源经备用电源向负载供电,备用电源内的蓄电池充电。当交流电网或输出电压较低时,备用电源向负载供电。

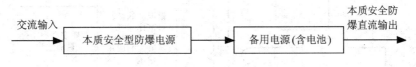

图 4－24 备用电源接分站电源的输出端

2. 一体化的连接方式

备用电源与分站电源一体化,可共用双重化限流限压电路和防爆外壳。因此,一体化电源体积较小、重量比较轻、效率比较高。连接方法如下:

(1) 备用电源中蓄电池并接在整流滤波电路输出端

蓄电池并接在整流滤波电路输出端的连接方式如 4－25 图所示,当交流电网有电时,整流滤波电路经双重化(或多重化)限压(稳压)限流(恒流)电路向负载供电外,还向蓄电池充电。当交流电网停电或电压较低时,蓄电池经双重化(或多重化)限压(稳压)限流(恒流)电路向负载供电。充电电路可依据所选蓄电池设计。这种电路易实现,适用于线性电源或开关电源。

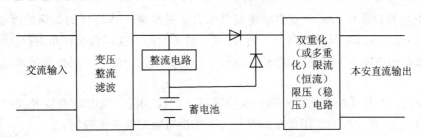

图 4－25 蓄电池并接在整流电路输出端的连接方式

(2) 采用交/直双向变换器

蓄电池采用 AC/DC 双向变换器的连接方式如图 4－26 和图 4－27 所示。当交流电网有电时,通过负载线圈和整流、滤波、双重化(或多重化)限压(稳压)限流(恒流)电路向负载供电,同时通过交/直流双向变换器向电池充电。当交流电网停电时,蓄电池经交/直流双向变换器、负载线圈和整流、滤波双重化(或多重化)限压(稳压)限流(恒流)电路向负载供电。

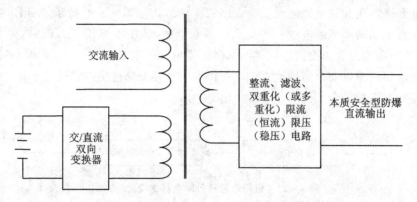

图 4 - 26 蓄电池采用低频变压器和 AC/DC 双向变换器的连接方式

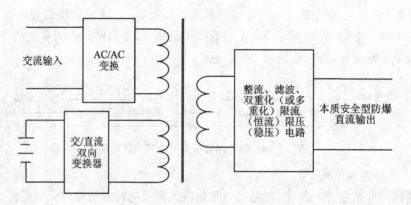

图 4 - 27 蓄电池采用高频变压器和 AC/DC 双向变换器的连接方式

图 4 - 27 所示方式的效率要比图 4 - 26 所示方式的效率高,原因在于高频材质电能的损耗小,但技术相对复杂。

4.6 断电控制技术

矿井安全监控系统的一项重要功能就是当井下被监测工作场所的瓦斯浓度超过断电浓度,掘进工作面停风或风量低于规定值时,能在 2 秒的时间内立即自动切断被控区域非本质安全型电气设备的电源并保持断电状态的功能。因此,断电控制是矿井安全监控最基本、最重要的功能。

断电控制的具体实施方法是利用断电控制器、甲烷断电仪、风电闭锁装置、甲烷风电闭锁装置等控制装置,通过控制矿用低压防爆开关来实现对被控设备的控制。

随着监控技术的发展及煤矿安全工作的要求,矿用监控分站的功能不断完善,除断电控制器以外,其它控制装置的功能已被监控分站所集成,不再是矿井安全监测控制装备的主流。而对断电控制器的功能要求不断提高,使其在监控系统中处于非常重要的地位。

4.6.1 技术需求

1．供电电源

（1）交流供电电源。额定电压：36 V/127 V/220 V/380 V/660 V/1 140 V 等，允许偏差−25％～＋10％；谐波：不大于 10％；频率：50 Hz，允许偏差±5％。

（2）直流供电电源。电压范围 9～24 V，周期与随机偏移应符合相关标准的规定。

2．主要功能

（1）断电器应具有动合和动开接点输出，动合和动开接点均能根据输入信号输出相应的控制状态且保持。

（2）断电器的输出应能满足交流或直流控制的需要。

（3）断电器应具有被控设备馈电状态监测、显示和信号输出功能。

（4）交流或直流供电的断电器应具有电源指示。

（5）断电器应具有输出状态指示。

3．主要技术指标

（1）数字信号应符合 MT/T899 的有关规定。采用双电平和无源输出的开关量信号应符合下列要求：

① 有源输出高电平电压应不小于 3.0 V（输出电流为 2 mA 时），有源输出低电平电压应不大于 0.5 V（输出电流为 2 mA 时）；

② 无源输出截止状态的漏电阻应不小于 100 kΩ，无源输出导通状态的电压降应不大于 0.5V（电流为 2 mA 时）。

（2）输出控制接点容量应符合 GB3836.4 的有关要求，并能满足控制要求，在相关标准中明确规定，但不得低于下列要求：

① 本质安全接点：直流 24 V/100 mA；

② 非本质安全接点：交流 660 V/0.3A，380 V/0.5A，36 V/3A；直流 60 V/1A。

（3）输出控制接点组数应能满足控制要求，并在相关标准中明确规定，但至少有 1 组动合和动开接点。

（4）输出控制接点参数

① 机械接点：导通电阻＜0.1 Ω，分断电阻＞100 MΩ。

② 电子接点：导通压降≤2 V，截止漏电流≤0.3 mA。

（5）分站至断电器最大传输距离不得少于 2 km。

（6）输出控制距离应能满足控制要求，并在相关标准中明确规定。

（7）从接收到控制信号到输出相应控制状态的时间应不大于 0.5 s。

4.6.2 断电控制基本原理

矿用断电控制器一般由信号输入电路、信号输出电路、信息处理电路、断电输出电路、监测电路、显示电路、电源等组成，如图 4-28 所示。

（1）信号输入电路一般由用于本质安全防爆隔离和抗干扰隔离的光电耦合器等电路组成，接收分站输出的断电控制信号送信息处理电路。

（2）控制输出电路一般由电磁继电器（或固态继电器）、驱动电路、消弧保护电路等组成，

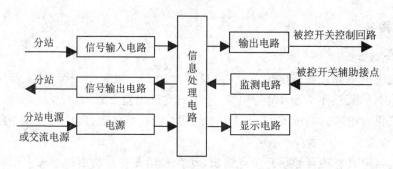

图 4 - 28 矿用断电控制器组成框图

将信息处理电路输出的断电器控制信号放大后,驱动电磁继电器(或固态继电器)动作,控制被控开关控制回路。

(3) 为监测被控开关的馈电状态,断电控制器一般都有监测电路。监测电路应直接监测被控开关的负载侧的电压,但这样会增加断电控制器的成本。监测电路可通过监测被控开关的辅助接点,间接监测被控开关的馈电状态;也可通过监测被控开关控制回路电压,间接监测被控开关的馈电状态,但这种馈电状态监测方法不如直接监测馈电开关负载侧电压或监测被控开关辅助接点有效。

(4) 信号输出电路由用于本质安全防爆隔离和抗干扰隔离的光电耦合器等电路组成,将馈电状态信号送分站。

(5) 信息处理电路有采用单片机或数字电路等多种形式。对于复用传输线的串行数字输入/输出电路,信息处理电路一般为单片机,完成串行数字通信、译码、逻辑控制等功能。对于不复用传输线的开关量输入/输出电路,信息处理电路较简单,仅完成逻辑控制等功能。

(6) 断电控制器一般由分站电源供电,因此,其电源电路一般采用 7805 等稳压器或 DC/DC 变换电路。也有采用交流供电,这样的电源电路就较复杂,一般由隔离降压变压器、整流电路、滤波电路、双重化限流限压电路(或稳压恒流电路)等组成。

(7) 显示电路用来指示电源、馈电状态、输出状态等。

4.6.3 断电控制器设计

对断电的控制主要在于怎样控制防爆开关,是采用常闭触点,还是采用常开触点,触点容量应为多大才可以满足要求等方面。

继电器是当输入回路中激励量的变化达到规定值时,能使输出回路中的被控电量发生预定阶跃变化的自动电路控制器件。它具有能反应外界某种激励量(电或非电)的感应、对被控电路实现"通"、"断"控制,以及能对激励量的大小完成比较、判断和转换功能的中间比较。因此继电器广泛应用于自动控制等领域,起控制、保护、调节和传递信息的作用。

断电控制既要完成甲烷断电和甲烷风电闭锁功能,又要保证不影响被控低压防爆开关的正常工作,更不允许在防爆开关设备中增减元件。断电控制主要是通过断电控制器控制磁力起动器(隔爆型、隔爆本质安全型)来控制设备的开停。目前,断电控制器一般都采用固态继电器或"线圈—簧片触点式"继电器作为主要控制器件。

1. 固态继电器式断电控制器的工作原理

断电控制器一般采用固态继电器(Solid State Relays,简写成"SSR")作为核心器件,其是一种全部由固态电子元件组成的新型无触点开关器件,它利用电子元件(如开关三极管、双向可控硅等半导体器件)的开关特性,可达到无触点、无火花地接通和断开电路的目的,因此又被称为"无触点开关",它问世于 20 世纪 70 年代,由于它的无触点工作特性,使其在许多领域得到广泛的应用。

固态继电器按使用场合可以分为交流型和直流型两大类,它们分别在交流或直流电源上做负载的开关,不能混合使用。工作原理图如图 4-29 所示。

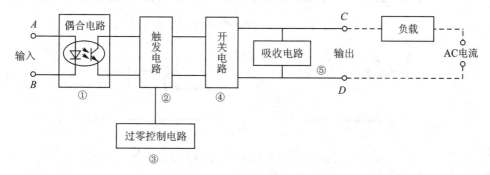

图 4-29　固态继电器工作原理图

图 4-29 中的部件①～④构成交流 SSR 的主体,从整体上看,SSR 只有两个输入端(A 和 B)及两个输出端(C 和 D),是一种四端器件。工作时只要在 A、B 上加上一定的控制信号,就可以控制 C、D 两端之间的"通"和"断",实现"开关"的功能。

其中耦合电路的功能是为 A、B 端输入的控制信号提供一个输入/输出端之间的通道,又作为本质安全与非本质安全之间的隔离,以防止输出端对输入端的影响,耦合电路用的元件是"光耦合器",它动作灵敏、响应速度高、输入/输出端间的绝缘(耐压)等级高;由于输入端的负载是发光二极管,这使 SSR 的输入端很容易做到与输入信号电压相匹配。

触发电路工作的要求是产生合乎要求的触发信号,驱动开关电路④工作,但由于开关电路在不加特殊控制电路时,将产生射频干扰并以高次谐波或尖峰等污染电网,为此特设"过零控制电路"。所谓"过零"是指,当加入控制信号,交流电压过零时,SSR 即为通态;而当断开控制信号后,SSR 要等待交流电的正半周与负半周的交界(零电位)时,SSR 才为断态。这种设计能防止高次谐波的干扰和对电网的污染。

吸收电路是为防止从电源中传来的尖峰、浪涌(电压)对开关器件双向可控硅管的冲击和干扰(甚至误动作)而设计的,一般是用"R-C"串联吸收电路或非线性电阻(压敏电阻器)。

交流型 SSR 的电原理图,如图 4-30 所示。直流型的 SSR 与交流型的 SSR 相比,无过零控制电路,也不必设置吸收电路,开关器件一般用大功率开关三极管,其他工作原理相同。不过,直流型 SSR 在使用时应注意:①负载为感性负载时,如直流电磁阀或电磁铁,应在负载两端并联一只二极管,极性如图 4-31 所示,二极管的电流应等于工作电流,电压应大于工作电压的 4 倍。②工作时应尽量把它靠近负载,其输出引线应满足负荷电流的需要。③使用电源属经交流降压整流所得的,其滤波电解电容应足够大。

2. 线圈—簧片触点式继电器的工作原理

线圈—簧片触点式继电器的结构如图 4-32 所示。一般由电磁系统、接触系统、传动和复原机构三部分组成。

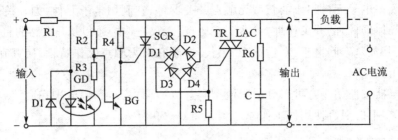

图 4-30　交流型 SSR 的电原理图

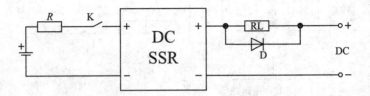

图 4-31　直流型 SSR 的电原理图

电磁系统：即感应机构，由软磁材料制成的铁芯、轭铁和衔铁构成的磁路系统和线圈组装而成。

接触系统：即执行机构，由不同形式的触点簧片或用作触点的接触片以一定的绝缘方式组装而成。

传动和复原机构：即中间比较机构，实现继电器动作的传动机构是指当线圈激励时将衔铁运动传递到触点簧片上的机构。一般是由和衔铁连接在一起的触点簧片直接传动或通过衔铁的运动间接地推动触点簧片运动。复原机构是指当线圈去激励时将衔铁恢复到原始位置的机构。除少数继电器通过接触系统总压力实现衔铁复原外，一般是通过复原簧片或弹簧来实现的。

3. 断电控制器的触点形式及容量

断电控制是通过矿用低压防爆开关实现对被控设备的控制。矿用低压防爆开关有隔爆型电磁起动器和隔爆兼本质安全型电磁起动器、隔爆型馈电开关等。

（1）隔爆型电磁起动器及其断电控制

隔爆型电磁起动器由交流接触器、控制电路、过载保护元件和隔爆外壳等组成。交流接触器直接把电网电压加到电动机的定子绕组上，使电动机在全电压下启动。隔爆型电磁起动器主要用于煤矿井下，使交流电动机直接启动、停止

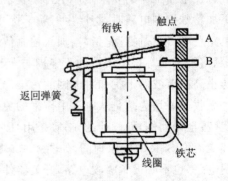

图 4-32　线圈-簧片触点式
继电器的工作原理图

和反转，并对电动机及有关电路进行保护。最常用的矿用隔爆型电磁起动器有 QC83、QCS83、QC815、QC810、DQZBH、BQD 和 QJZ 系列等多种类型，其中 QC83 系列最为普及。

隔爆型电磁起动器按接触器主触头灭弧介质的不同可分为空气式和真空式。空气式电磁起动器主回路采用空气式交流接触器，主要用于启动不频繁的电气设备。真空式电磁起动器主电路采用真空式交流接触器，适用于煤矿井下启动频繁的电气设备。

为保证安全监控装置的故障闭锁功能,矿用断电控制器对隔爆型电磁起动器的控制应采用常开触点,将矿用断电控制器的常开触点串接在电磁起动器停止按钮开关上。电磁起动器都有断电闭锁,断电控制器控制电磁起动器断开后,不会出现自起动现象。控制隔爆型电磁起动器的断电控制器的常开触点容量如表 4 - 1 所列,要控制所有隔爆型电磁起动器,矿用断电控制器的触点容量应为交流电压 36 V、电流 3A。

表 4 - 1　控制隔爆型电磁起动器的断电控制器的触点容量

本质安全型电磁起动器的型号		额定电压	额定工作电流
QC83 系列	QC83 - 80	36 VAC	2.0 A
	QC83 - 80N	36 VAC	2.0 A
	QC83 - 120(D)	36 VAC	1.7 A
	QC83 - 225(D)	36 VAC	1.7 A
QCS83 系列	QCS83 - 80	36 VAC	1.95 A
	QCS83 - 120	36 VAC	0.2 A
QCZ83 系列	QCZ83 - 225g2B	36 VAC	1.7 A
QC815 系列	QC815 - 30	36 VAC	0.9 A
	QC815—60(N)	36 VAC	2.9 A
BQD 系列		36 VAC	不大于 3 A

(2)隔爆兼本质安全型电磁起动器及其断电控制

本质安全型防爆是各种防爆类型中防爆性能最好的一种。因此,为提高电磁起动器的防爆性能,可以将电磁起动器的控制回路设计成本质安全型。这种电磁起动器被称为隔爆兼本质安全型电磁起动器。隔爆兼本质安全型防爆电磁起动器的启动和停止控制按钮可以是非隔爆型按钮,特别当控制电缆发生断路或短路产生电火花时,不会引起周围爆炸性气体混合物燃烧和爆炸,因此防爆性能好。隔爆兼本质安全型电磁起动器有 QC810 - 60 型、DQBH - 660/200Z 型、QJZ 型等。

控制隔爆兼本质安全型电磁起动器的断电控制器的触点容量如表 4 - 2 所列。从表 4 - 2 中可以知道,要控制所有的隔爆兼本质安全型电磁起动器,矿用断电控制器的触点容量应为直流电压 24V、电流 100mA。为保证安全监控设备的故障闭锁,应采用断电控制器常开接点与电磁起动器本质安全电路中的停止开关串联。

表 4 - 2　控制隔爆兼本质安全型电磁起动器的断电控制器的触点容量

本质安全型电磁起动器的型号		额定电压/V	工作电流/mA
QC810 系列	QC810 - 60	9(DC)	100(DC)
DQBH 系列	DQBH - 600/200Z	9(DC)	100(DC)
QJZ 系列	QJZ - 200/660	9(DC)	100(DC)
	QJZ - 160/1140	17(DC)	50(DC)
	QJZ - 300/1140	24(DC)	30(DC)

（3）隔爆型馈电开关及其断电控制

隔爆型馈电开关用来接通和分断承载的正常电流,并能在规定的异常条件下(如短路),在一定的时间内分断承载的异常电流,分断后一次回路中具有明显的断口。隔爆型馈电开关用于额定电压不大于 1140V 电网中的配电总开关、馈出开关和分支开关,也可以控制不频繁启动的大容量电动机。

隔爆型馈电开关可分为独立使用的馈电开关和与移动变电站配套使用的馈电开关。独立使用的馈电开关具有完整的隔爆外壳,可直接用于矿井井下的供电系统中。与移动变电站配套使用的馈电开关必须安装在移动变电站低压侧方,可形成完整的隔爆外壳。隔爆型馈电开关有空气式和真空式两种。

隔爆型馈电开关由隔爆外壳和以断路器为主的本体两部分组成。本体上设有脱扣器、信号辅助装置和电流互感器等。外壳由主腔、壳盖和接线盒三部分组成。

矿用隔爆型馈电开关主要有 DW80 系列、DZKD 系列、KBZ 系列、BDK 系列等。其中,DW80 系列隔爆型馈电开关在矿井应用最广泛。

表 4-3 控制馈电开关的断电控制器的触点容量

馈电开关类型		额定电压/V	额定电流/A
DW80 系列		660(AC)	0.22(AC)
		380(AC)	0.38(AC)
DZKD 系列、DWKB 系列		50(DC)	0.8(DC)
KBZ 系列	DKZB	60(DC)	0.96(DC)
	KBZ	48(DC)	0.43(DC)
BKD 系列	BKD1	24(DC)	0.05(DC)
	BKD4	5(DC)	0.1(DC)

为保证安全监控设备的故障闭锁功能,对隔爆型馈电开关的控制应采用矿用断电控制器的常闭触点,将矿用断电控制器的常闭触点并接在馈电开关分励开关上。当煤矿井下瓦斯达到或超过断电浓度时,断电控制器动作,通过控制分励脱扣线圈,从而达到控制馈电开关的目的。

控制馈电开关的矿用断电控制器的触点容量如表 4-3 所例。

要控制所有馈电开关,矿用断电控制器的触点容量应不小于交流电压 660V、电流 0.38A;或直流电压 60V、电流 0.96A。

习题 4

1. 简述分站电源的性能需求。
2. 分站电源的技术指标主要有哪些?
3. 简述分站线性直流电源的基本原理。
4. 线性直流电源在设计时应注意什么问题?
5. 简述分站开关电源的特点。

6. 按照电源的输入来划分,开关电源可划分为哪两种类型? 并简述每种类型的基本原理。

7. 简述如何保证开关电源的本安及防爆特性。

8. 简述过压保护与过流保护的基本原理。

9. 简述分站备用电池电源的特点及技术指标。

10. 简述备用电池电源的连接方式。

11. 简述断电控制技术的作用及技术指标。

12. 简述固态继电器式断电控制的组成基本工作原理。

13. 简述线圈-簧片触点式继电器断电控制的组成基本工作原理。

第5章 监控分站

监控分站是矿井安全监控系统的重要组成设备之一,是井上、下被测被控量相对集中区域设置的数据采集和控制装置。分站接收传感器(包括甲烷、一氧化碳、负压、风速、温度、烟雾、风筒开关、馈电传感器等)的信号,并按预先约定的复用方式远距离传送给传输接口;同时,接收来自传输接口多路复用信号,在传输接口和传感器之间起到承上启下的作用。在接入监控分站时,传感器及执行器至分站的距离一般不大于 2km。除上述功能外,监控分站还具有线性校正、超限判别、逻辑运算等简单的数据处理能力、对传感器输入的信号和传输接口传输来的信号进行处理,具有控制执行器工作的能力,当与传输接口的连接故障时,其断电控制功能不受影响,分站可独立工作。

目前,虽然国内生产的井下监控分站品种繁多,但是它们所实现的基本功能是一致的,只是在配置、电源及传输方式上各有特色。

5.1 监控分站概述

5.1.1 监控分站功能

作为矿井监控系统最重要的组成部分,监控分站主要负责采集井下环境参数和监控设备的工作情况,执行地面监控中心站及井下分站发送来的控制命令,是矿井监控系统的前端设备。它以微处理器为核心,能够对井下多种环境参数诸如瓦斯、风速、氧气、一氧化碳、温湿度和设备开停状态等进行连续监测,具有多通道,多制式的信号采集功能,并根据通信协议上传各种环境参数到达地面中心站,能够实现地面中心站对分站发出报警和断电控制功能。

图 5-1 给出了简化的矿井监控系统图,从图中可以看出在整个监控系统中,井下监控分站的作用是非常重要的,它既是整个系统的核心,负责采集并处理煤矿井下环境参数和设备的工况信息,并实时地对设备进行远程控制,同时也是传输系统的关键设备,数据都要通过它发送至与地面中心站。

整个矿井安全监测监控系统能否顺利实现取决于井下监控分站能否正常地工作。一般来说,监控分站应具备以下基本功能。

1. 数据采集及显示功能

(1)分站应具有模拟量信号(甲烷、风速、风压、一氧化碳、温度等)采集与显示功能,模拟量输入信号应优选数字信号和频率型模拟信号。井下监控分站采集的频率输出型传感器的频率信号范围为 200 HZ~1 000 HZ,按照要求在整个频率范围内,正负脉冲宽度不小于 0.3 ms,高电平电压不小于 3.0 V,低电平电压不大于 0.5 V。

(2)分站应具有开关量采集功能。安全监控分站应具有馈电状态、风筒开关、风门开关、烟雾等开关量采集及显示功能。

(3)分站应具有累计量采集功能。分站具有瓦斯抽放等累计量的采集功能,累计量的计

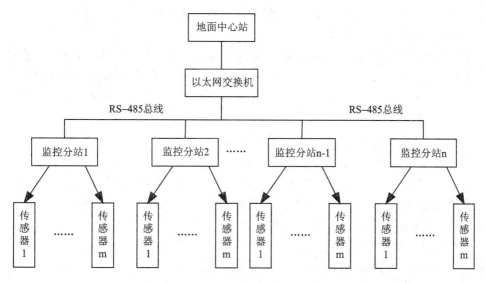

图 5-1　井下监控系统简化框图

算与显示由地面主机完成。

2. 对设备的控制功能

分站应具有控制(含断电和声光报警,声光报警可由传感器或声光报警器完成)功能,主要包括两个方面:

(1)甲烷浓度超限声光报警和断电/复电控制功能

甲烷浓度达到或超过报警浓度时,声光报警(声光报警可由传感器或声光报警器完成),甲烷浓度达到或超过断电浓度时,切断被控设备电源并闭锁,甲烷浓度低于复电浓度时,自动解锁;与闭锁控制有关的设备未投入正常运行或故障时,应切断该设备所监控区域的全部非本质安全型电气设备的电源并闭锁;当与闭锁控制有关的设备工作正常并稳定运行后,自动解锁。

(2)甲烷风电闭锁功能

掘进工作面甲烷浓度达到或超过 $1.0\%CH_4$ 时,声光报警;掘进工作面甲烷浓度达到或超过 $1.5\%CH_4$ 时,切断掘进巷道内全部非本质安全型电气设备的电源并闭锁;当掘进工作面甲烷浓度低于 $1.0\%CH_4$ 时,自动解锁。掘进工作面回风流中的甲烷浓度达到或超过 $1.0\%CH_4$ 时,声光报警,同时切断掘进巷道内全部非本质安全型电气设备的电源并闭锁;当掘进工作面回风流中的甲烷浓度低于 $1.0\%CH_4$ 时,自动解锁。被串掘进工作面入风流中甲烷浓度达到或超过 $0.5\%CH_4$ 时,声光报警,同时切断被串掘进巷道内全部非本质安全型电气设备的电源并闭锁;当被串掘进工作面入风流中甲烷浓度低于 $0.5\%CH_4$ 时,自动解锁。局部通风机停止运转或风筒风量低于规定值时,声光报警,同时切断供风区域的全部非本质安全型电气设备的电源并闭锁;当局部通风机或风筒恢复正常工作时,自动解锁。局部通风机停止运转,掘进工作面或回风流中甲烷浓度大于 $3.0\%CH_4$ 时,应对局部通风机进行闭锁使之不能起动,只有通过密码操作软件或使用专用工具方可人工解锁;当掘进工作面或回风流中甲烷浓度低于 $1.5\%CH_4$ 时,自动解锁。与闭锁控制有关的设备(含分站、电源、甲烷传感器、设备开停传感器、断电控制器等)故障或断电时,切断该设备所监控区域的全部非本质安全型电气设备的电源并闭锁。与闭锁控制有关的设备接通电源 1min 内,应继续闭锁该设备所监控区域的全部非本质安全型电气设备的电源。当与闭锁控制有关的设备工作正常并稳定运行后,自动解锁。严禁对局部通风机进行故障闭锁控制。

注:为防止安全监控设备发生故障时,无法实现甲烷超限断电等功能,安全监控设备必须具有故障闭锁功能;当与闭锁控制有关的设备未投入正常运行或故障时,必须切断该设备所监控区域的全部非本质安全型电气设备的电源并闭锁;当与闭锁控制有关的设备工作正常并稳定运行后,自动解锁。

甲烷超限声光报警和断电、掘进工作面停风后断电是矿井安全监控系统的最根本功能。因此,矿井安全监控系统必须具备甲烷断电仪和甲烷风电闭锁装置的全部功能。煤矿井下电缆断缆发生的概率比一般工业场合高得多,为避免断缆后监控系统失效,无法实现甲烷超限声光报警、断电和停风断电,甲烷断电仪和甲烷风电闭锁装置的全部功能必须由现场设备完成,当主机和系统发生故障时,系统必须保证甲烷断电仪和甲烷风电闭锁装置的全部功能。

3. 参数设置及信号指示功能

(1) 分站应具有与传输接口双向通信及工作状态指示功能。

(2) 分站应具有自诊断和故障指示功能。

(3) 分站应具有初始化参数设置和掉电保护功能。初始化参数可通过主站或编程器输入和修改(如传感器配接通道号、量程、断电点、报警上限和报警下限等)。

4. 断电保护功能

分站应具有备用电源或外接备用电源。当电网停电后,应能对甲烷、风速、风压、一氧化碳、局部通风机开停、风筒状态等主要监控量继续监控。

5. 防爆功能

用于爆炸性环境的分站应是防爆型,其输入输出信号应满足下列要求:外接断电控制器的分站的输入、输出信号应是本质安全的;内置断电控制器的分站,除控制隔爆开关的断电信号外,其他输入输出信号应是本质安全的。

5.1.2 监控分站的分类与技术指标

1. 监控分站的分类

监控分站主要按复用方式、调制方式、同步方式、工作方式、供电电源、断电等多种方式分类。如图 5-2 所示。

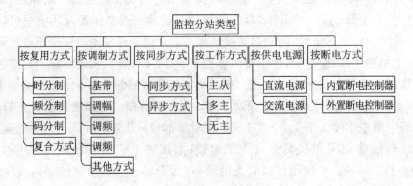

图 5-2 监控分站分类

　　按复用方式可分为:频分制、时分制、码分制和复合复用(同时采用频分制、时分制、码分制中两种或两种以上)四种方式;按调制方式可分为基带、调幅、调频、调相和其它方式;按同步方式可分为同步和异步两种方式;按工作方式可分为主从式、多主式和无主式三种;按供电电源可分为直流电源和交流电源两种方式;按断电方式可分为内置断电控制器和外接断电控制器两种方式。

　　2. 主要技术指标

　　(1) 模拟量

　　1) 数字信号应符合《煤矿用信息传输装置》(MT/T899)等有关规定。

　　2) 频率型信号应符合下列要求:

　　① 频率范围:200~1 000 Hz;

　　② 在整个频率范围内其正脉冲和负脉冲宽度均不得小于 0.3 ms;

　　③ 有源输出高电平电压应不小于 3.0 V(输出电流为 2 mA 时),有源输出低电平电压应不大于 0.5 V(输出电流为 2 mA 时);

　　④ 无源输出截止状态的漏电阻应不小于 100 kΩ,无源输出导通状态的电压降应不大于 0.5 V(电流为 2 mA 时)。

　　3) 电流型信号范围:1~5 mA 或 4~20 mA。

　　(2) 开关量

　　1) 数字信号应符合《煤矿用信息传输装置》(MT/T899)等有关规定。

　　2) 采用双电平和无源输出的开关量信号应符合下列要求:

　　① 有源输出高电平电压应不小于 3.0 V(输出电流为 2 mA 时),有源输出低电平电压应不大于 0.5 V(输出电流为 2 mA 时);

　　② 无源输出截止状态的漏电阻应不小于 100 kΩ,无源输出导通状态的电压降应不大于 0.5 V(电流为 2 mA 时)。

　　(3) 信号输入输出处理误差

　　模拟量输入与输出处理误差应不大于 0.5%,累计量输入处理误差应不大于 0.5%。

　　(4) 系统信号传输

　　1) 分站与传输接口以及分站与分站之间进行信号传输时,应符合《煤矿用信息传输装置》(MT/T899)的有关规定。

　　2) 传感器及执行器至分站之间的最大传输距离应不小于 2 km;分站至传输接口、分站至分站之间的最大传输距离应不小于 10 km。

　　(5) 信号控制及调节执行时间

　　1) 控制执行时间:控制执行时间应满足有关要求。安全监控分站甲烷超限断电及甲烷风电闭锁的控制执行时间应不大于 2 s。

　　2) 调节执行时间:调节执行时间应满足有关要求。

　　(6) 外接信号容量

　　分站所能接入传感器、执行器的数量宜在 2、4、8、16、32、64、128 中选取。

　　(7) 分站供电要求

　　1) 电网停电后,备用电源连续工作时间应不小于 2h。

　　2) 供电电源:交流供电电源额定电压一般为 36 V/127 V/220 V/380 V/660 V/1 140 V,

电压波动范围:75%～110%;直流供电电源电压范围一般为9～24 V,周期与随机偏移应符合相关标准的规定。

(8) 可靠性

分站的平均无故障时间应不小于1 000 h。

5.2　监控分站设计

5.2.1　监控分站组成

监控分站是由本质安全型分站箱和隔爆兼本质安全型电源箱两部分组合而成。凡是非本安器件都安装在隔爆箱内,如电源变压器、稳压电源板、断电控制用的继电器、备用电池组以及供给传感器直流工作电源的稳压板等。

本质安全型分站箱内安装微处理器及其接口电路,它们的工作电源来自隔爆兼本质安全型电源箱内的本安型稳压直流电源。

备用电池是为防备交流电源突然停电时,维持井下分站及其供电的传感器继续正常工作而设置的,其容量足以保持分站在满负荷下工作2小时。

本质安全型监控分站主要由微处理器、存储器、显示输入模块、数据采集模块等组成。首先本安型传感器将煤矿井下空气中的甲烷和一氧化碳等各种气体的浓度信号转化为微处理器能直接接收的信号模式,通过各类传感器传输给微处理器。微处理器对这些数据进行分析和处理,继而实现对系统外围主要设备的控制,与监控中心进行通信。当被测数据有异常达到之前设置的报警值时,就启动报警电路,发出声光报警,便于值班人员立即采取应对措施。系统设计了复位电路,当系统出现故障时复位电路就会启动,系统自动恢复运行。监控分站的基本组成框图如图5-3所示。

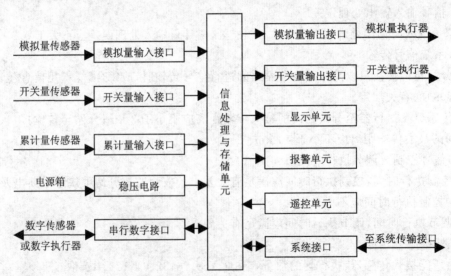

图5-3　监控分站组成框图

模拟量输入接口将甲烷等模拟量传感器输出的频率型(或电流型、电压型)模拟信号转换为数字信号送至信息处理与存储单元,并具有本质安全防爆隔离、抗电磁干扰等功能。模拟量输入接口通常由用于本质安全防爆隔离和抗干扰隔离的光电耦合器、频率/数字(F/D)转换器和滤波器等器件组成。若模拟量输入为电流型或电压型,除具有上述电路外,还具有电压/频率(V/F)或电流/频率(I/F)转换器;当然,也可以采用光电隔离的模/数(A/D)转换器。部分分站的模拟量输入口也可用作开关量输入。

开关量输入接口通常由用于本质安全防爆隔离和抗干扰隔离的光电耦合器和滤波器等电路组成,将设备开停等开关量传感器输出的开关量信号经隔离后送至信息处理与存储单元。

累计量输入接口将煤炭产量计量装置等累计量传感器输出的信号转换为数字信号送至信息处理与存储单元。累计量输入接口的功能可以由模拟量输入接口或开关量输入接口完成,因此,部分分站不专设累计量输入接口。

模拟量输出接口一般由光电耦合器、数/模(D/A)转换器、滤波器等电路组成,将信息处理与存储单元的数字信号转换为模拟量信号,并具有本质安全防爆隔离和抗干扰等功能。

开关量输出接口一般由光电耦合器等电路组成,将信息处理与存储单元的数字信号转换为开关量信号输出至断电控制器等执行器,并具有本质安全防爆隔离和抗干扰隔离功能。部分分站的开关量输出接口可用作频率型模拟量输出接口。

串行数字接口由光电耦合器、滤波器、放大器等电路组成,将数字式传感器输出的串行数字信号隔离后送至信息处理与存储单元,将信号处理与存储单元输出的串行数字信号隔离放大后送至数字式执行器。

系统传输接口由光电耦合器、滤波器、放大器等电路组成,接收系统传输接口输出的串行数字信号隔离后送至信息处理与存储单元,将信息处理与存储单元输出的串行数字信号隔离放大后送至系统传输接口。

显示单元由显示电路及其驱动电路等组成,用于分站电源指示、通信指示、故障指示、光报警、模拟量和开关量显示等。

报警单元由光报警和声报警两部分组成。声光报警可以外接声光报警器,也可以由显示单元完成光报警功能。

信息处理与存储单元一般由单片机及其外围电路组成,完成多路信号复用传输、信号输入/输出、数据处理和执行器控制等功能。

遥控单元由遥控接收电路组成。用于传感器配接通道号、类型、量程、断电点、报警上限和报警下限以及分站的其他功能参数设置等。

稳压电路将隔爆兼本质安全型直流电源远距离供给的非稳定直流电源稳定为可供分站使用的直流稳压电源。稳压电路一般采用 7805 等稳压块,可采用 DC/DC 等直流变换电路。

5.2.2　数据采集

1. 模拟量输入通道

模拟量传感器的输出标准制式有:电压型 0~1 V、0~5 V;电流型 1~5 mA、4~20 mA;频率型 5~15 Hz、200~1 000 Hz 等。其中,频率型以脉冲形式表示,这是因为在传感器的输出电路中设置了电压-频率变换器(V/F 变换),因此,只需进行脉冲计数,再乘以变换系数即可测量,不需进行 A/D 变换。

(1)电压型或电流型制式传感器输入接口

在安全监控系统中,监控分站测量的传感器往往是几路或十几路,对这些模拟量的采集需要经过 A/D 转换器把它变成二进制,然后再输入到单片机处理。A/D 转换器每次只能处理一个模拟量,输入量多时,若采用一个公共的 A/D 电路,就需要利用多路开关,以达到分时的目的。

图 5-4 是模拟量输入通道结构图,主要由输入接口电路、多路采样开关、数据放大器、采样保持器、A/D 转换器等组成。多路采样开关的作用是对 n 路输入的模拟量进行 n 选 1 操作,即利用多路开关将 n 路输入信号依次(或根据需要)切换,实现对模拟量的采样。

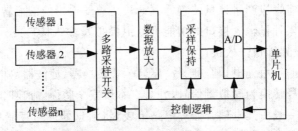

图 5-4 模拟量输入通道结构图

由于传感器感应头输出的模拟信号多为毫伏级的弱信号,该信号一般不能满足 A/D 转换器输入信号的要求,需要在输入 A/D 转换器之前采用数据放大电路将输入的信号放大为适合 A/D 转换的信号。

采样保持器是一种用逻辑电平控制其工作状态的器件,是计算机系统模拟量输入通道中的一种模拟量存储装置。它是连接采样器和模数转换器转换器的中间环节。采样保持器把采样器在固定时间点上取出被处理信号的值放大后存储起来,保持一段时间,以供模数转换器转换,直到下一个采样时间再取出一个模拟信号值来代替原来的值。具体来说采样保持其有两个主要功能:"稳定"快速变化的输入信号,以减少转换误差;用来储存模拟多路开关输出的模拟信号,以便模拟多路开关切换下一个模拟信号。因此,在监控分站设计中,A/D 转换期间,采样保持器一方面用于存储模拟开关输出的模拟信号,另一方面如果信号发生变化,则会引起转换误差,所以加采样保持器进行信号保持。

A/D 转换器是对采样信号进行量化的器件。以上器件都是在 CPU 的统一指挥下协调工作的。

模拟开关理想情况下,开关接通时导通电阻等于零,无附加残余电动势,能不失真地传输模拟信号;开关断开时电阻等于无穷大,无泄漏电流,使各路信号源相互之间以及与数据采集装置之间完全隔离,但实际上并不能彻底实现这一要求。

矿井监控系统采集的模拟量参数大多变化缓慢,又由于矿井环境的干扰源很强,A/D 转换器多选用积分型,有的采用逐次逼近型。为提高抗干扰能力,可采取滤波电路或者软件滤波(又称数字滤波)措施予以解决。

(2)频率型制式传感器数据输入接口

频率信号具有抗干扰性强、易于传输、测量精度高等特点,已广泛应用于长距离传输的测控系统中。在低速测量中,人们经常将传感器的输出信号转化为频率量进行测量。因此,测频方法的研究已倍受人们的重视。由于单片机内部含有稳定度较高的标准频率源、定时/计数器等硬件,能方便地对外部信号或标准频率信号进行计数,并且可以进行计数的逻辑控制以及数据存储运算等,使得基于单片机的频率测量系统得到了广泛的应用。

用单片机测量频率有测频率法和测周期法两种方法。测量频率主要是在单位时间里对被测信号脉冲进行计数;测量周期则是在被测信号一个周期时间里对某一基准时钟脉冲进行计数。测频法适于高频信号的测量,测周法适于较低频信号测量。

测频率法又可分为软件计数法和硬件计数法。软件计数法是一种通过软件方法直接对单片机 I/O 口计数的方法,通过程序设计对 I/O 口接入的脉冲信号进行计数,然后按照算法进行数据处理,即可得到被测信号的频率值,软件计数法测量频率适合于低频率,要求实时的增量型频率计量场合。

硬件计数法实质上是通过单片机控制扩展的外围硬件计数单元独立计数,使用若干外围扩展计数芯片(如 8253、8254、8155、8255)作为计数单元,在单片机的控制下,同时对各路被测频率信号进行计数,然后再将计数结果送单片机进行处理,得到被测信号的频率值。使用多路硬件计数法时,既可测量高频信号,又可测量低频信号,同时不过分占用 I/O 口及内部软件资源,尽管其电路较复杂,且造价较高。但仍作为一种比较通用的多路频率测量方法得到了广泛的应用。

为防止将带有高压信号或大电流信号的线缆接到电路的输入端,对后面的电路产生毁灭性的破坏,在电路的入口处增加了保护电路,如图 5-5 所示。即在信号的输入端串接一个具有一定熔断电流的保险丝,并接一个稳压二极管。保险丝的熔断电流和稳压二极管的稳压值可根据实际信号最大可能电流值和电压值确定。R_2 和 C_1 组成无源低通滤波网络,接至集成运算放大电路的同相输入端,组成低通滤波电路。另外,对于低通有源滤波电路,可以通过改变电阻 R_4 和 R_3 的阻值来调节通带电压的放大倍数。低通滤波电路的输出端接至电压跟随器的反相输入端。由于电压跟随器输入阻抗很高,输出阻抗却很低,因此,其带负载能力很强。另外,电压跟随器能把滤波电路和负载很好的隔离。

除了因为这两个优点而在低通滤波电路后端增加电压跟随电路之外,还有一个目的,就是可以通过调节电位器 W_1 的值,限制经过滤波电路之后信号的幅值,从而,也能达到限制信号频率的目的。实验发现,频率越高的信号经过低通滤波之后其信号失真的越严重,因此,电压跟随电路的加入就为滤波电路增加了一层保护,使得出现大数的机会更少了。图 5-5 中,光电耦合器一方面起到隔离作用,即把输入信号和数据采集的智能单元隔离;另一方面起到信号电平提升作用,信号经过数据采集电路的滤波处理后,必然会有衰减,如果直接输出到数字电

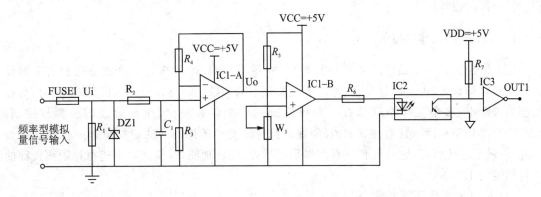

图 5-5　频率型模拟量数据采集电路原理图

路接口,由于逻辑电平不可靠,仍然会产生错误的数据,经光电耦合器对信号的高电平提升之后,能够满足数字电路对逻辑电平的要求,再经过反向器的整形和驱动能力的增强,最终输出到数据采集的智能单元。

2. 开关量输入通道

开关量采集电路主要由光电耦合器、整形电路等构成,其工作原理框图如图 5-6 所示。开关量输入信号经过光电耦合开入电路直接与开停状态检测传感器相接,将接收到的电流信号或触点信号,经光电隔离、整形转换成标准的TTL 电平信号。开停状态信息经数据总线送单片机处理。

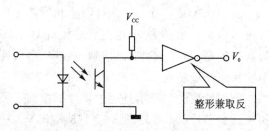

图 5-6 开关量采集电路原理图

开关量的采集是通过接口电路的位测量操作来实现的,每个开关量输入对应一位数据线,单片机扫描位状态是否发生了变化,判断各路被测开关的"合"、"分"状况或设备开停状态。当被检测的开关量多于 8 路时,可在输入接口电路设置多路转换开关进行扩展。

输入接口电路的光电耦合器是为了防止开关量传感器对分站计算机带来干扰,在电路上将它们隔离开。采用光电隔离技术是开关量输入(同样适用于开关量输出)电路中最有效、最常用的抗干扰措施。它能将输入信号与输出信号连同电源和地线在电气上完全隔离,因此抗干扰能力强。光电耦合器寿命长,可靠性高,与继电器有触点式隔离器件相比,响应速度快,易与逻辑电路配合使用。

监测设备开停状态,可利用它的控制开关辅助接点获取信息,这是一种最简便的办法;也可采用专门的开停传感器发送信息。使用这种传感器时,把它卡在供电电线(橡套)上,依据三相电缆外皮处合成磁场不为零的特点,利用霍耳元件检测此漏磁。当设备处于运转状态且负载电流足够大时,传感器输出 5mA 电流;设备停止时,传感器输出 0mA 或 1mA 电流。

5.3 KJF20 型监控工作站

在上述介绍的基础上,本节主要以 KJ93 矿井监控系统配套监控分站 KJF20 为例,详细介绍监控分站的设计。

5.3.1 KJF20 型工作站概述

KJF20 型监控分站适用于具有爆炸性气体(甲烷)和煤尘的矿井。将该分站和关联的设备有序的联结起来,可对矿井安全、生产等重要环节的参数进行连续检测,在甲烷超限时,可控制断电仪断电,多个工作站联结在一起可完成对整个矿井安全、生产参数的检测与控制。KJF20 型工作站可接入目前存在的、经防爆检验符合安全条件的各式模拟量频率传感器和设备开/停量电流传感器,它是一种具有数据采集功能、控制功能,并能将数据进行远距离传输的多功能通用工作站。

(1) KJF20 工作环境要求:

① 大气压在 86~106 kPa 之间。

② 周围空气温度不高于＋40℃,不低于－5℃。

③ 25℃时,空气相对湿度不超过(95±3)％。

④ 具有爆炸性气体(甲烷)及煤尘的矿井中。

⑤ 能防止水滴或液体侵入的地方。

⑥ 无强烈震动和冲击的地方。

⑦ 无破坏金属及绝缘材料的腐蚀性气体的环境。

⑧ 电压波动范围:75％～125％。

(2) 型号及参数:

① 型号:KJF20,各部分的说明如下,

② 基本参数:工作电压 12～18 VDC;工作电流≤200 mA。

(3) 数据采集容量:

① 模拟输入量:4 路。

② 开关输入量:8 路。

③ 开关输出控制量:6 路。

(4) 与上级主站传输(通过 KJJ26 信息传输接口):

① 制式:RS485 方式传输,半双工。

② 传输速率:1200 bit/s。

③ 最大传输距离:≥10 km(传输电缆 PUYVR39)。

④ 传输线芯数:2 芯。

(5) 输入输出信号:

① 模拟量输入信号:200～1 000 Hz 频率信号,脉宽大于 0.3 ms,幅度不小于 3 V。

② 开关量输入信号:开入状态与电流信号关系见表 5－1。

表 5－1　开入状态与电流信号关系

状态	电流(mA)
开	5±1
关	1.0

③ 开关量输出信号:高电平空载时不低于 8 V,负载拉出电流 2 mA 时不低于 3 V;低电平不大于 0.7 V。

(6) 传感器到工作站距离:＞2 km。

(7) 工作站到断电控制器距离:＞2 km。

(8) 转换误差:模拟量满量程的 1％(不包括传感器的测量误差)。

(9) 防爆型式:矿用本质安全型 ibI(150℃)。

(10) 外形尺寸:310×210×100 mm。

(11) 重量约:4 kg。

(12) 工作站主要功能:

KJF20 型工作站主要具有如下功能:工作站为长期工作制,具有数据采集功能,工作站具有本机初始化和发送、接收指示功能,能接收并贮存上一级计算机的命令,按上一级计算机的命令发出开关量控制信号,具有遥控输入功能,具有数码显示功能,具有控制输出断电信号功能,具有甲烷风电闭功能。

5.3.2　KJF20 型工作站设计

1. 组　成

KJF20 型工作站属于本质安全型,本身不带电源,使用时必须配接经联检的隔爆兼本安型电源箱。电源箱有三组电源:一组+12 V/500 mA;两组+18 V/500 mA。在工作站板上,一组为工作站和开关量提供电源,一组为断电控制器提供电源,一组为 4 个模拟量提供电源。4 个模拟量总耗电流不得大于 500 mA,6 个断电控制器总耗电流不得大于 500 mA,使用时尽可能选低功耗传感器。

KJF20 型工作站有 4 个模拟量端口,8 个开关输入量端口,6 个开出控制量端口。模拟量端口可接入各种经过配套联检厂家生产的输出信号为频率型的模拟量传感器,开入量端口可接入各种电流型设备开/停传感器。

工作站采用 MCS-51 系列单片机 AT 89C51 作为信号处理单元,工作站全部采用低功耗CMOS集成电路芯片,正常工作电流不大于 200 mA,工作站板四周装配有工程塑料接线端子,各端子均标有电源+、电源-、信号+、信号-等字样,控制量输出为 5 V/0~5 mA 信号,6 个控制量与 4 个模拟量信号,分别配接断电控制器以实现断电或组合起来实现风、电、瓦斯闭锁。

工作站主板上装有拨码开关,用于工作站地址编码及工作站方式选择,设有两个通讯指示发光二极管,用于指示通讯是否工作正常。工作站使用时,无须进行零点调整。

分站显示窗口分别采用数码管和发光二极管指示,模拟量数据采用 5 位数码管指示,第 1 位数码指示端口号,第 2 位数码指示参数类型(C 代表瓦斯、F 代表风速、P 代表负压、C 代表温度、O 代表 CO 等传感器类型),第 3、4、5 位指示模拟量实测值(红色显示);数码管的上部横排8 个绿发光管指示 8 个开关量输入信号状态;数码管的下部横排 6 个红色发光管指示 6 路断电控制状态。显示窗口如图 5-7 所示。

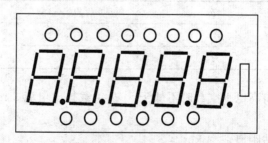

图 5-7　KJF20 型工作站显示窗口

工作站设计有看门狗电路,抗电源波动性极强,不会出现死机现象。

在瓦斯超限时,工作站自动输出信号使断电控制器闭锁断电,瓦斯降低到解锁值以下时,断电控制器自动解锁,无须人工复位。

2. KJF20 详细设计

KJF20 型工作站主要有 AT89C51 单片机,81C55、82C53 接口芯片以及所属的外围电路组成,其设计原理框图如图 5-8 所示,各器件的功能如下。

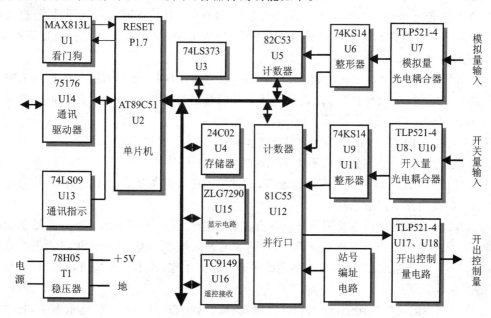

图 5-8　KJF20 矿用本安型监控工作站原理框图

U1:MAX813L,构成看门狗自动复位电路。

U2:AT89C51 单片机,信号处理单元,兼有串行通信和定时功能。

U3:74LS373 锁存器,用于区分数据/地址信号。

U4:AT24C02 电可擦写可编程只读存储器,用于存放工作站的配置参数。

U5:82C53 具有 3 个计数通道的计数器,这里用作模拟量计数器单元。

U6、U9、U11:74LS14 施密特电路,用于对光耦合过来的频率信号和开关量输入信号进行整形。

U7、U8、U10:TLP521－4 光电耦合器件,使传感器信号和工作站没有电的联系。

U12:81C55 芯片,该芯片有 3 个并行口和一个计数/定时器口,这里 A 口和 8 位地址开关构成工作站地址编码电路,B 口用于 8 路开入量信号,C 口用于 6 路开出控制量信号。

U13:74LS09 与门电路用作通信指示驱动器件,使 D1、D2 发光,以指示通信工作状态。

U14:75176 芯片用作长线通信驱动器件,该芯片为双差分工作方式,完成远距离通信功能。

U15:ZLG7290 数码管显示驱动芯片,能够直接驱动 8 位共阴式数码管(或 64 只独立的 LED),采用 I^2C 总线方式。

U16:TC9149 遥控接收芯片与红外线一体化接收器 HS0038 等相关器件构成遥控电路。

T1:78H05(或 LM323)组件,三端稳压器,将电源箱来的电源电压变成工作站各芯片所需的工作电压。

0~5 mA 开出控制量信号由 U17、U18 光电耦合器件及发光二极管和相关电路构成。

工作站由矿用隔爆兼本安型电源箱供电,并同时向传感器和断电控制器供电,上电后即可进入工作状态。外输入信号即传感器信号,经光电耦合后整形,进入各有关芯片。

四路模拟量信号经 U7 光电耦合(TLP521-4)进入 U6(74LS14)进行整形后,其中三路频率信号进入 U5(82C53),另一路频率信号进入 U12(81C55)的计数器口。八路开关量信号经 U8、U10 两个光电耦合(TLP521-4)后进入 U9、U11(74LS14)整形,整形后的信号进入 U12(81C55)的 B 口。工作站地址电信号由 5V 电源经 RW1、RW2 组成的八路分压器而产生,并经 8 位地址开关进入 81C55 芯片的 A 口。

U2(AT89C51)单片机的定时器 T0 设计成定时方式,时间为 1 秒,即:每 1 秒的末时刻对 U5 计数器(82C53)、U12(81C55)计数器所计脉冲信号进行采样,1 秒内计的脉冲个数对应着相应的模拟量频率值。

U12(81C55)的 C 口,由 U17、U18 光耦及相关电路构成输出控制信号,5~12 V/0~5 mA。这个控制信号在传输线截面积为 1 mm^2 的条件下可达 2 km。

U12(81C55)的 A 口为本工作站地址口,通过拨动地址开关来确定本站编码;B 口为开入量输入口;C 口为开出控制量口。

U2(AT89C51)单片机主要用于协调各有关接口进行有顺序的工作。当有主站发送呼叫信号时,工作站进入工作站编码服务程序,收到的编码如与本站编码一致,则将采得的数据经 U14(75176)发送到主站,否则本工作站继续进行有序的工作,即不断地采集数据,比较数据发出控制信号等工作。

工作站与主监控机的通信,经 U14(75176)完成,其状态可从 D1、D2 显示出来,其中一个指示上行信号 D1,另一个指示下行信号 D2。

模拟量传感器必须是频率信号,其频率范围在 200~1 000 Hz,电流脉幅 0~5 mA,工作电压范围+12~18 V。

开关量信号必须是 1~5 mA 的电流信号,工作电压范围+12~18 V。

3. 遥控器操作

KJF20 工作站实现了遥控器操作功能,可方便通过遥控器实现端口参数设定、控制口的断电点复电点设定等功能。

(1)端口参数设定

按压"功能"键,分站显示"1_1CH"时,进入"端口 1 的参数类型设定",通过"加"、"减"键选择需要的参数类型。按"确定"键后,参数存储并立即作用。当连续按压"功能"键,分站继续显示"2_1CH",进入"端口 2 的参数类型设定",其余类推,操作方法相同。

(2)控制口的断电点复电点设定

当连续按压"功能"键,分站显示"5__"时,进入"控制口 1 的断电点复电点设定",通过"加"、"减"键选择需要的控制,按"确定"键后,参数存储并立即作用。当连续按压"功能"键,分站显示"6__"时,进入"控制口 2 的断电点复电点设定",其余类推,操作方法相同。

5.3.3 甲烷风电闭锁

KJF20 工作站实现了甲烷风电闭锁功能。

1. 甲烷风电闭锁条件

(1)掘进工作面甲烷浓度达到或超过 1.0%CH$_4$ 时,声光报警;掘进工作面甲烷浓度达到或超过 1.5%CH$_4$ 时,切断掘进巷道内全部非本质安全型电气设备的电源并闭锁;当掘进工作

面甲烷浓度低于 1.0%CH₄ 时,自动解锁;

(2) 掘进工作面回风流中的甲烷浓度达到或超过 1.0%CH₄ 时,声光报警,同时切断掘进巷道内全部非本质安全型电气设备的电源并闭锁;当掘进工作面回风流中的甲烷浓度低于 1.0%CH₄ 时,自动解锁;

(3) 被串掘进工作面入风流中甲烷浓度达到或超过 0.5%CH₄ 时,声光报警,同时切断被串掘进巷道内全部非本质安全型电气设备的电源并闭锁;当被串掘进工作面入风流中甲烷浓度低于 0.5%CH₄ 时,自动解锁;

(4) 局部通风机停止运转或风筒风量低于规定值时,声光报警,同时切断供风区域的全部非本质安全型电气设备的电源并闭锁;当局部通风机或风筒恢复正常工作时,自动解锁;

(5) 局部通风机停止运转,掘进工作面或回风流中甲烷浓度大于 3.0%CH₄ 时,应对局部通风机进行闭锁使之不能起动,只有通过密码操作软件或使用专用工具方可人工解锁;当掘进工作面或回风流中甲烷浓度低于 1.5%CH₄ 时,自动解锁;

(6) 与闭锁控制有关的设备(含分站、电源、甲烷传感器、设备开停传感器、断电控制器等)故障或断电时,切断该设备所监控区域的全部非本质安全型电气设备的电源并闭锁。与闭锁控制有关的设备接通电源 1min 内,应继续闭锁该设备所监控区域的全部非本质安全型电气设备的电源。当与闭锁控制有关的设备工作正常并稳定运行后,自动解锁。严禁对局部通风机进行故障闭锁控制。

KJF20 型工作站的站点编址拨码开关的 7、8 位置成"01",此时工作站工作于甲烷风电闭锁状态。

根据甲烷风电闭锁条件的要求,将工作站的 3 路模拟量和 2 路开关量,作甲烷风电闭锁检测的输入,将工作站的其中 5 路开关控制量输出作甲烷风电闭锁控制,具体配置如下:

模拟量端口 2:配接掘进工作面甲烷传感器;

模拟量端口 3:配接掘进工作面回风流甲烷传感器;

模拟量端口 4:配接被串掘进工作面入风流中甲烷传感器;

开关量端口 1:配接风机开/停传感器,用于监测局部通风机开/停状态;

开关量端口 2:配接风筒风量传感器;

控制量端口 2:配接控制掘进工作面内全部非本质安全型电气设备电源的断电控制器;

控制量端口 3:配接控制掘进回风流内全部非本质安全型电气设备电源的断电控制器;

控制量端口 4:配接控制被串掘进巷道内全部非本质安全型电气设备电源的断电控制器;

控制量端口 5:配接控制声、光报警器;

控制量端口 6:配接控制局部通风机电源的断电控制器。

2. 工作站甲烷风电闭锁的工作流程

(1) 工作站上电 1min 内,断电控制量口第 2、3、4、5 路分别输出断电信号(低电平),切断所有被控设备的动力电源并闭锁,同时,声、光报警。

(2) 工作站上电 1min 后,若工作面甲烷浓度低于 1.5%、回风流甲烷浓度低于 1.0%、串联通风工作面入风流甲烷浓度低于 0.5%,且局部通风机风筒的风量开关大于规定值(局部通风机开时),工作站的第 2、3、4、5 路控制量输出撤除断电信号(高电平),解锁被控设备的动力电源,并禁止声、光报警。

(3) 工作站上电 1min 后,掘进工作面甲烷浓度达到或超过 1.0%时,声光报警,而回风流甲烷浓度低于1.0%,串联通风工作面入风流甲烷浓度低于0.5%,且局部通风机风筒的风量开关大于规定值(局部通风机开时),工作站的第5路控制量输出为低电平信号,声、光报警。工作面甲烷浓度低于1.0%,工作站的第5路控制量输出为高电平信号,禁止声、光报警。

(4) 工作站上电1min后,掘进工作面甲烷浓度高于1.5%,或工作面甲烷传感器故障或断电时,而回风流甲烷浓度低于1.0%,串联通风工作面入风流甲烷浓度低于0.5%,且局部通风机风筒的风量开关大于规定值(局部通风机开时),第2、3、5路控制量输出断电信号(低电平)、第4路控制量输出为高电平,并声、光报警,同时切断工作面被控设备、回风流被控设备的动力电源并闭锁。工作面甲烷浓度低于1.0%,工作站的第2、3、5路控制量输出撤除断电信号(高电平),对工作面被控设备、回风流被控设备的动力电源解锁,并禁止声、光报警。

(5) 工作站上电1min后,工作面甲烷浓度低于1.5%,回风流甲烷浓度高于1.0%、或回风流甲烷传感器故障或断电时,串联通风工作面入风流甲烷浓度低于0.5%,且局部通风机风筒的风量开关大于规定值(局部通风机开时),工作站的第2、3、5路控制量输出断电信号(低电平)、第4路控制量输出为高电平,同时切断工作面被控设备、回风流被控设备的动力电源并闭锁,并声、光报警。回风流甲烷浓度低于1.0%,工作站用于甲烷风电闭锁的第2、3、5路控制量输出撤除断电信号(高电平)、对工作面被控设备、回风流被控设备的动力电源解锁,并禁止声、光报警。

(6) 工作站上电1min后,工作面甲烷浓度低于1.5%,回风流甲烷浓度低于1.0%,串联通风工作面入风流甲烷浓度高于0.5%、或串联通风工作面入风流甲烷传感器故障或断电时,且局部通风机风筒的风量开关大于规定值(局部通风机开时),工作站的第4、5路控制量输出断电信号(低电平)、第2、3路控制量输出为高电平,切断串联通风工作面被控设备的动力电源并闭锁,并声、光报警。串联通风工作面入风流甲烷浓度低于0.5%,工作站的第4、5路控制量输出撤除断电信号(高电平),对串联通风工作面被控设备的动力电源解锁,并禁止声、光报警。

(7) 工作站上电1min后,工作面甲烷浓度低于1.5%,回风流甲烷浓度低于1.0%,串联通风工作面入风流甲烷浓度低于0.5%,局部通风机风筒的风量开关小于规定值(局部通风机开时),工作站的第2、3、4、5路控制量输出断电信号(低电平),切断工作面被控设备、回风流被控设备和串联通风工作面被控设备的动力电源并闭锁,并声、光报警。局部通风机风筒的风量开关大于规定值,工作站的第2、3、4、5路控制量输出撤除断电信号(高电平),对工作面被控设备、回风流被控设备和串联通风工作面被控设备的动力电源解锁,并禁止声、光报警。

(8) 工作站上电1min后,工作面甲烷浓度低于1.5%,回风流甲烷浓度低于1.0%,串联通风工作面入风流甲烷浓度低于0.5%,局部通风机停时,工作站的第2、3、4、5路控制量输出断电信号(低电平),切断工作面被控设备、回风流被控设备和串联通风工作面被控设备的动力电源并闭锁,并声、光报警。局部通风机恢复正常工作时,局部通风机风筒的风量开关大于规定值,工作站的第2、3、4、5路控制量输出撤除断电信号(高电平),对工作面被控设备、回风流被控设备和串联通风工作面被控设备的动力电源解锁,并禁止声、光报警。

(9) 工作站上电1min后,局部通风机停止运转,掘进工作面或回风流中甲烷浓度大于3.0%时,工作站的第6路控制量输出断电信号(高电平),对局部通风机进行闭锁使之不能起动,只有通过密码操作软件或使用专用工具方可人工解锁;当掘进工作面或回风流中甲烷浓度低于1.5%时,工作站的第6路控制量输出撤除断电信号(低电平),对局部通风机进行解锁。

5.4 无线监控分站设计

随着国家对煤矿企业安全生产要求的不断提高和企业自身发展的需要。我国煤矿企业开始重视基础设施建设,加大安全投入。矿井安全监控系统得到了普遍应用,大大提高了矿井安全生产水平和安全生产管理效率。然而,目前使用的监控系统在井下部分采用的是有线的信号传输方式,使得系统只能在固定的位置工作,移动性差,设备安装的局限性大,在很多方面都不能实现实时监控。以瓦斯监控为例,现有的监控系统很难对采空区、综采工作面等瓦斯气体大量聚集的区域实时监控。由于我国的矿井监测技术起点低、起步较晚,总体而言,我国的矿井监测系统现阶段需要解决如下方面的问题:

(1) 人员的具体身体状况无法检测,矿井安全主要体现在人员的健康状况,要确定井下人员的安全必须能将人员的身体状况监测到。

(2) 传感器不具备移动能力,且在节点少的情况下,一但出现节点失效,就会影响整个监测系统的性能。

(3) 由于使用有线通信方式,导致在遇到线路障碍,会产生数据的丢失,系统可靠性就会满足不了要求。

(4) 监控系统网络的可扩展性差。

(5) 由于井下信号差,导致无法及时获取井下人员的实时情况。

基于以上现状,建立符合要求的智能化可扩展监测系统是非常重要的,在矿井监测系统中引入新兴的无线传感器网络技术,实现对矿井环境的实时性、准确性监测,能够有效解决现代化矿井的上述问题,而基于无线传感网络矿井安全监控系统的建立,要求设计的矿井安全监控分站具有无线接口,能够与井下布放的无线传感器实现无缝连接。本节就主要讨论基于 Zigbee 技术进行无线监控分站的设计技术。

5.4.1 ZigBee 技术概述

ZigBee 主要应用在短距离并且数据传输速率不高的各种电子设备之间的数据通信,它是一个可由多到 65 000 个无线数传模块组成的一个无线数传感网络平台,每一个 ZigBee 网络数传模块类似移动网络的一个基站。在整个网络范围内,它们之间可以进行相互通信,每个网络节点间的距离可以从标准的 75 米,到扩展后的几百米,甚至几公里。另外,整个 ZigBee 网络还可以与现有的其它的各种网络连接。例如,你可以通过互联网在北京监控云南某地的一个 ZigBee 控制网络。

ZigBee 协议比蓝牙、高速率个人区域网或 802.11x 无线局域网更简单实用,它可以说是蓝牙的同族兄弟,使用 2.4 GHz 波段,采用跳频技术。与蓝牙相比,ZigBee 更简单、速率更慢、功率及费用也更低。ZigBee 的基本速率是 250 kb/s,当降低到 28 kb/s 时,传输范围可扩大到 134 m,并获得更高的可靠性。另外,ZigBee 可与 254 个节点联网,可以比蓝牙更好地支持游戏、消费电子、仪器和家庭自动化应用。人们期望能在工业监控、传感器网络、家庭监控、安全系统和玩具等领域拓展 ZigBee 的应用。

ZigBee 技术特点主要包括以下几个部分:

(1) 数据传输速率低,只有 10～250 kb/s,专注于低传输应用;

（2）功耗低，在低耗电待机模式下，两节普通 5 号干电池可使用 6 个月以上，这也是 Zig-Bee 的支持者所一直引以为豪的独特优势；

（3）成本低，因为 ZigBee 数据传输速率低，协议简单，所以大大降低了成本；

（4）网络容量大，每个 ZigBee 网络最多可支持 255 个设备，也就是说每个 ZigBee 设备可以与另外 254 台设备相连接；

（5）有效范围小，ZigBee 有效覆盖范围在 10～75 m 之间，具体依据实际发射功率的大小和各种不同的应用模式而定，基本上能够覆盖普通的家庭或办公室环境；

（6）工作频段灵活，使用的频段分别为 2.4 GHz、868 MHz(欧洲)及 915 MHz(美国)，均为免执照频段；

根据 ZigBee 联盟的设想，ZigBee 的目标市场主要有 PC 外设(鼠标、键盘、游戏操控杆)、消费类电子设备(TV、VCR、CD、VCD、DVD 等设备上的遥控装置)、家庭内智能控制(照明、煤气计量控制及报警等)、玩具(电子宠物)、医护(监视器和传感器)、工控(监视器、传感器和自动控制设备)等非常广阔的领域。

5.4.2 无线监控分站设计

无线监控分站在原有 KJF20 型工作站的基础上，加入无线收发模块，实现数据无线传输功能，实验平台搭建整体结构图，如图 5-9 所示。其中，簇首节点收集簇内成员节点的数据之后通过无线方式把数据发送给无线分站，无线分站通过有线线缆与监控中心相连，无线分站具有更充足的能量和处理能力，除负责数据的收集之外，还负责数据融合等进一步处理，并把最终结果发送给监控中心。

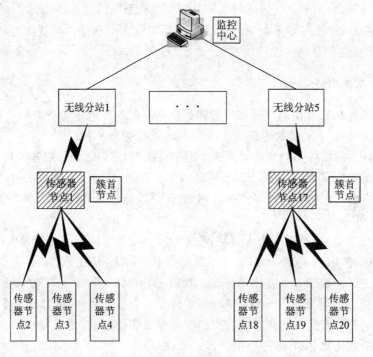

图 5-9 监控平台整体结构

1. 无线监控分站硬件设计

图 5 - 10 给出了无线监控分站的组成框图,其中主控 MCU、缓冲 RAM、数据采集控制 MCU、显示 MCU 均挂接到 IIC 总线上。分站与上位机监控中心之间采用 RS485 总线通信方式,分站与终端节点之间采用 ZigBee 无线传输通信方式。其基本原理是:通信主控 MCU 主要完成通信任务、控制采集 MCU 工作、控制显示 MCU 工作以及分站参数初始化任务,数据采集控制 MCU 主要完成数据采集、计算处理及控制输出任务,显示 MCU 主要完成显示站号、模拟量等信息的任务。

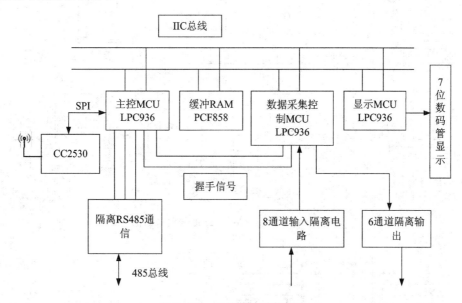

图 5 - 10　无线分站结构框图

无线分站与监控中心是通过有线线缆连接,能保证能量供应,而且分站采用多微处理器控制技术,设计使用 3 个 MCU 协调工作以实现分站功能,多微处理器控制技术不仅解决了通信、显示及采集输出之间的矛盾,还分离了通道数据转换的计算量,大大提高了数据计算与处理速度。

无线分站的无线收发功能采用 CC2530 作为核心芯片实现,图 5 - 11 为无线分站 CC2530 模块应用电路,其中 P1_2、P1_3、P1_4、P1_5 为连接 SPI 信号线的引脚,P1_3 的 SCK1 为时钟信号线,P1_4 的 MISO1 为输出引脚,P1_5 的 MOSI1 为输入引脚,RF_P 和 RF_N 连接的是无线模块电路,XOSC32M_MQ1、XOSC32M_MQ2 和 P2_4 连接的外部时钟晶振电路。图 5 - 12 为与 CC2530 连接的主控处理器电路图,图 5 - 11CC2530 的 P1_2、P1_3、P1_4、P1_5 引脚分别与图 5 - 12 无线分站处理器的 P2.4、P 2.5、P 2.2、P 2.3 连接。

2. 无线监控分站软件设计

(1) CC2503 模块数据采集处理流程

无线分站 CC2530 模块信号处理过程图如图 5 - 13 所示,系统上电初始化处理之后,先建立网络,然后采集簇首节点发过来的数据信息,再发送给无线分站的核心处理器 LPC936。

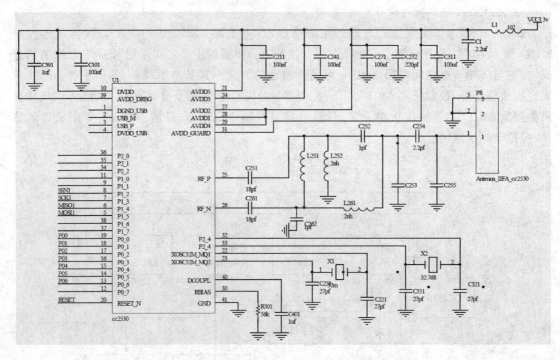

图 5-11 无线分站 CC2530 模块电路图

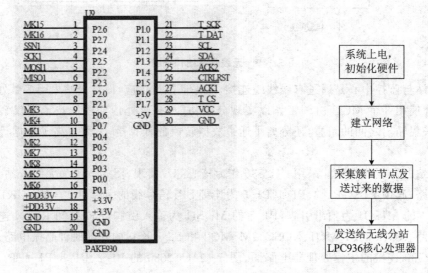

图 5-12 无线分站主控处理器电路图   图 5-13 无线分站 CC2530 信号处理过程图

（2）分站组网功能的实现

无线分站主要完成两个方面的任务：第一，建立网络并响应簇首节点加入网络的请求，并对节点进行编号管理；第二，收集簇首节点发送过来的数据信息，之后进行数据融合，然后将融合结果通过有线线缆发送给监控中心。无线分站具体工作流程图如图 5-14 所示。

簇首节点软件功能流程：簇首节点主要完成的任务有：一是加入无线分站建立的网络并负责管理本簇内成员节点的任务；二是收集簇成员节点采集的数据并进行相应的数据融合，然后把融合结果通过无线方式发送给无线分站。簇首节点主要工作流程过程如图 5-15 所示。

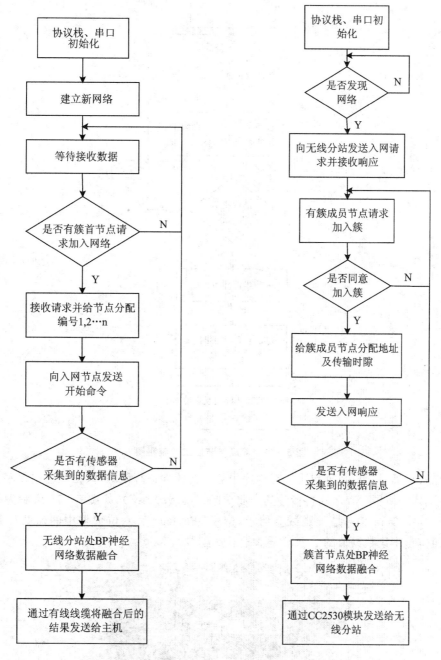

图 5-14　无线分站工作流程图　　　图 5-15　簇首节点工作流程图

簇成员节点主要完成的工作有:一是选择簇首节点加入网络;二是采集周围环境信息并进行相应的数据融合,将融合结果发送给其簇首节点。簇成员节点主要工作流程如图 5-16 所示。

3. 分站功能测试

图 5-17 为无线分站的硬件实物图。在进行分站功能测试时,用抓包软件抓取节点之间

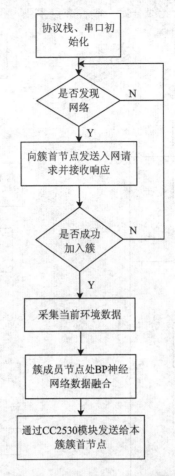

图 5 - 16 簇成员节点工作流程图

发送的数据包,通过抓取数据包可以对程序中数据的流向进行跟踪,数据从应用程序支持子层(APS)传输到网络层(NWK),再传输到介质访问控制层(MAC),如图 5 - 18 所示为发送数据包结构图,其中 Data Req 是发送数据请求,MAC Payload 后六位数据中的前两位是节点编号,另外四位是采集数据值的 ASCII 码。

图 5 - 17 无线分站硬件实物图

　　监控中心显示的结果如图 5-19 所示,实验平台共有五个无线分站,每个分站分别管理四个无线传感器节点,发送到监控中心的数据都为 200~1000Hz 的频率量,状态开或关表示传感器节点是否正常工作。

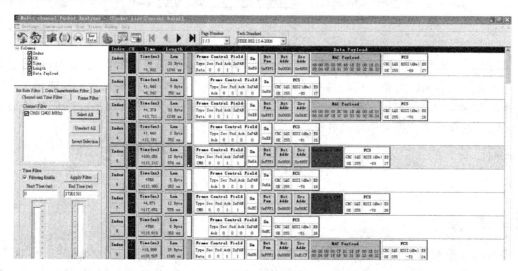

图 5-18　传感器发送数据包图

编号	频率1	频率2	频率3	频率4	状态1	状态2	状态3	状态4
一号正常	621	422	422	916	开	开	开	开
二号正常	320	690	294	247	开	开	开	开
三号正常	598	389	618	783	开	开	开	开
四号正常	692	907	275	682	开	开	开	开
五号正常	373	206	301	231	开	开	开	开

图 5-19　监控中心分站监视窗

习题 5

　　1. 简述监控分站在矿井监控系统中的作用及基本功能。

　　2. 瓦斯风电闭锁功能是监控分站必备的控制功能,请简述监控分站实现瓦斯风电闭锁的必要性以及如何实现。

　　3. 常用的监控分站必须具备哪些技术指标?

　　4. 简述监控分站的主要原理。

　　5. 简述监控分站的数据采集功能如何实现。

　　6. 以 KJF20 为例试述监控分站软硬件设计的过程。

　　7. 简述 Zigbee 技术的优势及无线监控分站设计的必要性。

　　8. 试述无线监控分站的组网功能如何实现。

第6章 监控主站接口

监控主站信息传输接口主要功能是接收分站远距离发送的信号，并送主机处理；接收主机信号，并送相应分站。传输接口还具有控制分站信号的发送与接收、多路复用信号的调制与解调、系统自检等功能。本章主要结合 KJ93 矿井监控系统的两代传输接口 KJJ26 信息传输接口为例，详细介绍了监控主站接口的设计。

6.1 KJJ26 传输接口

6.1.1 概 述

KJJ26 信息传输接口即监控中心站，其主要功能是监视及管理系统中分站的工作状态。完成全部分站与监控主机之间的通讯，接受监控主机的命令，对分站进行配置，将分站采集到的数据传送给监控主机。信息接口卡的效果图见第 1 章图 1-9，信息传输接口与 KJ93 监控系统监控主机的连接方式如图 6-1 所示。信息传输接口卡插在监控主机机箱的插件板插槽内，通过 PC 总线与监控主机连接。关于 KJJ26 信息传输接口的技术指标，在第 1 章也进行了详细介绍。

信息传输接口卡利用单片机的串行口与各分站之间通过通讯驱动器进行通讯，收集各分站采集到的信息数据，通信方式采用 RS-485 方式及半双工异步工作方式。

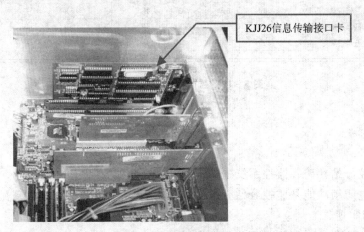

KJJ26信息传输接口卡

图 6-1 KJJ26 信息传输接口卡与主机连接图

6.1.2 接口卡的硬件设计

1. 信息传输接口工作过程

KJJ26 信息传输接口卡一经加电就以广播式自动呼叫工作站，并将接收到的各工作站的数据以表格形式顺序暂存在数据存储器中。

PC 机通过并行接口芯片将信息送入到接口卡,信息内容主要是本系统所有在线工作站表,接口卡立刻以现有站表管理工作站。

接口卡和一个工作站交换一次数据后,查询一下是否能和 PC 机交换数据,若能,则将所有在线工作站数据以并行方式送到 PC 机。否则,将和下一个工作站进行数据通信。

PC 机如果在一轮工作完成后,要求和数据交换器进行数据交换,则将请求标志送向交换器的存储器中。在交换器完成当前工作站数据交换后,立刻响应 PC 机,并进行数据交换。

2. 信息传输接口卡基本结构

接口卡的硬件结构框图如图 6-2 所示。主要由 AT89C51 单片机、程序存储器、数据存储器、长线通信驱动器、看门狗计数器、并行接口芯片 8255、总线驱动器以及相应的外围电路构成。

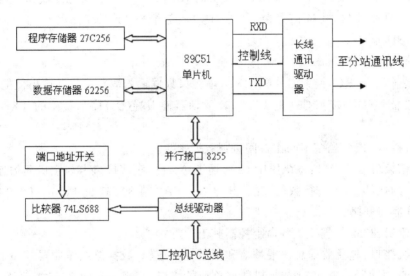

图 6-2　信息传输接口的硬件结构框图

程序存储器用于存放接口卡的监控程序,AT89C51 单片机执行这个程序,协调通信接口卡上各有关接口进行有序的工作。正常工作时,通信接口卡轮流巡检各分站,经长线通信驱动器收集各分站的数据,并将其存入数据存储器中的数据缓冲区。

I/O 接口芯片 AT8255 用于与监控主机通信。

总线驱动器用于与监控主机通信时数据总线和地址总线的驱动。

端口编址电路用于设置通信接口卡所占用的端口地址。

看门狗计数器用于监视 AT89C51 单片机程序执行的情况,当程序执行过程中出现"弹飞"或"死锁"等现象时,强制 AT89C51 自动复位。

下面分别论述通信接口卡的各个组成部分:

(1) AT89C51

AT89C51 在智能通信接口卡上的使用与在分站上的使用类似,采用内部震荡方式,选用 11.05MHz 的晶体振荡器。

选用 27256 作为外部程序存储器,将 AT89C51 $\overline{EA}$ 引脚接地,迫使系统从外部程序存储器取指。在智能通信接口卡的软件设计中使用了两个中断,分别为 T0 溢出和外部 $\overline{INT0}$ 中断,

T0 溢出中断用于定时,外部 $\overline{\text{INT0}}$ 中断用于同主机通信。

(2) 程序存储器 27256

EPROM27256 是一种 32K×8 位的可改写的只读存储器,有 15 位地址线用于片内地址选择,存储器的地址空间为 0000H～7FFFH。在接口卡电路中,A14～A8 依次接 89C51 的 P2.6～P2.0,A7～A0 通过地址锁存器依次接 89C51 单片机的 P0.7～P0.0。数据线 D7～D0 直接与 89C51 的 P0.7～P0.0 连接。片选信号线 $\overline{\text{CE}}$ 接地,在系统正常工作期间一直保持有效。读允许线 $\overline{\text{OE}}$ 与 89C51 单片机的外部程序存储器读选通信号线 $\overline{\text{PSEN}}$ 连接,用来控制程序读出。

(3) 数据存储器 62256

数据存储器 62256 是 32K×8 位的 RAM,用于存储从分站读取的数据。地址线的连接同 EPROM27256。读允许线 $\overline{\text{OE}}$ 与 89C51 单片机的 $\overline{\text{RD}}$ 信号线连接,写允许线 $\overline{\text{WR}}$ 与 89C51 单片机的 $\overline{\text{WR}}$ 信号线连接,片选信号由 89C51 的 P2.7 给出,所以存储器空间的地址范围为 0000H～7FFFH。

(4) 通信驱动器 MAX481E

接收器的输出端(RO)接 89C51 的 RXD(串行口数据输入端),接收器输出使能端($\overline{\text{RE}}$)和驱动器输入使能端(DE)接 89C51 的 P1.0 口,驱动器输入端(DI)接 89C51 的 TXD(串行口数据输出端)。

(5) 并行接口 8255:监控卡与主机间进行数据交换。

① 与通信接口卡的接口:系统使用 8255 通道 A 和 C 实现接口卡与主机间的连接。主机利用通道 A 与通信接口卡进行数据交换,其 PA7～PA0 与 89C51 的 P0.7～P0.0 相联,通道 C 用于控制和状态联络。

② 内部逻辑:8255 根据主机的命令控制其工作方式

③ 与主机接口:包括数据总线缓冲器和读写控制逻辑,数据总线缓冲器是一个 8 为双向三态缓冲器,该缓冲器实现 8255 与主机数据总线的接口,实现主机向 8255 发送控制字,以及从 8255 读取数据的缓冲。

④ 8255 的通道寻址:8255 共四个通道地址,通道 A、B、C 和控制寄存器各一个地址。地址线 A1 和 A0、片选信号 $\overline{\text{CS}}$、读写线 $\overline{\text{RD}}$ 和 $\overline{\text{WR}}$ 五个信号配合使用实现对四个通道的寻址,具体表 6-1 所示。

表 6-1　8255 通道选择

A0	A1	$\overline{\text{RD}}$	$\overline{\text{WR}}$	$\overline{\text{CS}}$	操作
0	0	0	1	0	数据总线←通道 A
0	1	0	1	0	数据总线←通道 B
1	0	0	1	0	数据总线←通道 C
0	0	1	0	0	数据总线→通道 A
0	1	1	0	0	数据总线→通道 B
1	0	1	0	0	数据总线→通道 C
1	1	1	0	0	数据总线→控制字寄存器

续表 6－1

A0	A1	$\overline{RD}$	$\overline{WR}$	$\overline{CS}$	操作
X	X	X	X	1	数据总线→三态
1	1	0	1	0	非法条件
x	x	1	1	0	数据总线→三态

⑤ 8255 方式选择：8255 的工作方式指令由主机向 8255 控制字寄存器发送的控制字决定。8255 三种工作方式：方式 0，基本的输入/输出；方式 1，选通的输入/输出；方向 2，双向数据传送。8255 的方式选择控制字格式如表 6－2 所示。

表 6－2   8255 方式选择控制字

D7	D6	D5	D4	D3	D2	D1	D0

D0：C 组通道下半部的输入/输出方式选择，等于 1 时为输入方式，等于 0 时为输出方式；

D1：B 组通道的输入/输出方式选择，等于 1 时为输入方式，等于 0 时为输出方式；

D2：B 组通道的工作方式选择，等于 1 时选择工作方式 1，等于 0 时选择工作方式 0；

D3：C 组通道上半部的输入/输出方式选择，等于 1 时为输入方式，等于 0 时为输出方式；

D4：A 组通道的输入/输出方式选择，等于 1 时为输入方式，等于 0 时为输出方式；

D6 及 D5：A 组通道工作方式选择，D6＝1 选择工作方式 2，D6＝0、D5＝1 选择工作方式 1，D6＝0、D5＝0 选择工作方式 0；

D7：方式设置标志，等于 1 有效。

在接口卡上，具体选择通道 A 工作于方式 2，所以方式控制字为：C1H（11000001）。

通道 A 作为一个 8 位的双向总线使用，输入输出都是锁存的，利用 C 通道的 4 位作为控制和状态联络线，如图 6－3 所示。

① $\overline{OBF}$（输出缓冲器满）：主机发送数据时给接口卡的选通信号，表示主机已把数据输出到通道 A，此引脚接至 89C51 的 $\overline{INT0}$ 端口，主机发送数据后向 89C51 申请中断，89C51 响应中断后接收数据。

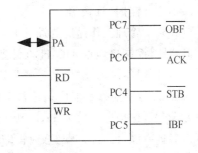

图 6－3   8255 方式 2 中通道 C 用作联络线

② $\overline{ACK}$（响应信号）：接口卡发送给主机的对 $\overline{OBF}$ 的相应信号，此引脚接至 89C51 的 $\overline{RD}$ 端口，接口卡利用该信号打开通道 A 的三态缓冲器，将接口卡输出数据开放到通道外数据线上。

③ $\overline{STB}$（选通输入）：该引脚接 89C51 的 $\overline{WR}$ 端口，是接口卡送给主机的把输入数据锁存进输入缓冲器的控制信号。

④ IBF（输入缓冲器满）：主机发送给接口卡的对 $\overline{STB}$ 的响应信号，用于指示输入数据还没有被主机取走，该引脚接 P1.5 端口，用于接口卡的查询。

（6）总新驱动器 74LS245 和 74LS244

CPU 本身的驱动能力是很有限的，需要采用总线驱动以减少主机的负载。总线驱动器具有较强的驱动能力,对负载电阻和分布电容能够提供较大的驱动电流,能够较好的保证总线上信号的波形,使信号不至因为分布电容的影响而破坏波形的前后沿。除此以外,还能对其后面的负载变化起到隔离作用。在接口卡上,驱动有两种,即数据总线的双向驱动和地址总线及三态控制线的单向驱动,对于数据总线的驱动,采用 74LS245。一般 74LS245 后级总线上可以挂接 30 个左右的同类门。地址总线和三态控制线采用单向驱动,选用 74LS244。如表 6-3 所示。

表 6-3 总线驱动器工作方式

74LS245 的逻辑关系			74LS244 的逻辑关系		
E	DIR	功能	1G	2G	功能
0	0	总线 B→总线 A	0	0	总线 A→总线 Y
0	1	总线 B←总线 A	1	1	三态
1	×	三态	—	—	—

（7）I/O 端口编址电路

接口卡的编址,使用了比较器 74HC688。接口卡地址采用可选式口地址,即采用拨码开关选择口地址,该地址同总线上的地址 A9～A2 进行比较,A1 及 A0 接 8255 的 A1 及 A0 端,用于选择 8255 的三个通道及控制字寄存器,所以接口卡地址为 0000H～03FFH。PC 总线地址允许信号接 74HC688 的 $\overline{CE}$ 端（允许）,通过比较电路检测主机发出的 I/O 地址与接口卡预置地址是否相同,如果相同则 74HC688 输出的 $\overline{P=Q}$ 端输出低电平,此引脚接至 8255 的片选信号 $\overline{CE}$,8255 被选通,产生输入获输出。否则 8255 片选无效。

（8）8253 定时/计数器

接口卡在管理工作站时为防止呼叫工作站而产生的程序死机而设置的唤醒计时器件。芯片各口地址:控制口地址 8403H,0 计数器地址 8400H,1 计数器 8401H,2 计数器地址 8402H;74LS9212 分频器件,其输出信号送到定时器件 8253 的 0 计数器中;

D1、D2:为通信指示器件。正常工作时交替闪烁。DW1～DW4 组成防过压阵列,保护电压约为 5.1V,保护电流约为 1A。其作用就是防止由于长线上累积静电荷而产生过高的电压损坏 75176 器件,也有防静电感应雷的作用。

6.1.3 接口卡同监控主机连接

通信接口卡插在监控主机机箱的总线插槽中,与监控主机通过 PC 总线连接。该总线具有 20 位地址线（IMB 空间）和 8 位数据线,是一种有 62 个引脚的 8 位并行总线。

PC 总线分为地址总线、数据总线、控制总线、状态联络线、辅助与电源线五类。KJJ26 信息传输接口卡与监控主机之间的连接使用了其中的地址线 A0～A9、数据线 D7～D0、控制线 AEN、$\overline{IOR}$、$\overline{IOW}$ 和 RESET DRV。

系统中用到了 PC 总线插槽以下引脚:

（1）地址线 A19～A0:使用了其中的 A9～A0,这是系统地址信号,用作 I/O 设备的寻址,寻址范围为 1K 个端口。系统中通信接口卡上的 8255 接口芯片为 I/O 设备,它有三个 8 位 I/O 端口。

（2）数据线 D7～D0：为 CPU、存储器和 I/O 设备提供数据，是双向总线。

（3）控制线：

① RESET DRV(B2)：复位驱动信号，加电时、断电后复位或初始化系统逻辑时为高电平信号，监控主机通过此线给出通信接口卡上 8255 的 RESET 信号。

② $\overline{IOR}$(B14)和 $\overline{IOW}$(B13)：读写命令信号，用于控制并行口 8255 的输入输出。

③ AEN(A11)，地址允许信号，接至比较芯片 74HC688。

（4）电源线：

① +5V 电源(B3)；

② GND(B11)。

6.1.4　I/O 端口地址

KJJ26 信息传输接口卡作为监控主机（PC 机）的外设，所占用的端口编址方法如本章前面所述，拨码开关的缺省设置为：开关第 8 位置 OFF，其他置 ON，则 8255 的 PA、PB、PC 及控制字寄存器的端口地址分别为 0200H、0201H、0202H 及 0203H。

6.1.5　接口卡同监控主机通信

（1）由监控主机初始化并行口 8255，置控制字 C1H(11000001B)，设置 8255 通道的工作方式（方式 2）。

（2）初始化并行口 8255 后，监控主机向通信接口卡发送联络信号字节 F8H，接口卡接收到这个字节后即认为与主机通信正常，置标志位 42H，在以后的通信中，只有这一位为 1 时，接口卡才能与主机交换数据。

（3）由监控主机向接口卡发送全部分站的状态表，即监控主机对分站的配置情况，接口卡只与激活状态的分站保持通信，以提高整个系统的工作效率。监控主机向接口卡发送状态表之前首先发联络信号，即字节 6 FH，接口卡接收到这一字节后准备接收全部分站的状态表。

（4）通信接口卡向监控主机发送数据：

1）监控主机首先送出联络信号，即字节 8FH，此信号意味着监控主机下一个发送的数据将是一个站号，若这个站号不为零，则通信接口卡接到这个信号后将它转存到外部 RAM 的 2FFFH 单元，准备向上传送数据。

2）向上传送数据时，通信接口卡首先向主机发送这个分站的状态字节，若该字节为 0，表示该分站处于挂起状态，结束数据传送，若这一字节不为 0，则继续发送该分站的故障字节，若这一字为 0，表示接口卡与该分站的通信处于故障状态，结束数据传送。

3）向主机发送该分站数据的个数，使主机能够按照这个个数正确地接收全部的数据。

4）依次向监控主机发送该分站的全部数据，监控主机将接收到的数据送入的数据缓冲区以备处理，这一功能由监控主机的系统软件完成。

8255 的 A 口工作于方式 2，监控主机向通信接口卡发出联络字节后，随即向接口卡申请中断，通信接口卡与监控主机之间的通信在 $\overline{INT0}$ 中断服务中完成。

6.1.6　接口卡同分站的通信

信息传输接口呼叫分站，向分站发送信息。

(1)起始标志:即呼叫信号,单字节信息。格式固定为11111111B,表明下一个发送的是一地址字节。

(2)地址字节:用来选择分站,单字节信息。这一字节的内容为所呼叫的分站的地址编码。

分站确认信息传输接口呼叫本站后,依次向信息传输接口发出以下信息。

①本站地址编码,这一字节的内容是被呼叫分站的地址编码。信息传输接口依据接收到的字节内容,判断与该分站的通信是否正常。

② 数据信息,分站向信息传输接口发送的数据信息,共11个字节。依次为:该分站的数据个数(单字节)、故障自诊断的状态字节(单字节)、4个模拟量值(均为双字节)、8个开关量状态(共1个字节)。

6.2 新型 KJJ26 传输接口设计

在 KJ93 型矿井监控系统中,新一代信息传输接口 KJJ26 采用基于 ARM 的硬件架构,采用移植的 UCOS 嵌入式操作系统实现对任务的管理,在接口的硬件电路设计中,为了实现更好的兼容性以及维护性,主要采用模块化的设计方法。接口与主机之间采用高速的 USB 通信方式,与分站之间采用 RS-485 的通信方式,实现了地面主机与井下分站无缝连接。KJJ26 传输接口与监控主机采用 USB2.0 进行数据交互,新型 KJJ26 接口的技术指标与原接口基本一致,符合煤炭行业标准矿用信息传输接口(MT/T 1007—2006)的要求。

6.2.1 接口总体设计

新型 KJJ26 传输接口主要包括两部分:主控板和 485 通信板。主控板有两块电路板组成,第一块为以基于 ARM 的微处理器为核心的控制板,第二块为包括 USB 外围接口电路、液晶显示接口电路、SD 卡接口电路以及实时时钟及看门狗控制电路的控制主板。485 通信板采用 SN75176 芯片作为通信总线驱动器,以 LPC936 系列单片机芯片作为通信控制芯片,用于运行 485 通信程序,为了实现与主控电路的信号隔离,该控制采用光耦电路实现信号隔离。

此外,接口采用本安型隔离电压 500 V 的 220 VAC-12 VDC 电源模块实现整个电路的供电。接口整体的硬件构成框图如图 6-4 所示。

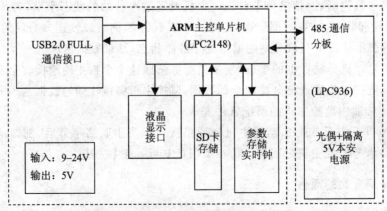

图 6-4 KJJ26 信息传输接口结构框图

6.2.2　主控板设计

主控板由底板及 ARM 模块(LPC2148)板构成,底板上有 USB - D 设备接口、RS232 接口、液晶接口、SD 卡接口、与 RS485 板通信接口以及编程接口组成。其基本的机构框图如图 6 - 5 所示。

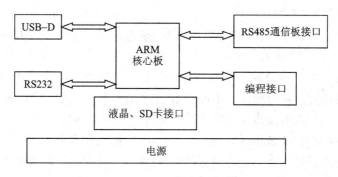

图 6 - 5　主控板功能框图

1. ARM 主控模块板

ARM 主控模块板的原理图如图 6 - 6 所示。ARM 模块板上集成了 LPC2148 芯片,该芯片用于运行主控程序,该主控程序接收主机发送的控制命令,通过 I^2C 总线接口向 485 通信板核心控制器发送指令,485 通信主板负责呼叫分站及接收分站传送过来的数据。LPC2148 芯片采用了 12MHZ 晶振,用于产生系统所需要的时钟。此外,为了实现系统掉电或故障复位,

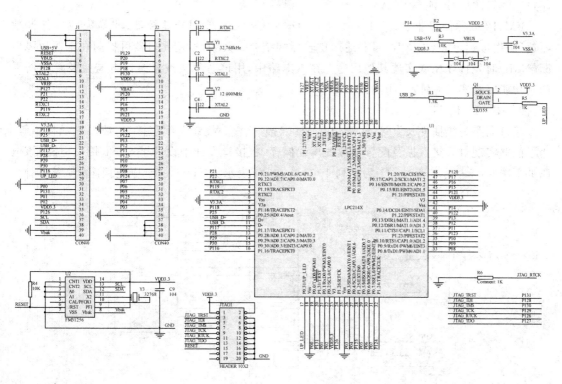

图 6 - 6　ARM 主控电路原理图

设计采用 FM31256 接口芯片实现看门狗电路,同时由于该芯片内部具有实时时钟功能,利用其实现接口电路计时时钟功能。FM32156 芯片采用串行两线制的 I^2C 接口与主控芯片 LPC2148 相连接,实现了实时高速的数据传输。由于主控制器 LPC2148 芯片具备在线可编程功能,为了编程调试方便,在主控板上设计了用于调试的 JTAG 接口,该结构采用标准的 20 针设计,方便与仿真器实现程序的调试及烧写。该控制板上主要芯片的性能如下:

(1)核心控制芯片 LPC2148

在该主控模块中,LPC2148 为核心控制芯片,该芯片是基于一个支持实时仿真和嵌入式跟踪的 32/16 位 ARM7 TDMI-S CPU 的微控制器,并带有 32KB 和 512KB 的嵌入高速 Flash 存储器。128 位宽度的存储器接口和独特的加速结构使 32 位代码能够在最大时钟速率下运行。对代码规模有严格控制的应用可使用 16 位 Thumb 模式将代码规模降低超过 30%,而性能的损失却很小。在本接口设计中该芯片运行相对较复杂的主控程序,为了更好的实时性,需要在芯片上移植 μC/OS 实时嵌入式操作系统程序,与上位机及下位监控分站的通信程序以任务程序的方式运行在该系统之上。因此,芯片具有较高的处理速度和较大的存储空间,从芯片性能参数来看完全可以满足设计的需要。

(2)看门狗芯片 FM31256

FM31256 是由 Ramtron 公司推出的新一代多功能系统监控和非易失性铁电存储芯片。与其他非易失性存储器比较,它具有如下优点:读/写速度快,没有写等待时间;功耗低,静态电流小于 1mA,写入电流小于 150mA;擦写使用寿命长,芯片的擦写次数为 100 亿次,比一般的 EEPROM 存储器高 10 万倍,即使每秒读/写 30 次,也能用 10 年;读/写无限性,芯片擦写次数超过 100 亿次后,还能和 SRAM 一样读/写。

FM31256 器件将非易失 FRAM 与实时时钟(RTC)、处理器监控器、非易失性事件计数器、可编程可锁定的 64 位 ID 号和通用比较器相结合。其中,通用比较器可提前在电源故障中断(NMI)时发挥作用或实现其他用途。在本电路中,用该芯片实现系统掉电监控及复位的看门狗功能以及实时时钟/日历功能。

2. 接口设计

接口电路为接插件式设计,主要包括 SD 卡接口、核心控制器编程接口、液晶显示接口等。为了能够实现对采集数据及配置参数的离线保存,在接口设计中设计了 SD 卡接口电路,该电路如下图 6-7 所示。其中,J1 为单列 10 针连接座,表示为 SD 卡的卡座连接座,卡座引脚与

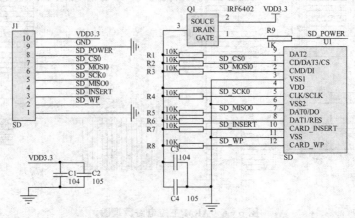

图 6-7 SD 卡接口原理图

主控制器 SPI 接口电路相连,实现串行高速数据读写功能。

6.2.3　RS485 通信板电路设计

通信板电路由 LPC936 单片机模块,隔离电源、光耦、差分线路驱动器、线路保护电路构成,电路框图如下图 6-8 所示。

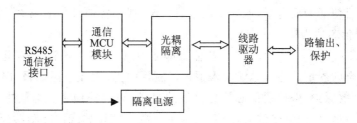

图 6-8　RS485 通信板电路功能框图

1. LPC936 控制器模块

该芯片主要运行 RS-485 通信程序,该程序一方面接收接口主控制器发送的控制命令,实现对监控分站的呼叫;另一方面接收主站发送的配置命令实现对断电功能等参数的配置。

该芯片是一款单片封装的微控制器,使用低成本的封装形式。它采用了高性能的处理器结构,指令执行时间只需 2 到 4 个时钟周期,运行速度 6 倍于标准 80C51 器件。P89LPC933/934/935/936 集成了许多系统级的功能,这样可大大减少元件的数目和电路板面积并降低系统的成本。该芯片具有如下主要功能特性:

(1) 4 KB/8 KB/16 KB 字节可擦除的 Flash 程序存储器,组成 1KB/2KB 扇区和 64 字节页;

(2) 单个字节擦除功能允许 Flash 程序存储器的任何字节可用作非易失性数据存储器;

(3) 256 字节 RAM 数据存储器。P89LPC935 和 P89LPC936 还包括一个 512 字节的附加片内 RAM;

(4) 512 字节片内用户数据 EEPROM 存储区,可用来存放器件序列码及设置参数等(P89LPC935/936);

(5) 4 路输入的 8 位 A/D 转换器输出(P89LPC935/936,P89LPC933/934 只有一个 A/D);

(6) 2 个模拟比较器,可选择输入和参考源;

(7) 2 个 16 位定时/计数器(每一个定时器均可设置为溢出时触发相应端口输出或作为 PWM 输出)和 1 个 23 位的系统定时器,可用作实时时钟;

(8) 增强型 UART。具有波特率发生器、间隔检测、帧错误检测、自动地址检测功能;

(9) 400kHz 字节宽度的 I2C 总线通信端口和 SPI 通信端口;

(10) 捕获/比较单元(CCU)提供 PWM,输入捕获和输出比较功能 P89LPC935/936);

(11) 选择片内高精度 RC 振荡器时不需要外接振荡器件。可选择 RC 振荡器选项并且其频率可进行很好的调节;

(12) VDD 操作电压范围为 2.4～3.6 V。I/O 口可承受 5 V(可上拉或驱动到 5.5 V);

(13) 28 脚 TSSOP,PLCC 和 HVQFN 封装。最少有 23 个 I/O 口,当选择片内振荡器和片内复位时 I/O 口可高达 26 个。

2. RS - 485 通信接口电路

接口板上有一路 485 通信接口电路,由光偶和 DC - DC 变换器组成隔离通信电路。使通信线路和分站线路隔离。通信电路采用三线方式,控制线/CS(通过光耦隔离控制 485 芯片的/RE,DE 端);输出线 TXD(通过光偶隔离接入 485 芯片的数据输出 D),输入线 RXD(通过光偶的隔离接入 485 芯片的数据输入 R),其中/CS 在一般情况下为高电平或悬空状态,只有程序发出控制时可使能为低电平,保证了在接口上电,或主控单片机异常时,不会对通信总线产生干扰(485 通信芯片为输入状态)。

通信部分的 5V - 5V/DC - DC 输入和输出部分均加入了 TVS 管,保护电路产生过压,使电路满足本质安全的规定。通信总线加入了自恢复保险丝,限流电阻以及 TVS 管,提供了线与线间、线对地间的保护,保护通信芯片免受线路过压、浪涌的损害。通信指示灯由 74HC32 驱动,当单片机串口线出现低电位时,LED 灯发光。为了实现总线的驱动功能,RS - 485 通信功能电路部分采用 75176 芯片实现。

6.2.4 接口软件设计

信息传输接口需设计两个程序:运行在 LPC2148 模块的主控程序,RS - 485 通信板上运行的通信程序。

1. LPC2148 模块程序

本接口与上位主机的通信功能采用了目前主流的 USB 连接的方式,为了简化硬件设计,采用了 LPC2148 内部集成 USB2.0 FULL 模块,用来与计算机通信,而主控器 LPC2148 与 RS - 485 通信主板之间,采用 I^{2}C 模块板通信。为了简化软件的设计以及提高整个系统的实时性,在 LPC2148 芯片主控程序中使用了 μC/OS - II 嵌入式操作系统,在该系统之下,为了实现控制和通信功能创建两个任务,一个是负责和上位计算机通信,一个是负责和通信主板上的基于 LPC936 控制器的通信模块通信。任务如下:

```
void TaskUsb(void * pdata);              /* 与计算机通信的任务 */
void TaskRs8583(void * pdata);           /* 与 485 接口 LPC936 通信任务 */
```

设计通信函数如下:

```
INT8U ReadRtcdata(INT8U mZhanHao);       /* 读取 LPC936 数据 */
INT8U Readddconfigdata(INT8U mZhanhao);  /* 读取通道断电控制数据 128 字节 */
INT8U Readdddata(INT8U mZhanHao);        /* 读取断电数据 */
INT8U Readtypeconfigdata(INT8U mZhanHao);/* 读通道传感器配置 192 字节 */
INT8U Writeddconfigdata(INT8U mZhanHao); /* 写通道断电控制数据 128 字节 */
INT8U Writedddata(INT8U mZhanHao);       /* 写断电数据 */
INT8U Writetypeconfigdata(INT8U mZhanHao);/* 写通道传感器配置 192 字节 */
INT8U TestUsbFzDATA(INT8U mZhanHao);     /* 误码率测试函数 */
void delay(INT32U del);                  /* 延时函数 */
```

接口与计算机通信任务的功能实现:程序工作在查询方式,一直监测端点 1 来自计算机的信息,在计算机端通过函数发送 1 字节命令,通知接口 LPC2148 接下来要执行的工作,LPC2148 按照命令进入 SWITCH 段,选择执行相应的动作。计算机读取 4096 字节的数据,通信过程如下:

（1）向 LPC2148 端点 1 发送一字节命令数据（CMD_READ_USB），通知 LPC2148 要执行的命令（CMD_READ_USB）。此时 LPC2148 收到命令（CMD_READ_USB），进入 case 语句段，按照命令，发送 4096 字节到端点 2。

```
case CMD_READRTC_DATA：                        /* 计算机读取实时数据 */
OS_ENTER_CRITICAL();
memcpy(pUsbSeMem,SendPC, 4096);
OS_EXIT_CRITICAL();                            /*  发送读取到的数据  */
WritePort2(4096, pUsbSeMem, 1000);            /* 向 PC 传送 4096 字节信息 */
break;
```

（2）计算机从端点 2 读取 4096 字节数据，并校验是否收到足够的数据。

（3）计算机端保存数据。

接口与 LPC936 模块通信任务实现：程序工作在查询模式，一直检查结构体 USB_INFO 中的 USBSTATE 字节的值，按照如表 6-4 命令约定执行程序：

表 6-4　通信命令

命令变量名	数值	功能
CMD_READ_FZ_RTCDATA	0x01	循环读取分站的实时数据
CMD_WRITE_FZ_DD_DATA	0x02	写分站的断电控制信息
CMD_READ_FZ_DD_DATA	0x12	读分站的断电控制信息
CMD_WRITE_FZ_DDCONFIG_DATA	0x03	写分站断电配置控制信
CMD_READ_FZ_DDCONFIG_DATA	0x13	读分站断电配置控制信息
CMD_WRITE_FZ_TYPECONFIG_DATA	0x04	写分站类型配置信息
CMD_READ_FZ_TYPECONFIG_DATA	0x14	读分站类型配置信息
CMD_TEST_USB_FZ_DATA	0x20	接口分站误码率测试

2. RS-485 通信板程序设计

通信控制器采用 P89LPC936 芯片 NXP 公司，其具有 2 个时钟的高速增强 51 核心，16KB FLASH、256B+ 512B SRAM。LPC936 模块通过 485 总线和分站通信，同时作为 I^2C 总线从机和接口主控芯片 LPC2148 通信。所以 LPC936 模块在信息传输接口中主要完成通信功能。作为 I^2C 从机，LPC936 同 LPC2148 通信，其 IIC 接口工作在中断方式，LPC2148 作为 I^2C 主机控制 LPC936，　将 LPC936 模拟成 256 字节的 RAM。

主函数程序如下：

```
void main()
{// *******************初始化 *******************
  for(j = 0;j<0x40;j++){fzdata[j] = 0;}        //清 0
  for(j = 0;j<255;j++){PRAM[j] = 0;}           //清 0
  WDCON = 0x00;
  ACK3 = 1;
init();                                        //端口等初始化
UART_init();                                   //串口初始化
```

```
    test_count = 0;
      i2c_busy = 0;
    SetBus(slave_addr);                                      //设置本机 IIC 地址
    PRAM_adr = 0;                                            /* 存储器地址指针,初始化为 00H */
      EI2C = 1;                                              /* 开 I2C 中断 */
      EA = 1;                                                //开中断
// *******************开始工作 *******************
    while(1)                                                 //进入工作循环
      {
    LOOP:
          ACK3 = 0;                                          //通知 ARM 空闲可以读写数据
        while(ACK1);                                         //等待 ACK1 = 0 ARM 读完数据
        ACK3 = 1;                                            //通知 ARM 忙
    stationcmd[0] = PRAM[0xFF];                              //站号
      stationcmd[1] = PRAM[0xFE];                            //命令
      stationcmd[2] = PRAM[0xFD];                            //分站类型
      stationcmd[3] = PRAM[0xFC];                            //异地断电数据

      if((stationcmd[0] = = 0)||(stationcmd[1] = = 0)) goto LOOP;      //如果命令或站号为 0 则等待
      PRAM[0xFF] = 0;                                        //站号缓冲区清零
    PRAM[0xFE] = 0;
      if(0 = = stationcmd[2])                                //16 通道分站 1200
      {BRGR0 = 0x00;      //setup BRG for 1200 baud @ 12MHz external Crystal
        BRGR1 = 0x27;
      }
    else                                                     //4TD 600
      {
        BRGR0 = 0x10;      // setup BRG for 600 baud @ 12MHz external Crystal
        BRGR1 = 0x4e;
      }
      start485(stationcmd);                                  //按照站号、命令启动总线
      if(0 = = stationcmd[2])                                //16 通道分站
      {
          switch(stationcmd[1])                              //根据命令执行操作
          {
        case CMD_READ_FZ_RTCDATA:                            //0x01 接收实时数据
    if(0 = = recstationrtc())
          { //for(j = 0;j<240;j ++){PRAM[j] = 0;}            //清 0
          m_Fz.m_FzData.m_No = stationcmd[0];
          for(j = 0;j<48;j ++){PRAM[j] = m_Fz.m_byte[j];}
          for(j = 1;j<38;j ++){PRAM[j] = 0;}
          l_delay(1000);}
        break;
    //0x12 读取分站断电信息
          case CMD_READ_FZ_DD_DATA:
```

```
        recdd();
        break;
//0x13 接收通道配合信息(控制表,断电参数)128byte
        case CMD_READ_FZ_DDCONFIG_DATA:                    //0x13
        recctrlconfig();
    break;
    case CMD_READ_FZ_TYPECONFIG_DATA:                      //0x14
        rectypeconfig();                                   //接收传感器配置信息 192 byte
        break;
        /******************向分站发送数据******************/
//0x02 发送实时断电数据 0 无关、1 有效和工作站相或运算即只要有一个方面要断电就执行
        case CMD_WRITE_FZ_DD_DATA:                         //0x02
    senddd();
    break;
//0x04 发送分站通道传感器类型信息 192 byte
        case CMD_WRITE_FZ_TYPECONFIG_DATA:                 //0x04
        sendtypeconfig();
        break;
//0x03 发送通道配合信息(控制表,断电参数)128byte
        case CMD_WRITE_FZ_DDCONFIG_DATA :                  //0x03
        sendctrlconfig();
    break;
//0x20 向分站发送 192 字节数据在接收回来
        case CMD_TEST_USB_FZ_DATA:                         //0x20
        if(0 = = interface_fz_test())
        {for(c = 0;c<192;c ++ )PRAM[c] = 0;}
        break;
        default:
    break;
    }                                                      //END SWITCH
  }                                                        //END IF
  else                                                     //4 通道分站
  {
  switch(stationcmd[1])                                    //根据命令执行操作
      {
//接收实时数据
    case CMD_READ_FZ_RTCDATA:                              //0x01
        if(0 = = rec4stationrtc())                         //接收实时数据
        { //for(j = 0;j<240;j ++){PRAM[j] = 0;}           //清 0
        m_Fz.m_FzData.m_No = stationcmd[0];
        for(j = 0;j<48;j ++){PRAM[j] = m_Fz.m_byte[j];}
        for(j = 1;j<38;j ++){PRAM[j] = 0;}
        l_delay(1000);}
    break;
//发送实时断电数据 0 无关、1 有效和工作站相或运算即只要有一个方面要断电就执行
```

```
        case CMD_WRITE_FZ_DD_DATA:                    //0x02
senddd();
break;
default:
break;
    }
  }
 }
}
```

　　LPC936 核心控制器执行上述主程序,接收上位机发送的控制命令,根据其功能呼叫分站。呼叫分站功能流程如下图 6-9 所示。

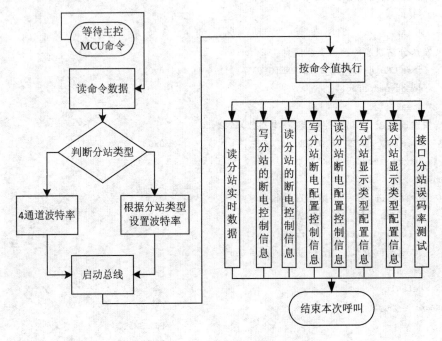

图 6-9　通信芯片呼叫分站流程

习题 6

1. 简述监控系统信息传输接口的主要作用。
2. 简述基于 89C51 为核心的 KJJ26 信息传输接口的构成。
3. 简述基于 89C51 为核心的传输接口的基本工作过程。
4. 分析基于 89C51 为核心的传输接口的构成及各部分功能。
5. 简述基于 ARM 的接口的基本组成及各部分的主要功能。
6. 试分析 ARM 主控电路的基本原理。
7. 分析 RS48 通信板的组成及各部分功能。
8. 简述基于 ARM 的接口软件设计的基本内容。

第7章 监控主站软件设计

矿井安全生产监控系统由硬件部分和软件部分组成,在相关硬件设备支持的基础上,监控主站软件实现了整个监控系统的各项功能,监控主站软件是整个监控系统的灵魂。监控系统通过丰富的软件功能,实现对井下安全参数,如瓦斯、风速、负压、一氧化碳、温度等多种模拟量参数进行连续监测和记录;对设备的开/停状态,如采煤机、运输机、水泵以及供电设备进行监测和记录;实时显示监控数据,描绘实时曲线和历史曲线,打印各种报表等功能。同时,KJ93监控软件还具有图形模拟显示、大屏幕显示、模拟盘显示、瓦斯抽放等子系统接口。

7.1 监控软件设计概述

软件设计是一个把软件需求转换成软件表示的过程,它是在对系统的信息、功能、行为和各种要求理解的基础上构想未来的系统。这种构想是否正确和完美,需要后面的编码阶段来构造,测试阶段来验证。软件设计过程中,需求分析阶段获得的需求规格说明书是软件设计的基础。与普通的软件设计不同,矿井监控系统软件的设计除了需要遵守普通软件设计所需要遵守的各类规范,还应遵从《煤矿安全规程》和《矿井安全生产监控系统软件设计规范》,以适应矿井环境参数的监测和控制,同时设计中应做到标准化、规范化,软件使用简单、灵活、方便。

7.1.1 监控软件需求

由于矿井监控的特殊性,行业标准《煤矿安全生产监控系统软件通用技术要求》对监控软件的技术要求(即软件的性能指标),做了明确规定。这些性能指标主要对涉及用户最关切的实时性、可靠性、精度和响应时间等方面进行了较为详细的规定。

(1)实时性

监控系统软件的实时性主要体现在对监测数据采集的实时处理能力。严格地讲,由于监测系统对各测点是巡回监测的,不可能做到对每一个测点都完全连续地监测,因此实时监测只是相对的。对一定数量的监测点,系统的传输速率越高,监测的周期越短,实时性越好。

(2)中文显示与打印

监控软件必须具有汉字显示、用汉字打印表格及汉字提示功能。

(3)信息输出与存储

软件应具有显示、打印、报警和存储功能。

(4)人机对话

软件应具有人机对话功能,在不中断系统正常运行条件下,通过操作生成或修改系统参数、图表和图形等。

(5)自 检

软件应具有对接入系统的传感器、分站、执行装置等设备的工作状态、传输电缆故障位置的自检功能。

（6）容　错

软件应具有容错功能，在系统硬件正常运行时，对于人为操作错误、存储读写错误、打印机没联机、软件运行错误等异常不应导致死机故障。

（7）操作管理

软件应具有操作权限管理功能，对参数设置和控制必须使用密码操作，并具有操作记录。

（8）主菜单

在各种显示模式下均应有主菜单显示，主菜单应包括参数设置、页面编辑、控制、列表显示、曲线显示、状态图及柱状图显示、打印、查询、帮助等。

（9）分类查询

报警查询：根据输入的查询时间，将查询期间内报警的全部模拟量和开关量显示或打印；断电查询：根据输入的查询时间，将查询期间内断电的全部模拟量和开关量列表显示或打印；馈电异常查询：根据输入的查询时间，将查询期间内馈电异常的全部开关量和模拟量列表显示或打印。

（10）精度和响应时间

软件在完成数据运算和处理时，所带来的各种运算和处理误差应小于0.5%。在连续的运行过程中，软件应能响应操作人员从键盘输入的命令，从键盘输入到执行该命令的最长间隔时间应小于10s。

为了保障监控软件有一个正常、良好、可靠的运行环境，还应注意计算机运行的辅助条件，如不间断电源、稳压器、计算机房的接地系统，以防止电源或空间的强电磁干扰。为了保障系统能可靠运行，备用计算机是必不可少的。按照《煤矿安全监控系统通用技术要求》（AQ6201—2006），从工作主机故障到备用主机投入正常工作时间应不大于5min。

监控软件设计中，除了按照上述要求设计外，还需要遵从如下规范要求。

（1）数据单位：所有单位应采用法定计量单位。

（2）数据表示格式：模拟量值一般采用3位或4位有效数字表示，常用参量的表示格式如表7-1所列，开关量状态可用汉字（如开/停）、字符（如ON/OFF）、图形颜色（如红色为停止，绿色为工作），或其它方式（如模拟旋转表示工作等）表示。

表7-1　常用参量的表示格式

参量名称	表示格式	单位	备注
低浓度甲烷	0.00	%CH4	
高浓度甲烷	00.0	%CH4	
一氧化碳	00.0	ppm	0～99 ppm 量程
一氧化碳	000	ppm	0～500 ppm 量程
风速	00.0	m/s	
温度	00.0	℃	
风压	000	kPa	
煤仓煤位	00.0	m	
煤产量	0000	Kt	

续表 7 - 1

参量名称	表示格式	单位	备注
电压	000	V	660V 以下和 660V
电压	0000	V	1140V 及 1140V 以上
电流	000	A	
电功率	00.0	kw	
电度	0000	kw. h	

（3）时间系列：在计算、显示、打印、存储等功能中凡能涉及时间期限时，宜选用表 7 - 2 所列的系列值。

表 7 - 2   时间系列值

时间分档	单位	系列值						
短时期	s	1	5	10	30	60	----	----
中时期	min	5	10	30	60	120	240	480
中时期	h	1	2	4	8	16	24	48
长时期	天	1	3	7	10	20	30	----
长时期	月	1	3	6	12	----	----	----

（4）色标：颜色所代表的意义可按下列选择：

1）红色：超限报警、设备故障、停止运行等；

2）黄色：设备维修不用、测点不巡检、接收不到信号；

3）绿色：正常运转、工作。

（5）符号：用符号代替汉字时，应去该汉字表示的英文词组首字母为符号，有约定成俗的除外，常用的符号如表 7 - 3 所列。

表 7 - 3   常用符号

符号	意义	符号	意义	符号	意义
A	模拟量	D	开关量	C	控制量
I	输入	O	输出	ON	接通
OFF	关断	U	电压	A	电流
W	电功率	WH	电度	CH 或 CHL	低浓度甲烷传感器
CH 或 CHH	高浓度甲烷传感器	CO	一氧化碳传感器	V	风速传感器
T	温度传感器	P	压力传感器	—	表示空位符

（6）字符长度：显示或打印汉字名称长度应不超过 8 个汉字长度。

7.1.2　监控软件功能描述

按照功能划分,监控系统软件主要包括以下几方面的功能,如图 7-1 所示。各部分功能描述如下。

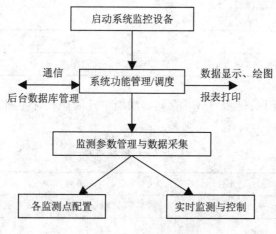

图 7-1　系统软件功能

(1) 启动系统监控设备:主要完成系统初始化,通过人机对话设置系统的测点、分站及系统参数等。

(2) 系统功能管理/调度:主要完成与后台数据库通信、后台数据库管理、数据显示、检错、打印等相关处理。

(3) 监测参数管理与数据采集:主要完成对对系统中各类监测参数的管理,实时接收各监测点传送的数据,实现数据采集及对采集数据进行处理。

(4) 各监测点配置:主要完成监测点(分站)所接入模拟量、开关量的类型及输入接口,开出量的类型及输出接口等的设置。

(5) 系统实时监测与控制:主要实现对测点的实时巡回采样、编码和传输;将控制指令传向对应的分站,从指定输出口执行控制;能监视系统运行状态,实现系统自检。

在监控系统软件的详细设计阶段,上述部分的功能需要进一步细化。下面列出了数据采集处理环节的部分详细功能:

数据采集:监控主站实时接收各监测点(分站)传输来的信息,并交由监控系统软件,监控软件对接收到的信息进行转换及后续处理。

数据显示:可以按照分站实时显示各测点模拟量及开关量的实时数据,也可按位置实时显示模拟量和开关量的实时数据;同时,可以观察所监测传感器的实时数据变化、历史数据变化以及传感器故障情况。

曲线显示:对各种模拟量实时监测数据与历史监测数据以线条方式进行曲线显示。历史曲线显示方式有:在同一坐标上用不同颜色显示各模拟量的最大值、平均值、最小值的变化趋势;在同一屏幕上可同时显示不小于 3 个模拟量,设有时间标尺,可显示出对应时间标尺的模拟量值;具有模拟量月、年统计曲线。

图形模拟:主要通过图形模拟的方式来进行监测数据的实时显示。用户可根据需求,绘制矿井巷道模拟图、通风系统模拟图、巷道运输系统模拟图、胶带运输系统模拟图、巷道布置图等,然后在所绘制的图形上放置监测数据控件,进行数据的实时显示,以便形象、直观、全面地反映安全生产状况,可以及时了解系统配置、运行状况,便于管理和维修。

打印功能:打印 24 小时安全参数最大值、平均值日报表;瓦斯超限起止时间、超限次数、最大值日报表及月报表;测点每 5 分钟的最大值、平均值报表;模拟量每小时统计班、日报表;模拟量 24 小时变化曲线及月、年统计曲线。还提供设备开停、传感器故障、断电仪断电等日报表。

报警及断电功能:当监测到瓦斯含量超限时,可实现井上、下同时声光报警,并可进行直接控制断电和异地控制断电。

瓦斯抽放:根据抽放参数计算瓦斯抽放的流量,形成瓦斯抽放流量的曲线和报表的显示及打印。

随着应用软件开发工作的不断深入,矿井监控系统软件也历经由少到多、由简单到完善、由低级到高级的发展过程。软件功能的开发和完善也经历着一个不断发展、不断升级的过程,随着监控系统硬件的更新,配接了新型传感器,汇入了新的专用子系统,相应的软件功能必然要有更新的扩展。

7.1.3　监控软件设计流程

在软件设计中,任一种软件设计方法都将产生系统的总体结构设计、系统的数据设计和系统的过程设计,如图 7-2 所示。在 7.1.1 小节和 7.1.2 小节,我们分别给出了矿井监控系统软件的信息描述和功能描述。

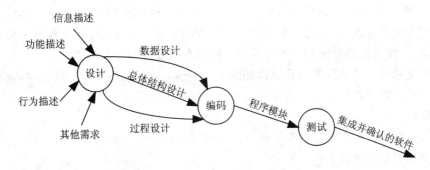

图 7-2　开发阶段的信息流

1. 总体结构设计

总体结构设计的目的是明确监控软件各主要部件之间的关系,基于结构化理论的软件结构设计是以模块为基础的。在需求分析阶段,通过选择合适的分析方法将整个监控系统分解为成层次结构;在设计阶段,以需求分析的结果为依据,从功能实现的角度将需求分析的结果映射为模块,并组成模块的层次结构。

简单地说,总体结构设计需要产生一个模块化的软件结构并明确各模块之间的控制关系,此外还要通过定义界面,说明软件的输入输出数据流,进一步协调软件结构和数据结构。软件总体结构的设计是软件设计关键的一步,直接影响到详细设计与编码的工作。软件系统的质量及一些整体特性都在软件结构的设计中决定。因此,软件总体结构设计应由经验丰富的软件人员担任,采用一定的设计方法,选取合理的设计方案。我们将在下一节讨论监控系统的总体结构设计。

2. 数据设计

在结构化理论下的软件系统中,尤其是对于大型数据处理的软件系统来说,除了系统总体结构设计外,数据设计也是非常重要的。

数据设计应根据需求分析阶段对系统数据的组成、操作约束和数据之间关系的描述,确定数据结构特性。对于监控系统软件设计来说,所涉及的数据虽然很多,但数据的格式比较简单,对数据结构的要求也并不是很高,因此该部分设计比较容易完成。因此,本书对该部分没有进行更深入的讨论。

3. 过程设计

过程设计依据软件的总体架构,旨在完成软件的每一部件的过程化描述,包括有关处理的精确说明,诸如事件的顺序、确切的判断位置、循环操作以及数据的组成,等等。

软件设计应该遵循的原则是:设计应与软件需求保持一致,设计的软件结构应支持模块化、信息隐藏等特性。软件设计可以选用的方法和工具是比较多的,如结构化的设计方法、面向对象的设计方法等。软件开发人员可以根据实际情况选用合适的方法。我们也将在下一节对过程设计进行较详细的介绍。

7.1.4 监控软件总体结构与过程设计

监控系统软件的模块一般是按功能类别划分的,并且按层次结构组织起来,相近的功能可以共用模块,只需在调用时赋予不同的参数。这样的结构具有较高的编程效率和运行效率,而且易于改进和升级。对不满意的模块可单独进行修改,而不会对其他模块产生影响,从而逐步使整个系统发展完善起来。目前,各矿井系统软件的结构基本都采用了层次化的模块结构,对增加新的功能、实现新的性能和扩展子系统或网络都有较好的适应能力。

监控软件总体结构软件的总体结构如图 7-3 所示,软件总体分为三层结构:数据采集层、实时应用层和数据处理层。总体结构及各部分的过程设计简述如下。

(1) 数据采集层

监控软件中的数据采集层主要负责软件系统与硬件系统间的数据交互工作,具体来说,就是实现数据的采集和转换工作。

(2) 实时应用层

实时应用层处于数据采集层的上一层,其基本功能是完成对数据采集层所采集数据的实时存储、实时显示、实时报警处理和实时图形模拟显示等功能。

其中,数据实时存储包括模拟量统计值记录、模拟量报警值记录、模拟量断电值记录、模拟量馈电异常记录、开关量状态变动记录、开关量断电和报警记录、开关量馈电异常记录、监控设备故障记录等;实时显示包括模拟量数据实时显示、开关量数据实时显示、模拟量报警显示、模拟量断电显示、馈电异常显示等;实时报警处理包括实时声音报警和光报警;实时图形模拟显示包括采掘开系统模拟图、运输系统模拟图、安全监测系统模拟图、瓦斯抽放系统模拟图等数据的显示。

(3) 数据处理层

数据处理层位于数据应用层的上层,主要功能是完成统计数据处理、显示与打印等功能,

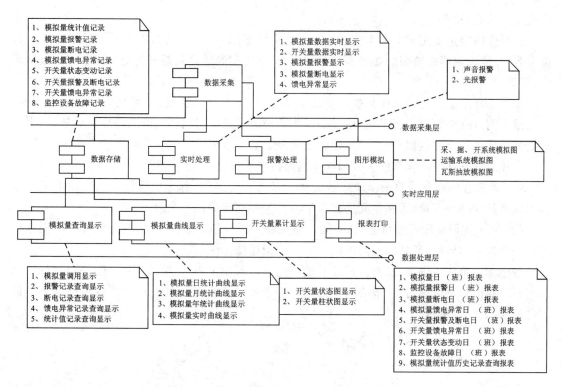

图 7－3 监控系统软件架构

如数据查询显示、模拟量曲线显示、开关量累计显示、报表打印等。

其中，模拟量查询显示包括模拟量调用显示、报警记录查询显示、断电记录查询显示、馈电异常记录查询显示、统计值记录查询显示；模拟量曲线显示包括模拟量日统计曲线显示、模拟量月统计曲线显示、模拟量年统计曲线显示、模拟量实时曲线显示；开关量累计显示包括开关量状态图显示、开关量柱状图显示；报表打印包括模拟量日(班)报表、模拟量报警日(班)报表、模拟量断电日(班)报表、模拟量馈电异常日(班)报表、开关量报警及断电日(班)报表、开关量馈电异常日(班)报表、开关量状态变动日(班)报表、监控设备故障日(班)报表、模拟量统计值历史记录查询报表等。

在实际应用场合，虽然用户较为关心软件的功能和实用特性，但用户界面是用户天天接触到的，因而友好的用户界面往往能得到用户的认可。

7.1.5 监控软件测试

软件在设计开发完成后、在交付实际应用前，需要对软件进行测试。软件测试是在规定的条件下对程序进行操作，以发现程序错误，衡量软件质量，并对其是否能满足设计要求进行评估的过程。软件测试的原则、目标、对象、流程、方法和模型等需严格遵循通用的软件测试标准，这里不再详述。

按照监控系统软件架构，监控系统软件测试内容也分为三部分：即分别对数据采集层、实时应用层、数据处理层进行测试。

对于数据采集层，需要把采集的数据与传感器实际数据比较。由于系统硬件部分已经做过了详细的测试，对传感器信号进行了可靠处理，软件系统通过信息传输接口，接收的数据应该也是可靠的,没有错误。

实时应用层主要完成对采集数据处理后的实时显示,因此测试的重点在于显示格式是否符合要求,能否根据报警限的要求实现可靠报警,能否正确地把数据分类记录到相应的数据库中,等等。

数据处理层主要对数据库数据进行加工处理,以查询、曲线、报表、网页等形式再现数据,因此重点测试查询结果是否正确,曲线是否正确描绘了选择时间间隔的数据变化趋势,报表是否正确统计了需要的数据,网页是否能够正确浏览监测数据。

监控系统软件测试在软件生存周期中横跨两个阶段:

(1)通常在编写完成每个模块之后就对它做必要的测试(称为单元测试),模块的编写者和测试者是同一个人,编码和单元测试属于软件生存周期的同一个阶段。

(2)在上述测试阶段结束之后,对软件系统还要进行各种综合测试,这是软件生存周期中的另一个独立的阶段,通常由专门的测试人员承担这项工作。

按照测试具体步骤来说,软件产品一般要经过以下四步测试:单元测试、集成测试、确认测试和系统测试。测试通过后,最终提交给用户一个比较满意的产品。具体测试过程软件测试的过程如图7-4所示。

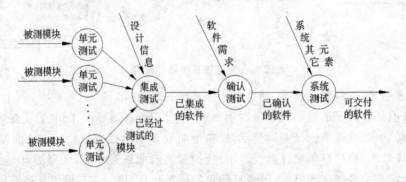

图7-4 软件测试的过程

单元测试:集中对用源代码实现的每一个程序单元进行测试,检查各个程序模块是否正确地实现了设计的功能。

集成测试:根据设计规定的软件体系结构,把已测试过的模块组装起来。在组装过程中,检查程序结构组装的正确性。

确认测试:检查已实现的软件是否满足了需求规格说明中确定的各种需求,以及软件配置是否完全、正确。

系统测试:把已经经过确认的软件纳入实际运行环境中,与其它系统成份组合在一起进行测试。

在软件测试过程需要考虑三类输入:(1)软件配置:包括软件需求规格说明、软件设计规格说明、源代码等;(2)测试配置:包括测试计划、测试用例、测试驱动程序等;(3)测试工具:测试工具为测试的实施提供服务。软件测试的信息流如图7-5所示。

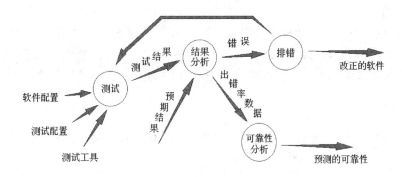

图 7 - 5　软件测试的信息流

7.2　监控软件详细设计

监控软件详细设计是对概要设计的一个细化,就是详细设计监控系统中每个模块的实现算法及所需的局部结构。在详细设计阶段,主要是通过需求分析的结果,设计出满足用户需求的监控系统软件产品。本节只是简单介绍监控软件中的主要功能模块需要考虑的问题,并不深入探讨详细设计的具体过程、数据结构的构建、具体算法的设计,相关内容可参阅软件工程方面的著作或教材。

7.2.1　初始化设计

系统初始化设计的任务是将系统的各项和与某一特定用户有关的内容,在系统运行前确定下来,使系统按预定要求运行;其次,在系统运行过程中,仍可根据要求对局部内容进行增删或修改。

监控软件初始化主要进行如下部分的初始化工作:

(1) 系统初始化:主要对监控系统的名称、监控系统用户的名称、监控系统的日历时钟等进行初始化设置。

(2) 分站初始化:主要对监控系统所配接的分站的类型及编号、安装地点、分站所连接传感器的类型、开出量的类型等进行初始化。

(3) 监测量初始化:确定传感器类型、监测量的名称、代码、单位、范围、数据格式、数据转换格式、报警缺省值、控制缺省值、存贮分类等内容进行初始化。

(4) 测点初始化:主要对测点的名称、地点、代号,传感器的类型、报警值、控制值等进行初始化。

通过上述初始化工作,将地面监控中心站与井上/井下分站、分站与所接的传感器及控制机构等结合起来,从而将整个硬件设备和软件系统构成一个完整的矿井监控系统。监控系统正常工作后,监控中心站通过信息传输接口按照排列好的分站编号、顺序和分站进行通信;分站则按预定顺序依次将各输入口的监测值送到信息传输接口,监控中心站从信息传输接口接收采集到的数据并按预定顺序依次进行处理、显示、打印、存储等工作。

同时,为了能准确、快捷地进行系统初始化工作,还应当做好各项准备工作。首先,要有明确的全矿监控系统的安装设计图,确定在井下哪些地点安放分站,确定分站的编号,各个分站要接的传感器类型和安装地点、预定在监控分站的哪个输入口。其次,要按照安装图正确地布置井下分站,正确地分配分站地址(具体是通过拨动分站的地址编码开关来确定),正确地在各输入口接入预定的传感器。最后,要对所接入的传感器的性能有清楚的了解,厂家可将所能配接的传感器的各项有关参数预先存在系统数据库中,以便初始化时选用。

7.2.2　数据处理

在监控系统软件中,数据处理功能主要包括数据传输、数据采集与处理和数据存储三方面的内容。

1. 数据传输

数据传输功能在整个监控系统中占有十分重要的地位,其基本功能是将传感器监测所得的信号,由井上和井下分站传送到地面中心站进行集中处理,同时将相关的控制信息由监控中心站发送到相应的分站,并由分站发送到相应的执行机构,或由分站直接将控制信息发送到相应的执行机构。

针对井下特殊的环境要求,数据传输的基本要求是传输距离远、不中断、准确性高。传输制式有时分制和频分制,目前频分制已被淘汰,时分制已日趋完善,应用广泛。数据传输软件主要完成数据编码、通信协议、自检等任务。该部分在前述章节已详细介绍。

目前,监控系统使用的通信协议一般并不复杂,能满足监测速度和规模的要求。现在的监控系统多采用半双工通信,即上行数据与下行数据不同时传送。首先,中心站向井下发出某个分站的地址码,该分站接收应答后,向地面发送数据;其次,中心站接收结束后,再与下一分站通信。对无分站的系统则直接发送测点地址码,传输过程与上面所述相同。在异常情况时,如有较强的干扰导致误码,中心站将监测出校验码的出错信息,再重新与分站进行通信,让分站重新发送数据;一般重发三次,仍不合格,判为无效,通信失败。

通信自检在通信中始终不断地进行,并能将通信的情况及时报告中心站,在显示屏上显示巡检情况,以便及时处理。如是否有通信故障,各分站或测点的通信状况是正常、停机或挂起等。

2. 数据采集与处理

数据采集与处理是监控软件的基本功能,现在系统所用的数据处理方法主要有数据进制转换、格式转换、求平均值、最大值、最小值、计时、累加、数字滤波、比较判断等等。这些方法主要用于监测数据的显示、报表、报警和断电控制等功能。

除通过监控系统自动采集的数据外,还有部分数据需要人工录入,如煤炭产量、掘进情况、材料消耗、情况说明文字等等。

3. 数据存储

监控系统软件一般应具有如下数据存储功能:(1) 对不同类型的监测值,应按不同的时间间隔进行分档存储,并应合理安排在硬盘中的保存期;(2) 存储的数据应包括模拟量值、开关量值、累计量值、人工输入量值、故障统计、设备运行统计及报警统计等;(3) 重要测点(如瓦斯)的实时数据应能保存24小时以上;(4) 重要测点(如瓦斯、一氧化碳)每5分钟的最大值、平均值应能保存3个月以上。

为了更好地理解和执行监控系统软件设计规范,优化数据存储功能,在设计时,还应注意以下几方面的问题。

（1）实时数据存储

在监控系统中，实时数据一般指系统中心站每次巡检分站所采集得到的监测数据，如果每10 秒巡检一周，则指的是每 10 秒间隔的"实时"数据。当然，分站对所接入传感器的监测更快一些，一般在 200 毫秒以内便可完成对各输入口的巡检。在中心站的一个巡检周期中，分站能巡检几十次至上百次，对这样大量的数据，没有必要全部送给中心站。分站对这些数据要进行滤波、筛选，按数据处理要求，选定相应的值送给中心站。尽管这些数据并非真正意义上的实时数据，但对一般情况下的瓦斯变化分析是有用的。

（2）数据压缩存储

对于长期存储的历史数据，往往需要采用压缩存储方法。现在压缩存储技术发展很快，但矿井监测系统不一定采用复杂的压缩技术，简单的处理方法也可获得明显效果。例如时间量的存储，可以只存某段时期的开始与结束两个时间值，期间的数据按某一标准时间间隔顺序排列，在调出数据时，可通过计算就能获得数据的发生时间；又如，对开关量状态值的保存，可以只保存变化时间量和状态量，而不存大量的保持状态的时间和量值；再如，对模拟量可以预先设定一个变化率值，超过变化率值的则存储并计时，未超过的则认为不变化，不必存储。这样既能节省大量存储空间，又能满足分析需要。这种简单而实用的方法称为变值变态记录。

（3）关于取值的时间间隔

在计算监测量的平均值、最大值、最小值时，都要涉及是哪段时间的数据，即时间间隔的问题。对历史数据，国际上常用 10min 或 15min 间隔取平均值。结合我国情况，矿井相关规范提出瓦斯和一氧化碳每间隔 5min 取最大值、平均值。按此要求，存 3 个月数据所需存储空间为：每一个测点是 $2 \times (60/5) \times 24 \times 30 \times 3 = 51\ 840$ 个数据，约 52 KB；若是 100 个测点的中、大规模系统，则达到 5 200 KB。现在，大容量计算机硬盘存储器发展很快，硬盘的价格已不是问题，主要问题在于系统的查询、处理能力，这需要利用高性能计算机结合合理的数据库设计来解决。

4. 数据显示与打印

（1）显示格式设定与调用

显示格式设定是为了能方便、清楚地了解系统的监测量的信息，将要显示的信息按照一定的类别、一定的格式和一定的要求显示出来。如，监测信息显示按类别可分为：显示一个分站各测点信息，显示某一工作面各测点信息，显示某一采区或某一区域内各测点信息，显示安全监测信息，显示瓦斯监测信息，显示火区监测信息，显示通风监测信息，显示机电设备运行状况信息，显示运输、水泵、压风、提升等生产工况信息等等。显示时要求显示的内容包括：测点编号、测点名称、测点位置、测点的监测值、监测值的单位、是否报警、是否有控制等等。

显示格式设定时，一般设计成一整屏幕大小，为了在该屏幕上同时显示二个或三个格式的信息，也有设计成 1/2 或 1/3 屏的。设计时要预先确定好要显示的内容要求，按屏幕宽度设定各格的宽度，以便能够放下显示的信息。表格宽度可以大于屏幕宽度，超出屏宽的内容用横移去看，一般重要内容尽量放在前面一整屏之内。对一屏内纵向排列的各测点信息，如果测点多，则可以翻页，还可以给显示的内容设定颜色，以示区分和提醒。

显示格式的调用方法很多，可以用输入格式的名称或代号调用；也可以通过菜单提示选择调用。有的监控系统软件将某些重要的监测信息固定在屏幕某个位置区内，并始终进行显示。在显示时，也可以由系统判断，在预定条件满足时自动弹出显示，如报警显示，一旦有瓦斯超限报警、系统运行故障报警,即自动弹出显示。目前,利用组态软件可以设计出很丰富、美观的显示格式,利用鼠标操作,一屏多窗口、切换、移动、调用都很方便。

(2) 数据可视化显示

数据的可视化显示是指采用图形化的方式来描述系统监测量的变化情况,可视化显示具有更加直观、清晰、醒目的特点,目前在监控系统软件中广为采用。数据的可视化显示主要包括图形制作和曲线显示两部分。根据监控系统的功能,监控软件实现的图形和曲线主要有以下几种。

系统运行模拟图:以图示方式显示整个监控系统的组成结构、系统配置及设备安装示意图、运行状态等信息。

实时传输模拟图:以实时动画的形式表现系统传输状态,实时显示系统中哪个分站正被巡检、哪个分站被挂起不受巡检、哪个分站故障或停电终止通信等状况,从而使整个系统的传输情况一目了然。

全矿或局部监控状态模拟图:主要用来展现全矿或某一局部(如某工作面)的监控状况,实时对应显示各测点监测值,如有报警或故障,则改变颜色或闪动;如有控制动作,亦可用不同颜色或图形变动表示。

全系统或子系统监控状况模拟图:主要展现整个监控系统或某一子系统的监控状况,如瓦斯监测、通风监测、运输、提升、排水、压风、供电、抽放、洗煤、装储等生产环节或子系统的监测模拟图,实时动态显示各监测值、监测状态等。

实时测点监测曲线:以模拟量测点的规范量程为竖轴,以时间为横轴,表示测点每次巡检值的动态曲线,直观表示该测点监测值的实时变化情况。在一幅图上可以显示几个测点的曲线,可分别用不同颜色区分,但若设置测点过多,可能会影响用户的观察效果。

开关量状态时间矩形图:以时间为横轴的开关量状态矩形图,不同状态用不同颜色表示,某一状态的持续时间形成一矩形,从而直观反映某开关量在一段时间过程中的变化与持续情况,如反映皮带机开/停机的时序图。

图形软件设计技术近几年发展很快,早期图形软件用高级语言编写,功能简单,用户难以掌握编程方法,甚至无法修改已编制好的图形。目前图形设计工具获得普遍应用,结合监控软件的要求就能方便地设计图形,并加入动画和彩色。

需要强调的是监控系统中的图元设计技术,在进行数据可视化设计时,可将矿井监控常用的单元图形制作出来,如井塔、绞车、主扇、电机、皮带、局扇、采煤机、刮板机、开关、巷道等等;其次,监测系统中的常用设备也可制成单元图形,如计算机、分站、传感器、断电控制器等等;而传感器又可分成瓦斯、风速、负压、温度、一氧化碳等。采用图元方法设计图形很方便,用户经过一段训练即能自己设计图形,甚至设计图元。图形中的动画和实时数据显示需要程序控制,模拟动画的动作与实时数据的显示,均要与监测点关联起来,预先设定好,在调用画面时激活测点,显示在画面中。

(3) 打印格式设定与调用

监控系统中的打印功能特别重要,因为打印出的报表要报送有关领导和管理部门审阅和分析。打印格式设定和显示设定方法相同,一般设计为表格形式,而且各自有常用的表格形式。现在表格设计大多采用表格工具,可以很方便地制作复杂的表格,对表格线也有多种选择。表格的内容不但可以直接调用监测信息、数据库信息,而且应当允许人工录入一些内容,如情况说明用文字等。

打印的调用有定时打印和随机打印两类。定时打印可设定为每日、每周或每旬、每月打印，计算机系统按运行的机内时间，到时即可打印。随机打印时，只需调出所需打印的表格打印即可；但打印前需执行预览功能，确定输出格式、数据等都正确无误后再行打印。

7.2.3　报警处理

系统报警功能是矿井安全监控系统的重要功能，主要实现井下瓦斯超限报警、通风异常报警、超温报警、火灾报警、CO 超限报警、水位异常报警及监控设备故障报警、生产设备或环节的异常或故障报警等。报警处理功能主要包括报警设定、报警判别和报警信息处理三个方面。

1. 报警设定

指对监控系统中的某测点或某些测点的报警预定值或预定状态进行设定。比如，煤炭行业要求井下瓦斯达到 1% 含量即应进行报警，一氧化碳达到 24ppm 即应进行报警。对故障和某些开关量状态，如风门开/关，则按开关量状态进行设置。另外，对于井下的多个相关测点可能还需要设置为关联报警。

2. 报警判别

目前采用的报警判别模型均为门限判别方法，即达到某一预定值或预定状态时，即发出报警信息指令，启动报警程序。为了更准确地报警，可以研究开发趋势报警模型、连锁报警模型等。

3. 报警信息输出

一般在屏幕上以表格方式显示报警信息，或在图形中以颜色或闪烁显示报警状态。显示报警还可伴有声响信息，并可按键隐含或取消，显示方式比较好的是采用弹出窗口方式。通常还要将报警信息打印出来用以存档或对故障进行分析研究，可以选择定时打印或随时调用打印。

7.2.4　控制机制

监控系统的控制机制是实现整个系统自动化的重要手段，其控制模式主要分为开关量控制、门限控制、调节控制、相关控制等许多种类。目前矿井监控系统采用最多的是门限控制，如瓦斯超限断电控制。监控系统的控制机制主要完成三方面功能：控制设定、控制判断和控制输出。

1. 控制设定

控制设定首先选定与控制相关的测点，设置实施控制的参量值或门限值，如瓦斯断电门限一般为 1.50%，再设定执行这一控制的输出点，即在某分站控制某个输出口；同时确定输出执行的反馈信息，即控制输出口的状态。如果是调节控制，应设计算法程序，确定输入量、控制量和反馈量，以及相应的输入、输出信号测点或端口。

2. 控制判断

将监测量不断与设置的门限值进行比较，当监测值达到控制门限并满足相应的控制条件和可靠性要求的情况下，系统即可发出控制指令，输出控制信号。对于较复杂的调节控制，则需要不断地计算调控对象的状态、反馈量，得到最佳的输出调节量，同时还要注意是否达到保护界限值。控制的运行过程是实时过程，软件的实时特性应当满足控制对象的实际运行要求,否则将不能获得满意的调控效果。

3. 控制输出

按控制指令将执行信息由地面传输给相应的分站,并在指定的输出口动作。一般瓦斯断电控制在分站输出 TTL 信号或断电的接点信号,通过中间继电器使供电开关跳闸,切断电源。对于调节控制,则将执行信息输出给指定的执行器,令其动作,达到调节目的,如控制步进电动机调节阀门开口的大小,达到预定压力或流量的控制。

7.2.5　系统自检

监控系统应具备故障处理功能,包括对系统硬件故障和软件故障的处理。监控软件的故障处理功能是指进行系统自检、故障分析判断和故障显示与记录。

监控系统中,许多硬件故障是由分站的单片机自检发现,并向中心站传达故障情况信息;中心站接收、处理这些信息,并发出故障报警,显示或打印出故障情况。

对于系统软件的故障,要设计各类软件故障或出错的检查程序,如进行数据校核检查、功能执行检查、控制指令执行检查,以及操作系统运行中的各种出错或故障检查。

故障的处理有几种情况:

① 系统正常运行,应提示说明;

② 系统运行暂停,提示故障,处理后继续运行;

③ 系统停止运行,指示故障,排除后重新启动系统。

需要指出的是,并不是所有的故障都可以自检发现,有些故障的提示可能是笼统的范围,难以判断故障的原因。对软件开发者来说,编制尽可能完善的检错程序、帮助提示程序很有必要。

7.2.6　数据共享

矿井监控系统本身就可看作一个分布式的计算机网络系统,系统中心站和各分站构成网络节点。这里所说的数据共享功能,是中心站与矿井其他计算机、煤矿企业与上级部门计算机等构成的网络,这个网络传送的内容是经中心站处理后的监控信息和企业管理信息,网络上的各节点计算机可以调用分享监控信息,也可以处理管理信息,这样就将监控系统与企业管理信息系统构成了一个有机的整体。

矿井监控系统的数据共享功能的任务是网络管理、信息传送和调用监控信息等。现在局域网应用较多,它比较适于办公自动化的应用,而对实时监控信息不能适应。既能传送管理信息,又能传送监控信息的网络需要一种实时的信息网络,其网上节点可以采用前、后台方式工作,前台为显示界面,后台实现实时信息传输。这些信息主要是实时监控信息,而在其间分配插入一些管理信息块段,根据网络协议可以固定或随机插入这些块信息,由于网速很高,不会影响实时监控信息的传送。为了能共享矿井监控信息,需要对上网信息统一格式、统一定义,这样无论是发送或接收这些信息,都能正确识别处理而不混乱。

7.3　KJ93 监控系统软件设计

本节以 KJ93 型矿井安全生产监控系统为例详细给出了监控系统的软件设计,并详细介绍矿井安全生产监控系统软件的主要功能及使用方法。

KJ93 型矿井安全生产监控系统软件主要由主控软件和远程终端软件构成,既可在单机方式下运行,也可以网络方式运行。监控系统可以管理 32 个监控分站,包括模拟量输入 128 个,开关量输入 256 个,控制量输出 128 个,共计测点 512 个。这些测点将矿井各分站的供电状态(交流或直流)、通信状态(通或断)、井下被测环境中有毒气体的浓度、环境的温湿度、压力及风速等设备及环境信息实时地传送到地面中心站监控主机上,并通过表格、图形等形式显示出来,从而实现矿井的综合安全生产监测监控。

7.3.1　系统设置

1. 软件启动

双击"KJ93 监控系统"图标,进入系统登录界面。在"用户登录"界面,操作员可以选择"操作员"右边的下拉列表得到自己的号码,同时操作员的姓名在"姓名"后的方格内出现,光标自动定位在"口令"后的方格内,等待操作员输入属于自己的密码。密码输入错误,系统给出错误提示,超过三次,系统退出,拒绝进入。用户登录界面如图 7-6 所示。

正常登录后进入系统主菜单界面。标题栏显示"KJ93 监测监控系统",菜单栏项目包括:系统管理、数据视图、实时曲线、帮助等。显示界面如图 7-7 所示。

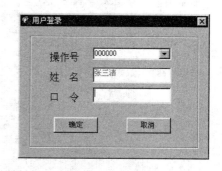

图 7-6　用户登录

图 7-7　KJ93 监测监控系统主菜单界面

2. 系统管理

"系统管理"主要完成如下系统的设置:启动数据处理子系统、直接断电控制、无线发送启动、模拟盘发送启动、模拟盘测试、参数重置、退出系统等选项,可以选择进入相应管理项目。

在进行每一项设置时,均需要操作员提供操作口令。输入口令的操作界面完全一致。若要修改密码,单击修改按钮,然后输入密码两次确认即可。如密码正确,则原为灰色的"确定"、"修改"按钮变为黑色,表示可用。如按"确定"则可进入分站管理界面。如按"修改"按钮可在文本框中输入新的密码,系统会提示重复输入一次予以确定。若不是授权用户,所输入密码不正确时,系统会警告密码错误,请重新输入。修改许可口令界面如图 7-8 所示。

下面分别介绍部分系统管理功能。

(1) 异地断电控制

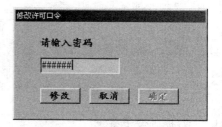

图 7-8　密码输入与检查界面

系统提供异地断电控制功能,此功能用来设置某个测点超限时,引起本分站所接断电仪或其他分站所接断电仪执行动作情况。若1号站1号测点的瓦斯传感器超限时,可以控制本分站的1号站3口,以及其他分站控制端口如图7-9中2号站2口,4号站1、2、3口。用户只需要用鼠标点击对应复选框即可,异地断电控制设置的设置界面如图7-9所示。每设置一个主控测点,要点击一次"更新"按钮,可以通过前四个按钮切换主控测点,按"确定"按钮结束设置返回。

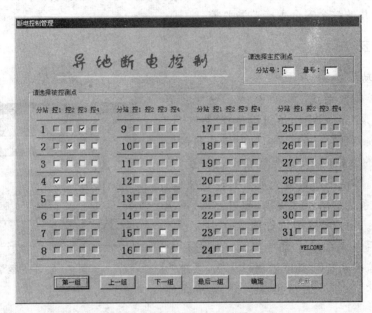

图7-9 异地断电控制控制设置

(2)无线发送启动

当在"串口管理"中选择了"发送标志",在主监控菜单中显示"发送/关闭"状态。显示"发送"时,表明系统已经通过选定的端口(COM1或COM2)发送数据序列,其他系统可以通过相应端口接收数据序列。显示"关闭"时,表明系统不通过端口发送数据,也不占用端口。

(3)模拟盘发送启动

当在"模拟盘管理"中选择了"发送标志",在主监控菜单中显示"发送/关闭"状态。显示"发送"时,表明系统已经通过选定的端口(COM1或COM2)发送数据序列,模拟盘可以通过相应端口接收数据序列完成数据显示。显示"关闭"时,表明系统不通过端口发送数据,也不占用端口。

(4)模拟盘测试

当调整模拟盘时,可以测试"测点位置"。模拟盘上分布着巷道示意图,数据显示块的位置所对应分站的端口的确定可以通过测试完成。

(5)参数重置

当对系统参数做了调整,可以不重新引导系统而使参数生效。

7.3.2 数据处理子系统

数据处理子系统主要包括参数设置、历史曲线显示和报表打印等功能。

1. 参数设置

（1）分站参数设置

分站参数设置主要完成系统所接分站参数的管理，基本界面如图 7 - 10 所示。图中每部分的含义及操作简述如下。

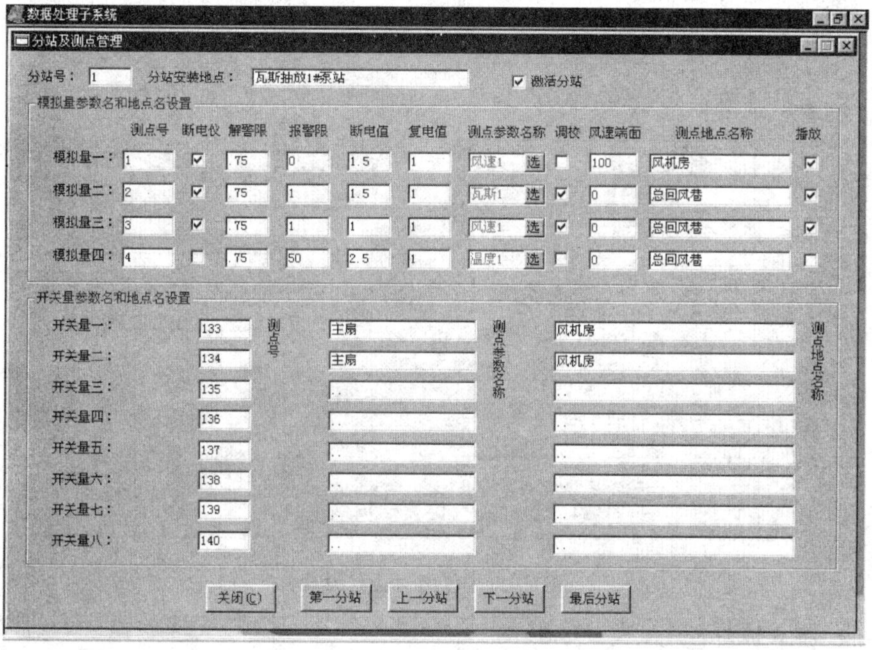

图 7 - 10　分站参数设置

分站号：已经根据系统容量确定，当用户点击窗体下面的操作按钮时，分站号自动增减。

分站安装地点：用户可以在其右面的文本框内输入分站的安装地点。

激活分站：当某个分站正确接入系统后，可以激活该分站；当检修或拆除某个分站时，可以挂起某个分站。

模拟量参数名和地点名设置：正确输入分站四个模拟量所接入的传感器的报警限，选择测点参数名称，输入测点地点名称，若参数为风速，可以输入风速端面来计算风量。若某个测点接入断电仪，可以点击"断电仪"列下的检查框，若对该测点对应的瓦斯浓度进行语音播放，请在"播放"下对应检查框内点击选中。

开关量参数名和地点名设置：正确输入分站所接入的开关量传感器名称，安装地点名称。

用户通过单击"上一分站"和"下一分站"，进行各个分站的设置；单击"第一分站"和"最后分站"来可以快速移动指针。单击"关闭"按钮即可保存更改并退出。特别注意：每个方格中的"．．"为缺省值，不能为空。

（2）传感器量程设置

为了使系统使用灵活，系统配接的传感器可以在规定厂家范围内选择。传感器信息在安装时由安装人员配置，用户管理员只需要在对应的下拉列表框中选择即可。例如：在"瓦斯 1"的右边选择"镇江 0－10％，200,1000,0,0,0.0125,0"，就确定"瓦斯 1"的参数属性。注意：在分站信息设置时，也分别设置成"瓦斯 1"，"瓦斯 2"，"风速 1"等，系统根据这些参数名称来计算对应的模拟量数据。如图 7-11 所示。

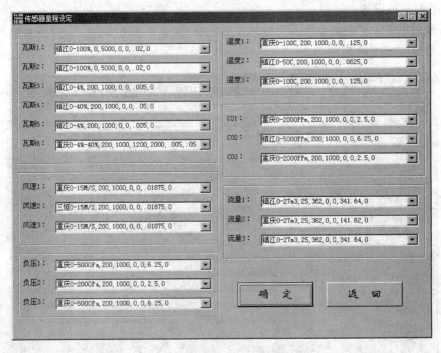

图 7-11　传感器量程设置

（3）打印机参数设置

在选择打印机类型界面上，单击"宽行打印机"或"窄行打印机"。若需要修改打印机的相关参数，可以根据不同报表或曲线需要进行调整。参数设置界面如图 7-12 所示，设置的具体参数含义不在赘述。

2. 曲线显示

模拟量历史曲线的统计显示主要分为三种类型：日统计曲线、月统计曲线、年统计曲线。每种类型从界面上可以分为单条曲线和三条曲线显示，同时还提供日曲线的最小时间间隔的连续显示方式。

日统计曲线[1 个测点]：首先选择日期（也可以按格式直接输入日期），曲线显示窗口即显示默认的第一个地点的瓦斯历史曲线。可以在"测点"右边的下拉框中选择测点的地点名称，模拟量类型通过点击选择，曲线的线形可以随时改变。屏幕右下角的滚动轴可以查看每 5 分钟的三种数据：最大值，平均值，最小值，同时在屏幕的底行跟踪显示。通过点击按钮"坐标显示"，实现曲线上的坐标线的显示和关闭，显示界面如图 7-13 所示。

月统计曲线[1 个测点]及年统计曲线[1 个测点]使用方法同上。图 7-14 给出了日统计曲线[3 个测点]、月统计曲线[3 个测点]、年统计曲线[3 个测点]的显示界面。

模拟量曲线显示中的一个窗口显示最大值，平均值，最小值三条曲线，使用方法同其他曲线。

模拟量曲线连续显示：按照数据在数据库中的时间记录顺序连续显示。拖动右上方的小滚动条，可以连续查看一条中每 5 分钟的数据记录；拖动右下角的滚动条，可以移动坐标，显示每小时内 5 分钟间隔的最大值、平均值、最小值数据，并在屏幕底行跟踪显示。其他曲线的显

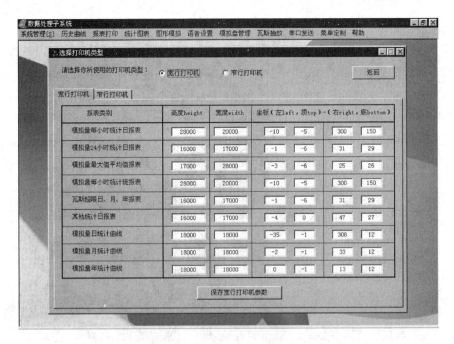

图 7 - 12　打印机参数设置

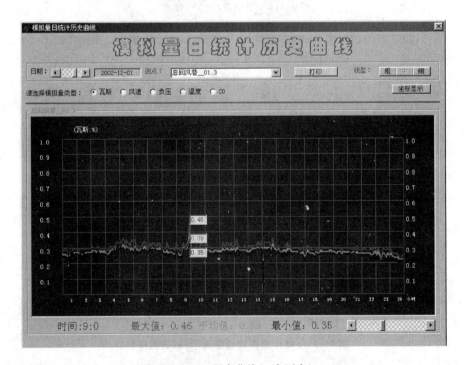

图 7 - 13　历史曲线(1 个测点)

示、使用方法相同,见图 7 - 15、图 7 - 16。

3. 报表打印

在打印模块中主要完成模拟量测点数据统计日报表、模拟量测点数据统计班报表、瓦斯监控日报表、瓦斯抽放报表等的打印。

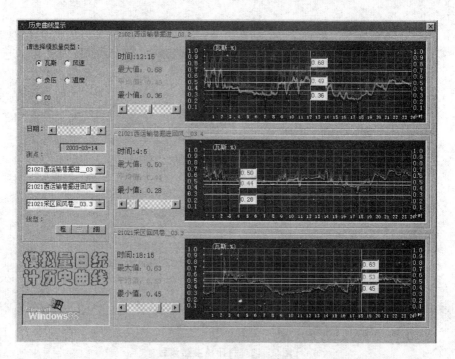

图7-14 历史曲线(3个测点)

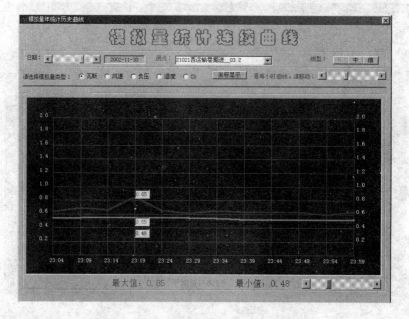

图7-15 模拟量曲线连续显示(以日为单位)

(1)模拟量测点数据统计日报表

选择所监测的模拟量类型(瓦斯、风速、负压等),移动滚动条来选择日期,然后点击"开始统计"。统计结束后,可以对所统计的数据进行"数据导出"、"打印预览"、"重排打印"、"格式打印"等。模拟量测点数据统计日报表的界面如图7-17所示,各部分的主要功能如下:

数据导出:把统计结果导出到监控主机的"我的电脑"下的相应的文本文件中。

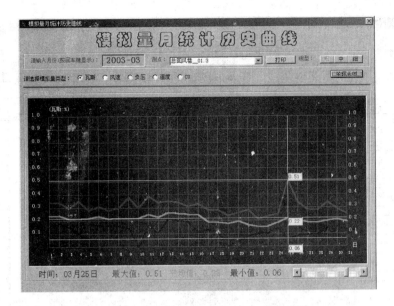

图 7 - 16　模拟量曲线连续显示(以月为单位)

重排打印:把统计结果借助"EXCEL"进行显示和打印。

格式打印:按照系统软件设计的固定格式打印。

(2) 模拟量测点数据统计班报表

选择所监测的模拟量类型,移动滚动条来选择日期,再选择班次,然后点击"开始统计"。统计结束后,可以对所统计的数据进行"数据导出","打印预览","重排打印","格式打印"等。含义同日报表,所不同的是可以选择班次进行统计。模拟量测点数据统计班报表的设计界面如图 7 - 18 所示。

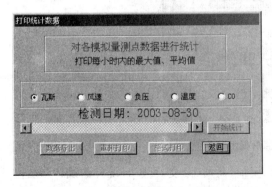

图 7 - 17　模拟量测点数据统计日报表打印

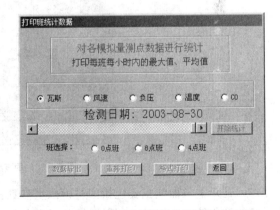

图 7 - 18　模拟量测点数据统计班报表打印

(3) 瓦斯监控日报表

选定瓦斯监控,系统对每个瓦斯测点按照 24 小时范围进行最大值和平均值的计算,并统计其超限次数、超限时间,及月累计超限时间。瓦斯监控日报表的具体设计界面如图 7 - 19 所示,其他类型测点操作与此类似。

(4) 瓦斯抽放报表

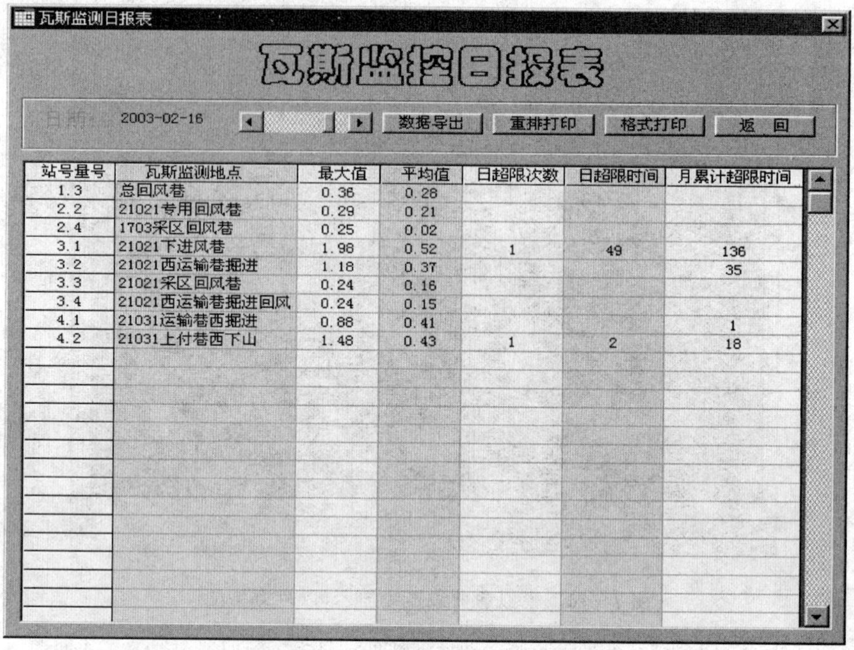

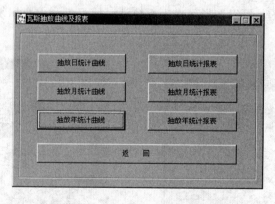

图 7-19 瓦斯监控日报表

瓦斯抽放信息显示内容包括曲线和报表,主要包括三类曲线:抽放日统计曲线、抽放月统计曲线、抽放年统计曲线,三类统计报表:抽放日统计报表、抽放月统计报表、抽放年统计报表,其界面如图 7-20 所示。

图 7-20 瓦斯抽放信息显示菜单

瓦斯抽放曲线主要包括四种模拟量参数:负压、流量、瓦斯、温度,可按日统计曲线、月统计曲线和年统计曲线显示。瓦斯抽放报表包括日、月、年统计报表,图 7-21 给出了瓦斯抽放信息统计日报表显示及打印示例。

(5)报表签字栏设计

因各个矿井的管理机构和管理范围不尽相同,对各种报表的签字要求也不尽相同,进行报表的签字栏定义就非常必要。在签字栏定义表单中把相应报表的签字要求填入,保存关闭窗口,在报表打印时就会按要求打印出表尾签字栏。报表签字栏设计如图 7-22 所示,图中给出了 9 种不同的签字栏设计。

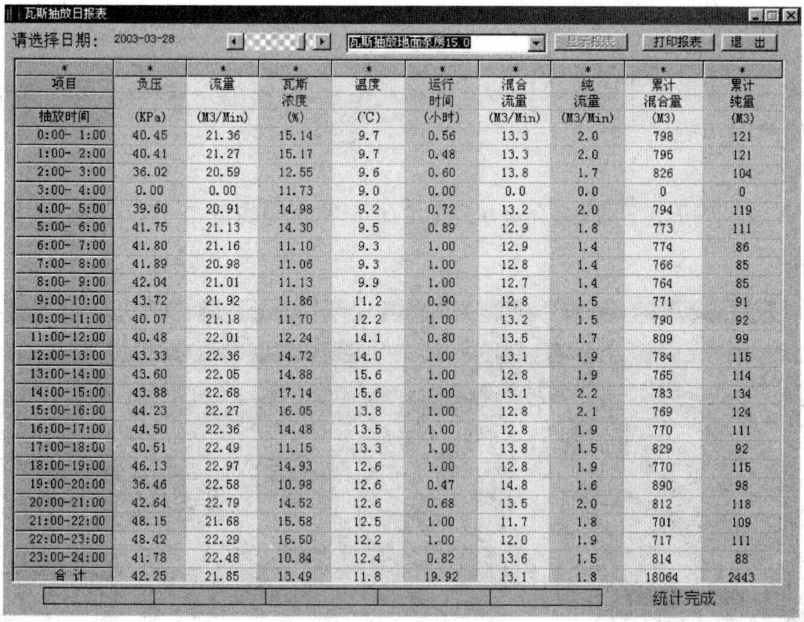

项目 抽放时间	负压 (KPa)	流量 (M3/Min)	瓦斯浓度 (%)	温度 (℃)	运行时间 (小时)	混合流量 (M3/Min)	纯流量 (M3/Min)	累计混合量 (M3)	累计纯量 (M3)
0:00- 1:00	40.45	21.36	15.14	9.7	0.56	13.3	2.0	798	121
1:00- 2:00	40.41	21.27	15.17	9.7	0.48	13.3	2.0	795	121
2:00- 3:00	36.02	20.59	12.55	9.6	0.60	13.8	1.7	826	104
3:00- 4:00	0.00	0.00	11.73	9.0	0.00	0.0	0.0	0	0
4:00- 5:00	39.60	20.91	14.98	9.2	0.72	13.2	2.0	794	119
5:00- 6:00	41.75	21.13	14.30	9.5	0.89	12.9	1.8	773	111
6:00- 7:00	41.80	21.16	11.10	9.3	1.00	12.9	1.4	774	86
7:00- 8:00	41.89	20.98	11.06	9.3	1.00	12.8	1.4	766	85
8:00- 9:00	42.04	21.01	11.13	9.9	1.00	12.7	1.4	764	85
9:00-10:00	43.72	21.92	11.86	11.2	0.90	12.8	1.5	771	91
10:00-11:00	40.07	21.18	11.70	12.2	1.00	13.2	1.5	790	92
11:00-12:00	40.48	22.01	12.24	14.1	0.80	13.5	1.7	809	99
12:00-13:00	43.33	22.36	14.72	14.0	1.00	13.1	1.9	784	115
13:00-14:00	43.60	22.05	14.88	15.6	1.00	12.8	1.9	765	114
14:00-15:00	43.88	22.68	17.14	15.6	1.00	13.1	2.2	783	134
15:00-16:00	44.23	22.27	16.05	13.8	1.00	12.8	2.1	769	124
16:00-17:00	44.50	22.36	14.48	13.5	1.00	12.8	1.9	770	111
17:00-18:00	40.51	22.49	11.15	13.3	1.00	13.8	1.5	829	92
18:00-19:00	46.13	22.97	14.93	12.6	1.00	12.8	1.9	770	115
19:00-20:00	36.46	22.58	10.98	12.6	0.47	14.8	1.6	890	98
20:00-21:00	42.64	22.79	14.52	12.6	0.68	13.5	2.0	812	118
21:00-22:00	48.15	21.68	15.58	12.5	1.00	11.7	1.8	701	109
22:00-23:00	48.42	22.29	15.50	12.2	1.00	12.0	1.9	717	111
23:00-24:00	41.78	22.48	10.84	12.4	0.82	13.6	1.5	814	88
合 计	42.25	21.85	13.49	11.8	19.92	13.1	1.8	18064	2443

图 7－21　瓦斯抽放信息统计日报表

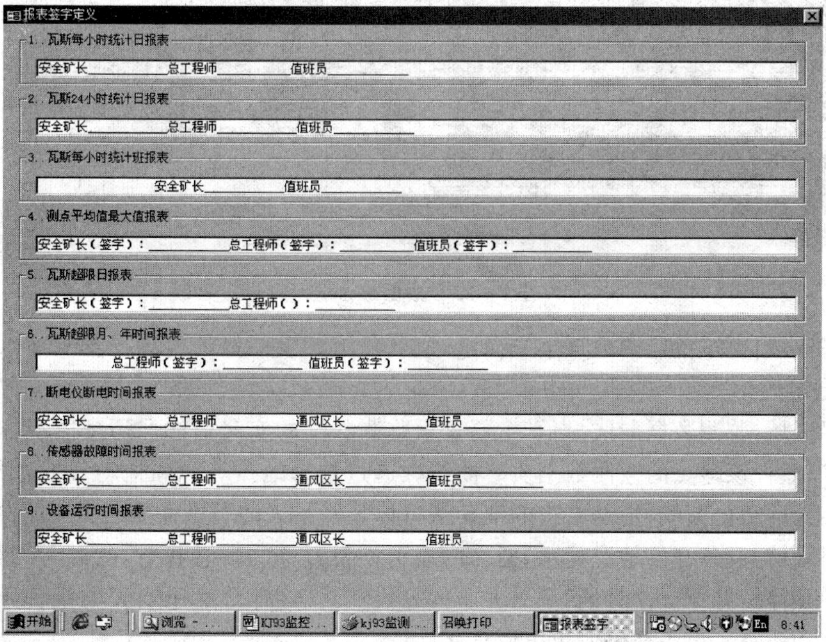

图 7－22　各种报表签字栏定义

另外，瓦斯测点最大值平均值报表、瓦斯测点超限统计月报表，设备运行起止时间报表（断电仪断电起止时间报表、传感器故障起止时间报表）等，也可根据需要进行统计打印，这里不再赘述。

7.3.3　数据视图

数据视图主要实现监测监控数据的可视化显示,主要包括综合显示、分类显示、独立显示与实时曲线描绘等功能。

1. 综合显示

单击"数据视图"按钮下的"综合显示"进入如下界面。如图 7 - 23 所示,该部分显示界面主要包括四部分:

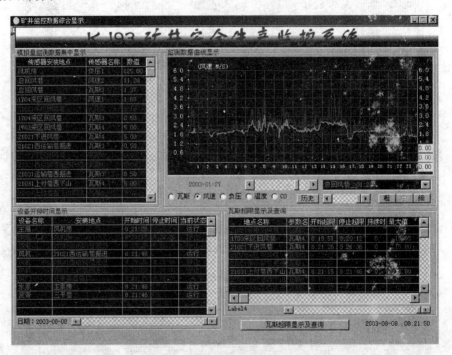

图 7 - 23　数据综合显示

左上部区域:模拟量监测数据集中显示,主要显示各模拟量的传感器安装地点、传感器名称、监测数据。

右上部区域:监测数据曲线显示,主要显示监测数据的实时曲线和历史曲线,通过选择监测地点,可以监视该地点的监测数据实时曲线。通过选择地点名称和拖动日期选择可以显示该地点的某天的历史曲线,拖动右边的滚动条可以显示某天的历史曲线的每小时曲线。

左下部区域:设备开停情况显示,栅格内显示设备开停的瞬时状态,通过右侧滚动条查看更多的设备开停信息;单击"日期:＊＊＊＊—＊＊—＊＊"部分显示当天的设备开停信息;通过下边的滚动条查看设备开停的历史信息。

右下部区域:瓦斯超限显示及查询,栅格内显示实时的瓦斯超限瞬时状态,通过右侧滚动条查看更多的瓦斯超限信息;单击"日期:＊＊＊＊—＊＊—＊＊"部分显示当天的超限信息;通过下边的滚动条查看瓦斯超限的历史记录。

点击"瓦斯超限显示及查询"按钮,可以切换到"传感器故障显示"状态,查看传感器故障的瞬时状态,或者通过下边的滚动条查看传感器故障的历史信息。

2. 分类显示

分类显示主要实现对监控系统所采集的各类数据进行分类显示的方式,其显示界面如图 7 - 24 所示。窗体中包含了一个选项卡,标题分别是"按分站显示"、"瓦斯"、"风速"、"负压"、"温度"、"CO"、"测试页"。各部分主要功能描述如下:

按分站显示:网格中每一行表示一个分站的工作状态以及所连接测点的实测值及状态,模拟量按不同类型以不同的背景颜色显示其数值,开关量则以红绿两种背景颜色表示其开停。当分站或模拟量测点出现故障或报警时,会给出较醒目的警示。

瓦斯:可集中显示分站的通信状态和所有瓦斯测点的分站号、测点号、安装地点、瓦斯浓度值等。

风速、负压、温度、CO:这些选项卡的功能同瓦斯选项卡。

测试页:在该界面上,可以看到本系统所有测点的原始采样值,该功能是为调试系统而设置的,若非调试人员可以不予关注。

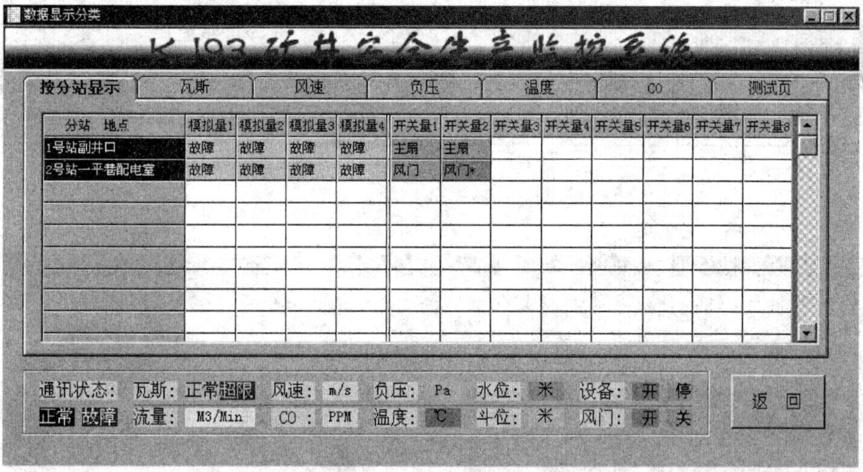

图 7 - 24　数据分类显示

3. 独立显示

在数据视图菜单中,可按要求选择显示特定分站的工作状态,如图 7 - 25 所示。包括所连接模拟量传感器的位置、类型名称、监测值等,以及对应开关量、控制量的状态。

4. 实时曲线

实时曲线显示可选择一个测点的曲线变化,或四个测点的曲线变化。显示界面分别如图 7 - 26 及 7 - 27 所示。

单一曲线:在监控系统中,有时需要观察各测点的实时监测数据变化情况。可以在模拟量实时曲线窗口,通过选择需要观察的地点,显示该地点的实时数据变化曲线。监测点的选择通过下拉列表框进行,模拟量类型的选择通过鼠标点击单选钮实现,线条的类型分为三种:粗、中、细。

集中显示:根据需要,还可以在一个屏幕上集中显示四个测点的实时变化曲线。四条曲线的显示操作方法与一条曲线的操作基本类似。

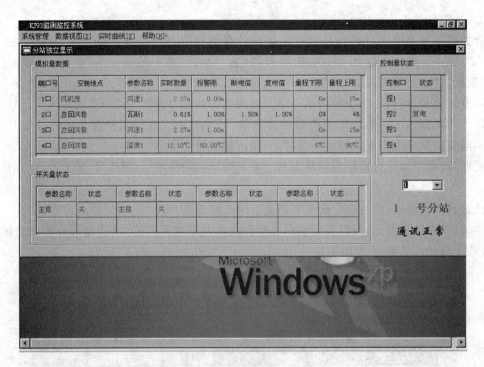

图 7-25　分站独立显示

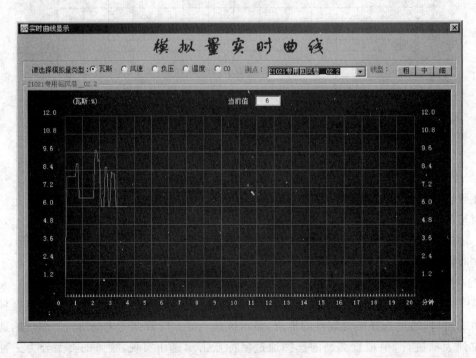

图 7-26　实时曲线(单测点)

5. 数据查询图表

数据查询图表主要包括模拟量实时动态柱状图和设备运行时间累计量数据统计图,其显示界面如图 7-28 所示。

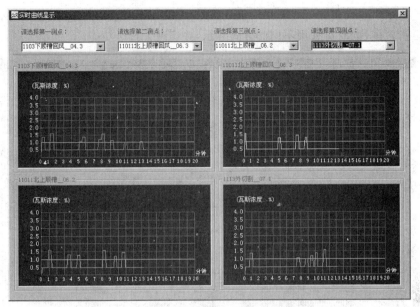

图 7 - 27   实时曲线 (四测点)

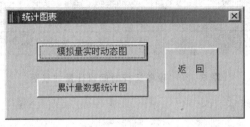

图 7 - 28   统计图表显示菜单

图 7 - 29 给出了模拟量实时动态柱状图界面, 基于该功能, 可有效显示不同监测点瓦斯、风速、负压、温度和 CO 的动态变化情况, 同时可选择不同的柱状图显示方式, 并可实现打印功能。

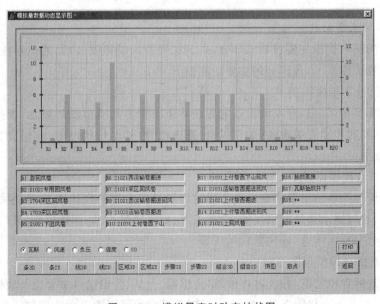

图 7 - 29   模拟量实时动态柱状图

图 7-30 给出了设备运行时间累计量柱状图,可统计不同监测点、不同班次在不同时间段内的设备运行时间,同时可采用不同的方式显示,并实现了打印功能。

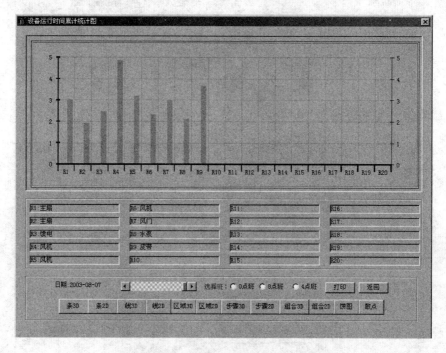

图 7-30　设备运行时间累计量柱状图

7.3.4　图形模拟

KJ93 系统中心站主控软件的模拟图制作子系统功能,可以方便用户绘制各种统模拟图,以便形象、直观、全面地反映安全生产状况,可以及时了解系统配置、运行状况,便于管理和维修。

1. 图形模拟主要功能

监控系统的图形模拟主要包括三部分:采、掘、开系统模拟图显示,通风系统模拟图显示,监控系统自检模拟图显示,各部分的主要功能如下。

(1) 采、掘、开系统模拟图

该部分主要实现采、掘、开系统设备配置和巷道布置等的模拟图形显示;根据实时监测到的开关量状态,实时显示有关设备(如采煤机、掘进机等)的动作状态等;在相应位置数字显示机组位置、速度等。

(2) 通风系统模拟图显示

通风系统模拟图显示主要实现通风系统网络及设备配置的模拟图显示;根据实时监测到的开关量状态,实时显示通风网络风流、设备工况(如主通风机、局部通风机、风门、风窗等);在相应位置实时数字显示风速(或风量)、风压等。

(3) 监控系统自检模拟图显示

系统具有故障自检功能,并及时将故障(传感器、分站、传输接口主要设备故障或传输线发生故障的位置)在系统自检图上显示出来。监控系统自检模拟图显示主要包括如下内容:能够说明监控系统设备(传输接口、分站、传感器)布置和电缆敷设的模拟图形等;根据系统自检情况,将具有故障的设备和电缆的故障点用不同颜色显示出来(如正常时为蓝色,故障时为红色)等。

2. 图形模拟实现方案

实现监测系统与其他作图软件的平滑连接是相当困难的,并且在作图软件中动态显示监测到的模拟量和设备开停状态也难以处理。在 KJ93 系统中,为解决系统的特殊作图要求,是通过下面两步来实现的:

(1)借用常用图形软件绘制相关图纸,作为底图

图形模拟为用户提供了友好的界面,通过调用 Windows 的画笔,提供全编辑功能,也可以通过 AutoCAD 环境作图,存储为位图文件。做好的图形还可以调入 Photoshop 中加以处理,以形成更加接近实际的巷道图,供电图。

(2)模拟控件的实时显示

软件设计时,调入第一步所做的底图为绘图界面,根据需要放置相关控件,用控件的属性实现模拟量和设备量开停状态的动态显示。

KJ93 系统的图形模拟子系统在设计时采用的是 Visual Basic(VB)设计开发。经过对 VB 进行分析和研究,发现 VB 中文本控件和按钮控件在运行时,可以把事先安排在窗体上的文本控件数组或按钮控件数组按下标依次装入,并可以移动他们的位置,还可以在运行中改变他们的可见属性为假来实现删除操作。因此,设计时在一窗体上安排一个文本控件数组(显示多个模拟量的数据)和 N 个命令按钮控件数组(N 由设备种类的多少决定),所有这些控件在运行时的 visible 属性为 False,而再装入的控件运行时 visible 属性为 True。

(3)动态显示的实现方法

模拟量的动态显示:按照定时器设置的时间不断的刷新所采集到的瓦斯、风速、负压、温度等数据;显示数据时,判断该数据是否是瓦斯浓度,若是则进行超限数字变色、声提示报警,并可人为停止声报警的判断处理。

设备开停状态的动态显示:首先利用图形工具产生各种设备(如皮带机、刮扳机、绞车、局扇、风门、水泵、瓦斯泵等)的图元,复制三个,其中一个作为设备停止状态显示的图元,另外 3 个加以修改形成对应的设备运转时的 3 个不同状态(3 个不同状态的图形依次切换即形成动画),以上图元作为对应设备的按钮图片,各类按钮按照各自定时器的时间不断切换图片形成动画。

模拟图制作子系统界面如图 7-31 所示。该部分主要包括图形操作和数据集总显示两大部分。图形操作主要是模拟实际场景,完成模拟图的生成。该菜单下包含"新建巷道图","新建模拟图","修改模拟图","删除模拟图","保存模拟图"等 5 个方面的功能。各部分的主要功能简单描述如下:

"新建巷道图":完成井下巷道图的建立,打开系统的绘图工具,用户可以通过提供的工具来绘图。

"新建模拟图":完成在巷道图上模拟量显示框和设备开停的状态显示。增加、移动、删除操作的前提是:首先鼠标单击"修改"按钮,在弹出的对话框中输入操作码"＊＊＊";然后单击"确定"按钮。

(1)增加操作:单击"模拟量"按钮,在弹出的对话框中输入"站号"和"量号",然后在作图

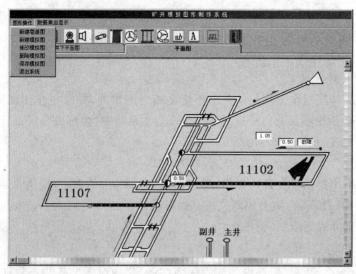

图 7 - 31   图形模拟窗口

区域欲放置该模拟量的位置单击"鼠标左键",则动态显示模拟量数据的"小方格"就定位了重复以上过程,可以增加更多的模拟量"小方格"。

（2）移动操作:单击作图区域中"显示模拟量的小方格",然后在作图区域欲放置该模拟量的位置单击"鼠标左键",则动态显示模拟量数据的"小方格"就移动到新的位置了。重复以上过程,可以移动其他的模拟量"小方格"。

（3）删除操作:单击作图区域中"显示模拟量的小方格",然后在菜单区域单击"删除设备"按钮,该模拟量的位置的"小方格"就被"删除"了。重复以上过程,可以删除其他的模拟量"小方格"。设备开停符号的增加、移动、删除操作同模拟量的对应操作。

"修改模拟图":完成在模拟图上模拟量和设备开停控制的删除、移动、添加操作。

"删除模拟图":完成某个模拟图的删除任务。

"保存模拟图":完成对建立和修改后的模拟图的保存任务。

其他内容不再赘述,图 7 - 32 给出了一个安全监控系统的图形模拟设计图例。

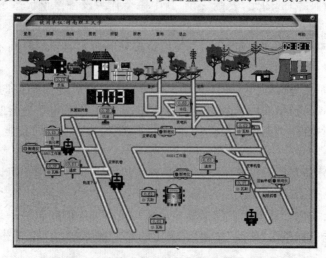

图 7 - 32   安全监控系统的图形模拟设计图例

习题 7

1. 监控软件性能需求有哪些？
2. 简述监控软件的主要功能。
3. 监控软件的基本架构是什么？各部分都有什么功能？
4. 监控系统初始化时，需要完成哪些基本初始化工作？
5. 简述数据可视化显示包含的内容。
6. 简述监控系统报警处理的基本过程。
7. 简述监控系统实现控制机制的基本流程。
8. 简述 KJ93 监控系统的主要功能及实现方法。

第8章 监控系统安装与调试

矿井安全监控系统一般要经过规划设计、安装调试和实际投入应用、并根据实际运行情况对系统进行优化等过程。规划设计是由设计单位和矿井技术人员共同完成的,安装调试主要是监控系统厂家和矿井技术人员协同调试完成。本章主要从监控系统所涵盖的装备入手,介绍整个监控系统的安装与调试的过程。

8.1 监控系统装备

鉴于矿井监控系统特殊的环境要求,系统装备的选型、设计和配备首先应遵循《煤炭工业矿井监测监控系统装备配置标准》(GB50581—2010)的相关规定;其次,矿井安全监控系统装备应从我国国情及矿井具体条件出发,因地制宜采用新技术、新装备、新材料,淘汰落后设备,做到技术先进,经济合理,安全适用。

矿井监控系统装备主要包括地面中心站装备、数据传输装备和监控点装备等,属于监控系统的硬件配套设施。

8.1.1 地面中心站装备

监控系统地面中心站是整个监控系统的"大脑",负责对监控系统采集的数据进行处理、显示、打印并向分站发送控制信息、实现数据共享等任务。监控系统地面中心站主要包括:监控主机、显示设备、网络连接设备、存储设备和供电系统等组成。

(1) 监控主机

矿井安全监控系统配备的主机及系统联网主机要求双机或多机备份,并应 24h 不间断运行;当工作主机发生故障时,备份主机应在 5min 投入工作。同时,矿井安全监控系统主机或显示终端应配置在矿井调度室内。

(2) 显示设备

地面中心站显示系统的配备一般要符合下列要求:0.45 Mt/a 以下矿井宜配备图形机,小、中电子显示屏或投影仪;0.6 Mt/a 以上矿井宜配备中、大型电子显示屏或大屏幕显示系统。

(3) 网络连接设备

当地面中心站安全监控系统与上级联网时,应配备相关网络设备和网络安全监控软件,主要包括:网络交换机和服务器、网管工作站等网络设备,防火墙、网闸等网络安全设备以及访问认证和安全等软件。

(4) 存储设备

矿井安全监控系统必须配备较大容量的数据存储设备。

(5) 供电系统

地面中心站安全监控系统应双回路供电,并应配备不小于 2h 在线式不间断备用电源。

(6) 其他设备

地面中心站安全监控系统应配备接地装置和防雷装置。

8.1.2　数据传输装备

监控系统传输装备主要包括数据传输电缆或光缆、中继器及防雷保护等装备,传输装备在安装时应注意如下几个方面的原则:

(1)矿井安全监控系统传输系统应配备矿用阻燃电缆或矿用光缆组网。

(2)采用分站传输形式的安全监控系统允许接入的分站最大容量宜在 8、16、32、64、128 中选取;分站至传输接口、分站至分站之间可串接中继器或类似产品,但所串接的中继器或类似产品最多不应超过 4 台。被中继器等设备分割成多段的系统,每段允许接入的分站最大容量宜在 8、16、32、64、128 中选取。分站所能接入传感器、控制器的最大容量宜在 2、4、8、16、32、64、128 中选取。

(3)采用总线传输形式的安全监控系统接入的干线扩展器或类似产品,宜根据传感器和控制器数量确定。

(4)矿井安全监控系统井下分站或干线扩展器等设备,应配备不小于 2h 本安不间断电源。

(5)矿井安全监控系统的入井电缆或铠装光缆入井口处应配备防雷保护装置。

8.1.3　监控点装备

监控点装备主要指各个监控点所安装的传感器和控制器等设备,在安装上述设备时需要考虑不同的安装位置,并根据不同的位置确定所安装的装备类型。

相关传感器及控制器的选型需满足:接入矿井安全监控系统的各类传感器应符合《煤矿安全监控系统通用技术要求》AQ 6201—2015 规定,稳定性应不小于 15d;矿井安全监控系统传感器的数据及状态必须传输到地面主机;矿井必须按矿用产品安全标志证书规定的型号选择监控系统的传感器、断电控制器等关联设备,严禁对不同系统间的设备进行置换。

下面主要说明在采煤工作面、采煤工作面回风巷、专用排瓦斯巷、掘进面、矿井掘进工作面回风流、井下机电设备硐室、地面瓦斯抽采泵站等主要监控点位置传感器和控制器设备布置时需遵循的原则。

1. 采煤工作面

(1)采煤工作面必须配备甲烷传感器、声光报警器、断电控制器和馈电状态传感器。

(2)采煤工作面应按通风方式,在上隅角配备甲烷传感器或便携式甲烷检测报警仪。

(3)采煤工作面应配备风速传感器,地温较高的矿井采煤工作面应配备温度传感器,有二氧化碳突出矿井的采煤工作面应配备二氧化碳传感器。

(4)当煤(岩)与瓦斯突出矿井的采煤工作面的甲烷传感器不能控制其进风巷内全部非本质安全型电气设备时,必须在进风巷配备甲烷传感器、断电控制器和馈电状态传感器。

2. 矿井采煤工作面回风巷

(1)采煤工作面回风巷必须配备甲烷传感器。

(2)采煤工作面采用多条回风巷时,从第二条回风巷起,每条回风巷必须配备 2 台甲烷传感器。

(3)当高瓦斯和煤(岩)与瓦斯突出矿井的采煤工作面的回风巷长度大于 1 000 m 时,必须在回风巷中部增配甲烷传感器。

（4）采煤工作面回风巷宜配备风速传感器。

3．专用排瓦斯巷

（1）专用排瓦斯巷内必须配备甲烷传感器。

（2）有专用排瓦斯巷的采煤工作面混合回风风流处，必须配备甲烷传感器。

（3）专用排瓦斯巷内应配备风速传感器。

4．矿井掘进工作面

（1）矿井的煤巷、煤岩巷和有瓦斯涌出的岩巷掘进工作面，必须配备甲烷传感器、声光报警器、断电控制器和馈电状态传感器；

（2）当高瓦斯和煤（岩）与瓦斯突出矿井的掘进工作面长度大于1000m时，必须在掘进巷道中部增配甲烷传感器；

（3）掘进工作面应配备风速传感器，地温较高的矿井掘进工作面应配备温度传感器，有二氧化碳突出矿井的掘进工作面应配备二氧化碳传感器。

5．矿井掘进工作面回风流

（1）矿井的煤巷、煤岩巷和有瓦斯涌出的岩巷掘进工作面回风流中，必须配备甲烷传感器。

（2）当高瓦斯和煤（岩）与瓦斯突出矿井采用双巷掘进时，必须在掘进工作面混合回风流处增配甲烷传感器。

（3）掘进工作面回风流中宜配备风速传感器。

6．井下机电设备硐室

（1）回风流中的机电设备硐室进风侧必须配备甲烷传感器、声光报警器、断电控制器和馈电状态传感器；

（2）机电设备硐室内应配备温度传感器。

7．地面瓦斯抽采泵站

（1）瓦斯抽采泵站室内必须配备甲烷传感器、声光报警器；

（2）瓦斯抽采泵站输入管路中应配备甲烷传感器，并宜配备流量传感器、温度传感器和压力传感器；

（3）利用瓦斯时，瓦斯抽采泵站输出管路中应配备甲烷传感器、流量传感器、温度传感器和压力传感器；

（4）不利用瓦斯时，采用干式抽采瓦斯设备时，瓦斯抽采泵站输出管路中应配备甲烷传感器。

（5）瓦斯抽采泵站管路系统防回火安全装置上宜配备压差传感器。

除上述主要地点的装备配置之外，在矿井监控系统中配置传感器及控制器还需要遵从如下原则：

（1）采煤机和掘进机必须配备机载式甲烷传感器或便携式甲烷检测报警仪。

（2）采用串联通风的被串采煤工作面进风巷和被串掘进工作面局部通风机前必须配备甲烷传感器。

（3）高瓦斯矿井进风的主要运输巷道内使用架线电机车时，瓦斯涌出巷道的下风流中必须配备甲烷传感器、声光报警器、断电控制器和馈电状态传感器。

（4）矿井主要输巷道内使用架线电机车时，装煤点处必须配备甲烷传感器、声光报警器、断电控制器和馈电状态传感器。

（5）矿井使用矿用防爆特殊型蓄电池电机车时，必须配备车载式甲烷断电仪或便携式甲烷检测报警仪；矿井使用矿用防爆柴油机车时，必须配备便携式甲烷检测报警仪。

（6）井下临时抽采瓦斯泵站下风侧栅栏外，必须配备甲烷传感器、声光报警器、断电控制器和馈电状态传感器。

（7）装有带式输送机且兼作回风井的井筒，必须配备甲烷传感器、声光报警器、断电控制器和馈电状态传感器。

（8）采区回风巷测风站，应配备甲烷传感器、风速传感器、声光报警器、断电控制器和馈电状态传感器。

（9）一翼回风巷和总回风巷测风站，应配备甲烷传感器、风速传感器、声光报警器。

（10）采区回风巷、一翼回风巷和总回风巷道内临时施工的电气设备上风侧，应配备甲烷传感器、声光报警器、断电控制器和馈电状态传感器。

（11）矿井井下煤仓、地面选煤厂上方，应配备甲烷传感器、声光报警器、断电控制器和馈电状态传感器。

（12）矿井地面封闭的选煤厂机房内上方，应配备甲烷传感器、声光报警器、断电控制器和馈电状态传感器。

（13）矿井地面输煤系统封闭的带式输送机走廊上方，宜配备甲烷传感器、声光报警器、断电控制器和馈电状态传感器。

（14）矿井运输系统带式输送机滚筒下风侧，应配备烟雾传感器和声光报警器，并宜配备一氧化碳传感器。

（15）开采容易自燃、自燃煤层时，采煤工作面必须配备一氧化碳传感器、温度传感器；采区回风巷、一翼回风巷和总回风巷，应配备一氧化碳传感器，并宜配备温度传感器；自燃发火观测站（点）、封闭火区防火栅栏外，宜配备一氧化碳传感器、温度传感器和声光报警器。

（16）兼做进风井的箕斗提升井和兼做进、回风井的装有带式输送机的井筒宜配备风速传感器。

（17）无提升设备的风井和风硐宜配备风速传感器。

（18）升降人员和物料或专为升降物料的井筒宜配备风速传感器。

（19）风桥宜配备风速传感器。

（20）主要进风巷、采区进风巷和运输机巷宜配备风速传感器。

（21）架线电机车巷道和其他通风人行巷道宜配备风速传感器。

（22）主要通风机的风硐应配备风压传感器。

（23）主要通风机、局部通风机应配备开停传感器。

（24）局部通风机安装地点到回风口间的巷道中应配备风速传感器。

（25）掘进工作面局部通风机的风筒末端宜配备风筒传感器。

（26）矿井和采区主要进、回风巷道中的主要风门，应配备风门开关传感器和声光报警器。

（27）井下充电室风流中以及局部氢气积聚处宜配备氢气传感器。

根据各监测地点及监测要求，即可确定所需的传感器种类和数量，监控分站以及本安电源的配备要依据其容量来确定，同时根据各类传感器在运行期间的使用和维护要求，考虑一定的备用量，备用数量不少于应配备数量的 20%。表 8-1 给出了矿井安全监控系统监测点传感器或控制器配备数量（台）表。

表 8-1　矿井安全监控系统监测点传感器或控制器配备数量(台)表

序号	安全监控传感器或控制器配备地点	甲烷	一氧化碳	二氧化碳	声光报警	风速	风压	温度	烟雾	开停	断电器	馈电状态	瓦斯流量	瓦斯压力	瓦斯温度	瓦斯压差	氢气	风门开关	风筒
1	矿井的采煤工作面	1	—	1	1	1	—	1	—	—	按被控	设备配	—	—	—	—	—	—	—
2	矿井采煤工作面上隅角	1（或便携式）	—	—	—	—	—	—	—	—	—	—	—	—	—	—	—	—	—
3	矿井采煤工作面回风巷	1	—	—	—	1	—	—	—	—	—	—	—	—	—	—	—	—	—
4	采煤工作面采用多条回风巷时，从第二条回风巷开始采用的每条回风巷	2	—	—	—	—	—	—	—	—	—	—	—	—	—	—	—	—	—
5	高瓦斯、煤（岩）与瓦斯突出矿井采煤工作面回风巷中部	1	—	—	—	—	—	—	—	—	—	—	—	—	—	—	—	—	—
6	煤（岩）与瓦斯突出矿井采煤工作面进风巷	1	—	—	—	—	—	—	—	—	按被控	设备配	—	—	—	—	—	—	—
7	专用排瓦斯巷和采煤工作面混合回风流处	2	—	—	—	—	—	—	—	—	—	—	—	—	—	—	—	—	—
8	采用串联通风的较串采煤工作面进风巷	1	—	—	—	—	—	—	—	—	—	—	—	—	—	—	—	—	—
9	采煤机	1（机载式或便携式）	—	—	—	—	—	—	—	—	—	—	—	—	—	—	—	—	—
10	矿井的煤巷、煤岩巷和有瓦斯涌出岩巷的掘进工作面	1	—	—	—	1	—	—	—	—	按被控	设备配	—	—	—	—	—	—	—
11	高瓦斯、煤（岩）与瓦斯突出矿井掘进巷道中部	1	—	—	—	—	—	—	—	—	—	—	—	—	—	—	—	—	—
12	矿井的煤巷、煤岩巷和有瓦斯涌出岩巷的掘进工作面回风流中	1	—	—	—	1	—	—	—	—	—	—	—	—	—	—	—	—	—

续表8-1

序号	安全监控传感器控制器配备地点	甲烷	一氧化碳	二氧化碳	声光报警	风速	风压	温度	烟雾	开停	断电器	馈电状态	瓦斯流量	瓦斯压力	瓦斯温度	瓦斯压差	氢气	风门开关	风筒
13	高瓦斯、煤(岩)与瓦斯突出矿井采用双巷掘进时，掘进工作面混合回风流处	1	—	—	—	—	—	—	—	—	—	—	—	—	—	—	—	—	—
14	采用串联通风的被串掘进工作面局部通风机前	1	—	—	—	—	—	—	—	—	—	—	—	—	—	—	—	—	—
15	掘进机	1（机载式或便携式）	—	—	—		—	—	—	—	—	—	—	—	—	—	—	—	—
16	回风流中机电设备硐室的进风侧	1	—	—	1			—	—	—	按被控设备配	—	—	—	—	—	—	—	—
17	机电设备硐室内	1	—	—		—		1	—	—	—	—	—	—	—	—	—	—	—
18	高瓦斯矿井进风井的主要运输巷道内使用架线电机车时，瓦斯涌出巷道的下风流中	1	—	—	1	—		—	—	—	按被控设备配	—	—	—	—	—	—	—	—
19	主要运输巷道内使用架线电机车时的装煤点	1	—	—	1	—		—	—	—	按被控设备配	—	—	—	—	—	—	—	—
20	矿用防爆特殊型蓄电池电机车	1（车载或便携式）	—	—	—	—		—	—	—	—	—	—	—	—	—	—	—	—
21	矿用防爆型柴油机车	1（便携式）	—	—	—	—		—	—	—	—	—	—	—	—	—	—	—	—
22	兼作回风井的装有带式输送机的井筒	1	—	—	1	—		—	—	—	按被控设备配	—	—	—	—	—	—	—	—
23	瓦斯抽采泵站室内	1	—	—	1	—		—	—	—	—	—	1	1	1	—	—	—	—
24	瓦斯抽采泵站输入管路中	—	—	—	—	—		—	—	—	—	—	1	1	1	—	—	—	—
25	利用瓦斯时，瓦斯抽采泵站输出管路中	—	—	—	—	—		—	—	—	—	—	1	1	1	—	—	—	—
26	不利用瓦斯，采用干式抽采瓦斯设备的瓦斯抽采泵站输出管路中	1	—	—	—	—		—	—	—	—	—	—	—	—	—	—	—	—

续表 8-1

序号	安全监控传感器或控制器配备地点	甲烷	一氧化碳	二氧化碳	声光报警	风速	风压	温度	烟雾	开停	断电器	馈电状态	瓦斯流量	瓦斯压力	瓦斯温度	瓦斯压差	氢气	风门开关	风筒
27	瓦斯抽采泵站系统管路防回火安全装置上	—	—	—	—	—	—	—	—	—	—	—	—	—	—	1	—	—	—
28	井下临时抽采瓦斯系统泵站下风侧栅栏外	1	—	—	1	—	—	—	—	—	按被控设备配	按被控设备配	—	—	—	—	—	—	—
29	采区回风巷测风站	1	—	—	1	1	—	—	—	—	—	按被控设备配	—	—	—	—	—	—	—
30	一翼回风巷和总回风巷测风站	1	—	—	1	1	—	—	—	—	按被控设备配	按被控设备配	—	—	—	—	—	—	—
31	采区回风巷、一翼回风巷和总回风巷道内临时施工的电气设备上风侧	—	—	—	1	—	—	—	—	—	按被控设备配	按被控设备配	—	—	—	—	—	—	—
32	矿井下煤仓、地面选煤厂煤仓上方	1	—	—	1	—	—	—	—	—	按被控设备配	按被控设备配	—	—	—	—	—	—	—
33	矿井地面封闭的选煤厂机房内上方	不少于 1	—	—	1	—	—	—	—	—	按被控设备配	按被控设备配	—	—	—	—	—	—	—
34	矿井地面封闭的带式输送机走廊上方	不少于 1	—	—	1	—	—	—	—	—	按被控设备配	按被控设备配	—	—	—	—	—	—	—
35	矿井运输系统带式输送机滚筒下风侧	—	1	—	1	—	—	—	1	—	—	—	—	—	—	—	—	—	—
36	容易自燃、自燃煤层矿井的采煤工作面	—	不少于 1	—	—	—	—	1	—	—	—	—	—	—	—	—	—	—	—
37	容易自燃和自燃煤层矿井一翼回风巷和总回风巷	—	1	—	1	—	—	1	—	—	—	—	—	—	—	—	—	—	—
38	自燃发火观测站(点)、封闭火区防火栅栏外	—	1	—	—	—	—	—	—	—	—	—	—	—	—	—	—	—	—
39	兼作进风井的箕斗提升井和兼作进、回风并装有带式输送机的井筒	—	—	—	—	1	—	—	—	—	—	—	—	—	—	—	—	—	—
40	无装备开设备的风井和风硐	—	—	—	—	1	—	—	—	—	—	—	—	—	—	—	—	—	—

续表8-1

序号	安全监控传感器或控制器配备地点	甲烷	一氧化碳	二氧化碳	声光报警	风速	风压	温度	烟雾	开停	断电器	馈电状态	瓦斯流量	瓦斯压力	瓦斯温度	瓦斯压差	氢气	风门开关	风筒
41	升降人员和物料或专为升降物料的井筒	—	—	—	—	1	—	—	—	—	—	—	—	—	—	—	—	—	—
42	风桥	—	—	—	—	1	—	—	—	—	—	—	—	—	—	—	—	—	—
43	主要进风巷、采区进风巷和运输机巷	—	—	—	—	1	—	—	—	—	—	—	—	—	—	—	—	—	—
44	架线电机车巷道	—	—	—	—	1	—	—	—	—	—	—	—	—	—	—	—	—	—
45	其他进风人行巷道	—	—	—	—	1	—	—	—	—	—	—	—	—	—	—	—	—	—
46	主要通风机的风硐内	—	—	—	—	—	1	—	—	—	—	—	—	—	—	—	—	—	—
47	主要通风机、局部通风机	—	—	—	—	1	—	—	—	1	—	—	—	—	—	—	—	—	—
48	局部通风机安装地点到回风口的巷道中	—	—	—	—	—	—	—	—	—	—	—	—	—	—	—	—	—	—
49	掘进工作面局部通风机的风筒末端	—	—	—	—	—	—	—	—	—	—	—	—	—	—	—	—	—	1
50	矿井和采区主要进、回风巷道中的主要风门	—	—	—	1	—	—	—	—	—	—	—	—	—	—	—	—	1	—
51	井下充电室气流中以及局部氢气积聚处	—	—	—	1	—	—	—	—	—	—	—	—	—	—	—	1	—	—

注：表中传感器或控制器数量指每台或每个监控对象的配备。

191

8.2 传感器设置

在监控系统安装中,最重要和最关键的就是传感器的设置,由于各类工况参数都是通过传感器获取的,执行装置所发出的控制指令也是依据传感器的采集信息,因此,传感器安装合理与否直接决定了所采集数据的准确性,决定了整个监控系统的使用性能。错误的安装与设置,不但起不到监控系统应有的作用,反而可能影响正常的生产过程。而在传感器的设置中,甲烷传感器占据最重要的地位。

8.2.1 甲烷传感器设置

在矿井监控系统中,甲烷传感器布置应遵从以下基本原则:

(1)甲烷传感器应垂直悬挂,距顶板(顶梁、屋顶)不得大于 300 mm,距巷道侧壁(墙壁)不得小于 200 mm,并应安装、维护方便,不影响行人和行车。

(2)甲烷传感器的报警浓度、断电浓度、复电浓度和断电范围及便携式甲烷检测报警仪的报警浓度必须符合表 8-2 的规定。

表 8-2　甲烷传感器的报警浓度、断电浓度、复电浓度和断电范围及
便携式甲烷检测报警仪的报警浓度

甲烷传感器或便携式甲烷检测报警仪设置地点	甲烷传感器编号	报警浓度%CH₄	断电浓度%CH₄	复电浓度%CH₄	断电范围
采煤工作面上隅角	T_0	≥ 1.0	≥ 1.5	<1.0	工作面及其回风巷内全部非本质安全型电气设备
采煤工作面上隅角设置的便携式甲烷检测报警仪		≥ 1.0			
低瓦斯和高瓦斯矿井的采煤工作面	T_1	≥ 1.0	≥ 1.5	<1.0	工作面及其回风巷内全部非本质安全型电气设备
煤与瓦斯突出矿井的采煤工作面	T_1	≥ 1.0	≥ 1.5	<1.0	工作面及其进、回风巷内全部非本质安全型电气设备
采煤工作面回风巷	T_2	≥ 1.0	≥ 1.0	<1.0	工作面及其回风巷内全部非本质安全型电气设备
煤与瓦斯突出矿井采煤工作面进风巷	T_3	≥ 0.5	≥ 0.5	<0.5	进风巷内全部非本质安全型电气设备
采用串联通风的被串采煤工作面进风巷	T_4	≥ 0.5	≥ 0.5	<0.5	被串采煤工作面及其进回风巷内全部非本质安全型电气设备
采用两条以上巷道回风的采煤工作面第二、第三条回风巷	T_6	≥ 1.0	$\geq 1.5_4$	<1.0	工作面及其回风巷内全部非本质安全型电气设备
	T_6	≥ 1.0	≥ 1.0	<1.0	

甲烷传感器或便携式甲烷检测报警仪设置地点	甲烷传感器编号	报警浓度 %CH₄	断电浓度 %CH₄	复电浓度 %CH₄	断电范围
专用排瓦斯巷	T_7	≥2.5	≥2.5	<2.5	工作面及其回风巷内全部非本质安全型电气设备
有专用排瓦斯巷的采煤工作面混合回风流处	T_8	≥1.0	≥1.0	<1.0	工作面内及其回风巷内全部非本质安全型电气设备
高瓦斯、煤与瓦斯突出矿井采煤工作面回风巷中部		≥1.0	≥1.0	<1.0	工作面及其回风巷内全部非本质安全型电气设备
采煤机		≥1.0	≥1.5	<1.0	采煤机及工作面刮板输送机电源
采煤机设置的便携式甲烷检测报警仪		≥1.0			
煤巷、半煤岩巷和有瓦斯涌出岩巷的掘进工作面	T_1	≥1.0	≥1.5	<1.0	掘进巷道内全部非本质安全型电气设备
煤巷、半煤岩巷和有瓦斯涌出岩巷的掘进工作面回风流中	T_2	≥1.0	≥1.0	<1.0	掘进巷道内全部非本质安全型电气设备
采用串联通风的被串掘进工作面局部通风机前	T_3	≥0.5	≥0.5	<0.5	被串掘进巷道内全部非本质安全型电气设备
		≥0.5	≥1.5	<0.5	包括局部通风机在内的被串掘进巷道内全部非本质安全型电气设备
高瓦斯矿井双巷掘进工作面混合回风流处	T_3	≥1.5	≥1.5	<1.0	包括局部通风机在内的双巷掘进巷道内全部非本质安全电源
高瓦斯和煤与瓦斯突出矿井掘进巷道中部		≥1.0	≥1.0	<1.0	掘进巷道内全部非本质安全型电气设备
掘进机		≥1.0	≥1.5	<1.0	掘进机电源
掘进机设置的便携式甲烷检测报警仪		≥1.0			
采区回风巷		≥1.0	≥1.0	<1.0	采区回风巷内全部非本质安全型电气设备
一翼回风巷及总回风巷		≥0.70	—	—	
回风流中的机电硐室的进风侧		≥0.5	≥0.5	<0.5	机电硐室内全部非本质安全型电气设备

甲烷传感器或便携式甲烷检测报警仪设置地点	甲烷传感器编号	报警浓度 %CH₄	断电浓度 %CH₄	复电浓度 %CH₄	断电范围
使用架线电机车的主要运输巷道内装煤点处		≥0.5	≥0.5₄	<0.5	装煤点处上风流 100m 内及其下风流的架空线电源和全部非本质安全型电气设备
高瓦斯矿井进风的主要运输巷道内使用架线电机车时,瓦斯涌出巷道的下风流处		≥0.5	≥0.5	<0.5	瓦斯涌出巷道上风流 100m 内及其下风流的架空线电源和全部非本质安全型电气设备
矿用防爆特殊型蓄电池电机车内		≥0.5	≥0.5₄	<0.5	机车电源
矿用防爆特殊型蓄电池电机车内设置的便携式甲烷报警仪		≥0.5			
矿用防爆特殊型柴油机车内设置的便携式甲烷报警仪		≥0.5			
兼做回风井的装有带式输送机的井筒		≥0.5	≥0.7	<0.7₄	井筒内全部非本质安全型电气设备
采区回风巷、一翼回风巷及总回风巷道内临时施工的电气设备上风侧		≥1.0	≥1.0₄	<1.0	采区回风巷、一翼回风巷及总回风巷道内全部非本质安全型电气设备
井下煤仓上方、地面选煤厂煤仓上方		≥1.5	≥1.5	<1.5	贮煤仓运煤的各类运输设备及其他非本质安全型电气设备
封闭的地面选煤厂内		≥1.5	≥1.5	<1.5	选煤厂内全部电气设备
封闭的带式输送机地面走廊内,带式输送机滚筒上方		≥1.5	≥1.5	<1.5	带式输送机地面走廊内全部电气设备
地面瓦斯抽放泵站室内		≥0.5	—	—	
井下临时瓦斯抽放泵站内下风侧栅栏外		≥0.5	≥1.0	<0.5	抽放泵站电源
瓦斯抽放泵站输入管路中		≤25	—	—	—
利用瓦斯时,瓦斯抽放泵站输出管路中		≤30	—	—	—
不利用瓦斯时,采用干式抽放瓦斯设备的瓦斯抽放泵站输出管路中		≤25	—	—	—

下面主要介绍在不同位置甲烷传感器的设置情况。

1. 采煤工作面甲烷传感器设置

(1) 长壁采煤工作面甲烷传感器必须按图 8-1 和图 8-2 设置。U 形通风方式在上隅角设置甲烷传感器 T_0 或便携式瓦斯检测报警仪,工作面设置甲烷传感器 T_1,工作面回风巷设置甲烷传感器 T_2;若煤与瓦斯突出矿井的甲烷传感器 T_1 不能控制采煤工作面进风巷内全部非本质安全型电气设备,则在进风巷设置甲烷传感器 T_3,如图 8-3 所示;低瓦斯和高瓦斯矿井采煤工作面采用串联通风时,被串工作面的进风巷设置甲烷传感器 T_4,如图 8-4 所示。Z 形、Y 形、H 形和 W 形通风方式的采煤工作面甲烷传感器的设置参照上述规定执行,如图 8-5～图 8-8 所示。

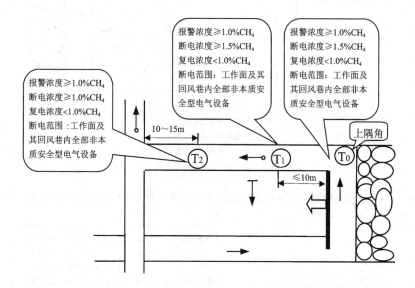

图 8-1　低瓦斯和高瓦斯矿井中 U 型通风方式的采煤工作面甲烷传感器的设置

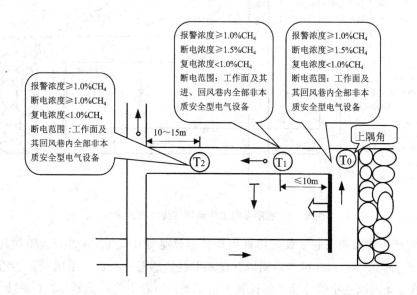

图 8-2　煤与瓦斯突出矿井中 U 型通风方式的采煤工作面甲烷传感器的设置(一)

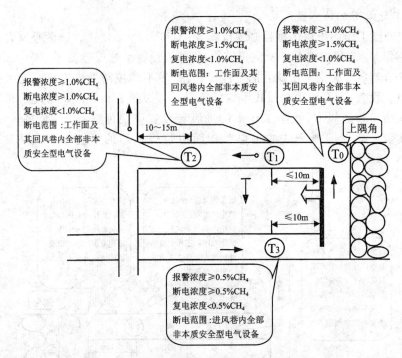

图 8-3 煤与瓦斯突出矿井中 U 型通风方式的采煤工作面甲烷传感器的设置(二)

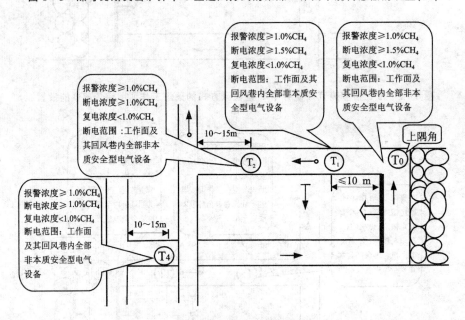

图 8-4 被串采煤工作面甲烷传感器的设置

(2)采用两条巷道回风的采煤工作面甲烷传感器必须按图 8-9 设置。甲烷传感器 T_0、T_1 和 T_2 的设置同图 8-1;在第二条回风巷设置甲烷传感器 T_5、T_6。采用三条巷道回风的采煤工作面,第三条回风巷甲烷传感器的设置与第二条回风巷甲烷传感器 T_5、T_6 的设置相同。

(3)有专用排瓦斯巷的采煤工作面甲烷传感器必须按图 8-10、图 8-11 设置。甲烷传感器 T_0、T_1、T_2 的设置同图 8-1;在专用排瓦斯巷设置甲烷传感器 T_7,在工作面混合回风风流

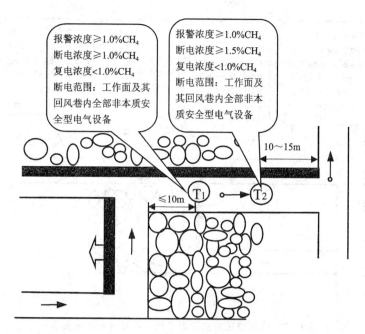

图 8-5　Z 型通风方式采煤工作面甲烷传感器的设置

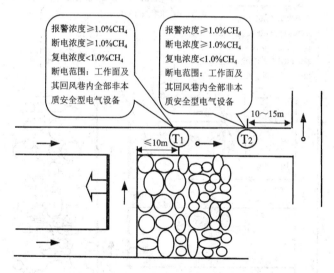

图 8-6　Y 型通风方式采煤工作面甲烷传感器的设置

处设置甲烷传感器 T_8,如图 8-10、图 8-11 所示。

（4）高瓦斯和煤与瓦斯突出矿井采煤工作面的回风巷长度大于 1 000 m 时,必须在回风巷中部增设甲烷传感器。

（5）采煤机必须设置机载式甲烷断电仪或便携式甲烷检测报警仪。

（6）非长壁式采煤工作面甲烷传感器的设置参照上述规定执行,即在上隅角设置甲烷传感器 T_0 或便携式甲烷报警仪、工作面及其回风巷各设置 1 个甲烷传感器。

2. 掘进工作面甲烷传感器的设置

（1）煤巷、半煤岩巷和有瓦斯涌出岩巷的掘进工作面甲烷传感器必须按图 8-12 设置,并实现瓦斯风电闭锁。在工作面混合风流处设置甲烷传感器 T_1,在工作面回风流中设置甲烷传

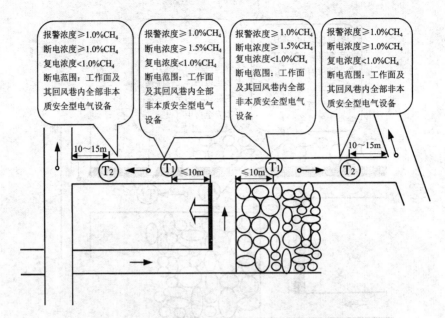

图 8-7 H 型通风方式采煤工作面甲烷传感器的设置

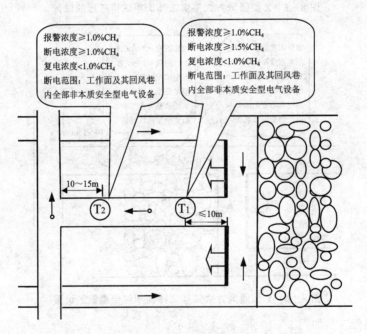

图 8-8 W 形通风方式采煤工作面甲烷传感器的设置

感器 T_2;采用串联通风的掘进工作面,必须在被串工作面局部通风机前设置掘进工作面进风流甲烷传感器 T_3。

(2) 高瓦斯和煤与瓦斯突出矿井双巷掘进甲烷传感器必须按图 8-13 设置。甲烷传感器 T_1 和 T_2 的设置同图 8-12;在工作面混合回风流处设置甲烷传感器 T_3。

(3) 高瓦斯和煤与瓦斯突出矿井的掘进工作面长度大于 1 000 m 时,必须在掘进巷道中部增设甲烷传感器。

(4) 掘进机必须设置机载式甲烷断电仪或便携式甲烷检测报警仪。

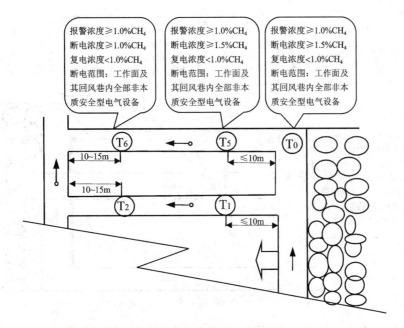

图 8-9　采用两条巷道回风的采煤工作面甲烷传感器的设置

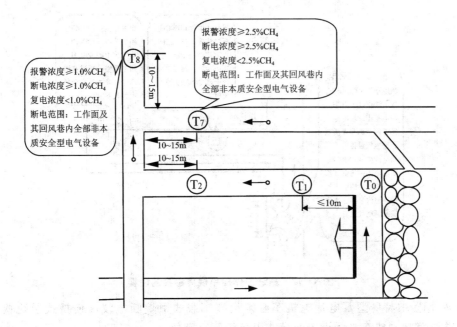

图 8-10　有专用排瓦斯巷的采煤工作面甲烷传感器的设置(一)

（5）采区回风巷、一翼回风巷、总回风巷测风站应设置甲烷传感器。

（6）设在回风流中的机电硐室进风侧必须设置甲烷传感器，如图 8-14 所示。

（7）使用架线电机车的主要运输巷道内，装煤点处必须设置甲烷传感器，如图 8-15 所示。

（8）高瓦斯矿井进风的主要运输巷道使用架线电机车时，在瓦斯涌出巷道的下风流中必须设置甲烷传感器，如图 8-16 所示。

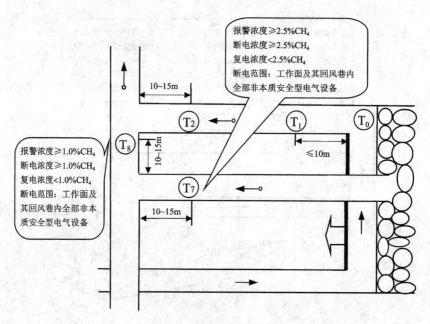

报警浓度≥2.5%CH₄
断电浓度≥2.5%CH₄
复电浓度<2.5%CH₄
断电范围：工作面及其回风巷内全部非本质安全型电气设备

报警浓度≥1.0%CH₄
断电浓度≥1.0%CH₄
复电浓度<1.0%CH₄
断电范围：工作面及其回风巷内全部非本质安全型电气设备

图 8-11 有专用排瓦斯巷的采煤工作面甲烷传感器的设置(二)

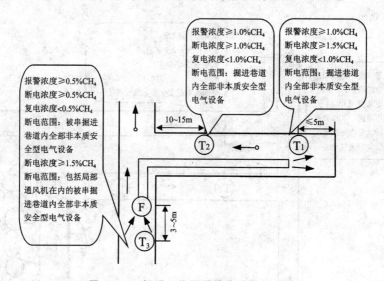

报警浓度≥1.0%CH₄
断电浓度≥1.0%CH₄
复电浓度<1.0%CH₄
断电范围：掘进巷道内全部非本质安全型电气设备

报警浓度≥1.0%CH₄
断电浓度≥1.5%CH₄
复电浓度<1.0%CH₄
断电范围：掘进巷道内全部非本质安全型电气设备

报警浓度≥0.5%CH₄
断电浓度≥0.5%CH₄
复电浓度<0.5%CH₄
断电范围：被串掘进巷道内全部非本质安全型电气设备
断电浓度≥1.5%CH₄
断电范围：包括局部通风机在内的被串掘进巷道内全部非本质安全型电气设备

图 8-12 掘进工作面甲烷传感器的设置

（9）矿用防爆特殊型蓄电池电机车必须设置车载式甲烷断电仪或便携式甲烷检测报警仪；矿用防爆型柴油机车必须设置便携式甲烷检测报警仪。

（10）兼做回风井的装有带式输送机的井筒内必须设置甲烷传感器。

（11）采区回风巷、一翼回风巷及总回风巷道内临时施工的电气设备上风侧 $10 \sim 15$ m 处应设置甲烷传感器。

（12）井下煤仓、地面选煤厂煤仓上方应设置甲烷传感器。

（13）封闭的地面选煤厂机房内上方应设置甲烷传感器。

（14）封闭的带式输送机地面走廊上方宜设置甲烷传感器。

（15）瓦斯抽放泵站甲烷传感器的设置。地面瓦斯抽放泵站内距房顶 300 mm 处必须设

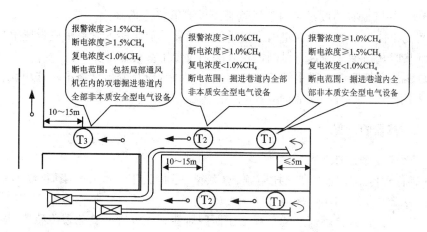

图 8-13　双巷掘进工作面甲烷传感器的设置

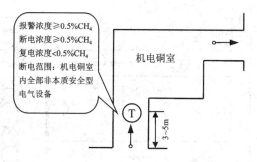

图 8-14　回风流中的机电硐室甲烷传感器的设置

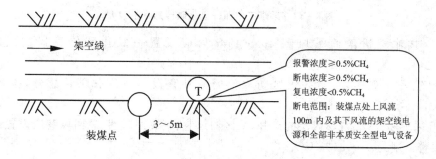

图 8-15　装煤点甲烷传感器的设置

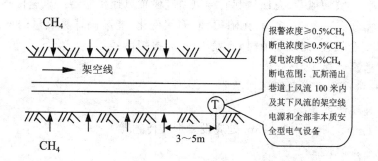

图 8-16　瓦斯涌出巷道的下风流中甲烷传感器的设置

置甲烷传感器,井下临时抽放泵站内下风侧必须设置甲烷传感器。

① 地面瓦斯抽放泵站内须在室内设置甲烷传感器抽放泵输入管路中应设置甲烷传感器。

② 井下临时瓦斯抽放泵站下风侧栅栏外必须设置甲烷传感器。

③ 抽放泵输入管路应设置甲烷传感器.利用瓦斯时,应在输出管路中设置甲烷传感器;不利用瓦斯、采用干式抽放瓦斯设备时,输出管路中也应设置甲烷传感器。

8.2.2 其他传感器的设置

1. 一氧化碳传感器的设置

(1) 一氧化碳传感器应垂直悬挂距顶板(顶梁)不得大于 300 mm,距巷壁不得小于 200 mm,并应安装维护方便,不影响行人和行车。

(2) 开采容易自燃、自燃煤层的采煤工作面回风巷必须设置一氧化碳传感器,地点可设置在上隅角工作面或工作面回风巷,报警浓度为≥0.0024% CO,如图 8-17 所示。

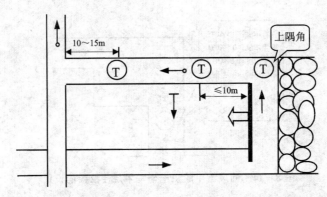

图 8-17 采煤工作面一氧化碳传感器的设置

(3) 带式输送机滚筒下风侧 10～15m 处应设置一氧化碳传感器,报警浓度为 0.0024% CO。

(4) 自然发火观测点、封闭火区防火墙栅栏外宜设置一氧化碳传感器,报警浓度为 0.0024%CO。

(5) 开采容易自燃、自燃煤层的矿井,采区回风巷、一翼回风巷、总回风巷应设置一氧化碳传感器,报警浓度为 0.0024% CO。

2. 风速传感器的设置

采区回风巷、一翼回风巷、总回风巷的测风站应设置风速传感器。风速传感器应设置在巷道前后 10m 内无分支风流、无拐弯、无障碍、断面无变化、能准确计算风量的地点。当风速低于或超过《煤矿安全规程》的规定值时,应发出声、光报警信号。

3. 风压传感器的设置

主要通风机的风硐应设置风压传感器。

4. 烟雾传感器的设置

带式输送机滚筒下风侧 10～15m 处应设置烟雾传感器。

5. 温度传感器的设置

(1) 温度传感器应垂直悬挂,距顶板(顶梁)不得大于 300 mm,距巷壁不得小于 200 mm,并应安装维护方便,影响行人和行车。

（2）开采容易自燃，自燃煤层及地温高的矿井采煤工作面应设置温度传感器。温度传感器的报警值为 30℃。如图 8－18 所示。

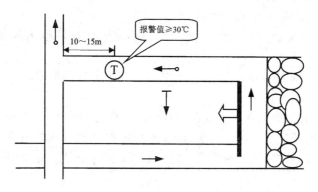

报警值≥30℃

10～15m

T

图 8－18　采煤工作面温度传感器的设置

（3）机电硐室内应设置温度传感器，报警值为 34℃。

6．瓦斯抽放管路中其他传感器的设置

瓦斯抽放泵站的抽放泵输入管路中宜设置流量传感器、温度传感器和压力传感器；利用瓦斯时，应在输出管路中设置流量传感器、温度传感器和压力传感器。防回火安全装置上宜设置压差传感器。

7．开关量传感器的设置

（1）主要通风机、局部通风机必须设置设备开停传感器。

（2）矿井和采区主要进回风巷道中的主要风门必须设置风门开关传感器。当两道风门同时打开时，发出声光报警信号。

（3）掘进工作面局部通风机的风筒末端宜设置风筒传感器。

（4）为监测被控设备瓦斯超限是否断电，被控开关的负荷侧必须设置馈电传感器。

8.3　安装与调试

矿井安全监控系统包含的设备多，安装的范围大，技术水平高，要顺利完成监控系统的安装调试工作必须作好充分的准备工作。

8.3.1　安装准备

1．人员培训

矿井和安全监控系统厂家要共同对系统的管理和安装、维护人员进行培训。培训的内容主要包括以下几个方面的内容。

（1）掌握《矿井安全规程》通风安全监控相关内容及有关矿井安全监控系统标准。

（2）了解矿用电气防爆技术、直流电源及备用电源技术、传感器技术、信息传输技术、断电控制技术、电子及计算机应用技术等。

（3）掌握矿用传感器、分站、电源、断电仪、甲烷风电闭锁装置、传输接口、主站、系统软件等安全监控设备安装、调校、使用操作与维护方法。

2．直观检查

（1）防爆性能应符合要求，防爆标志、安全标志明显；仪器内、外螺钉、垫圈齐全完整；密封圈与所用电缆相配套,隔爆面的粗糙度、间隙符合隔爆设备要求,隔爆面的机械伤痕不超过规定,隔爆外壳无变形或损坏现象;不用的进、出线嘴用 2mm 厚的钢板封堵。

(2) 传感器探头、分站等部件齐全,无损坏。

(3) 隔爆兼本安电源箱的输入电压等级与使用地点的电源电压等级一致,配用的熔丝(管)符合要求。

(4) 插入式连接的插件接触良好,焊点无虚焊、开焊、漏焊等现象。

3. 技术指标和功能调试

监测监控设备安装前必须在井上逐台进行全面的性能检查与调试,必须达到符合防爆性能要求,仪器指标和跟踪误差不超过技术规定,各项功能正常,零配件齐全。

系统功能调试内容较多,从系统的设备层开始,一直到管理层,各层设备的重要功能都要进行调试。

8.3.2 软件安装

1. 地面设备安装

(1) 监控主机必须专机专用,禁止安装与监控系统无关的软件及硬件。

(2) 中心站应双回路供电并配备不小于 2h 在线式不间断电源。

(3) 监控主机须有可靠的电源接地及机壳接地。

(4) 监控主机分为主、备用机,必须将两台计算机的所有监控程序都安装完毕,做到可以双机切换。

(5) 通信接口须有可靠的电源接地及机壳接地。

(6) 机房电源的额定电压 200VAC,如电压不在此范围或电压波动较大,应加装稳压电源,稳压供电的设备有监控计算机、通信接口、网络交换机等。

(7) 机房到井口的通信电缆必须使用屏蔽电缆,安装时线路应尽量埋地(减少雷击的可能),井口及机房通信电缆的屏蔽层都必须接地,且在井口必须安装通信避雷器,在监控机房安装通信避雷器。

2. 监控软件安装

这里以 kj93 监控系统为例说明监控软件安装示例。运行光盘上"kj93 监控系统监控主机安装程序"文件夹下的"SETUP. EXE",按照系统提示进行安装即可。若需要更改安装路径,点击界面中的"更改目录"按扭。其次需要注意配置软件所需的数据库环境,对于 kj93 监控系统来说,程序运行需要 Access 数据库的支持,因此需要安装 Microsoft Office Access。对于不同类型的监控系统,需要按照系统所要求的数据库软件。KJ93 监控软件的安装界面如图 8 - 19 所示。

软件安装完成后,首先需要对系统进行配置,即按照监控系统装备、传感器、断电装置的实际按照情况,对软件系统进行初始化,如:对系统所接入的分站数目进行配置,对每个分站的安装地点、分站所连接的监测与监控的传感器、断电装置等情况进行配置,对所大屏幕所显示的数据进行配置等。

3. 井下设备安装

井下设备安装需遵从如下原则:

(1) 矿井编制采区设计、采掘作业规程和安全技术措施时,必须对安全监控仪器的种类、数量和位置,信号电缆和电源电缆的敷设,断电区域等做出明确规定,并绘制布置图和断电控制图。

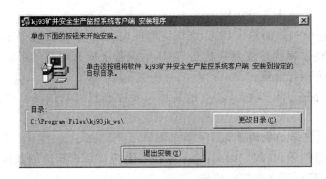

图 8 - 19　监控系统软件安装界面

（2）安全监控设备之间必须使用专用阻燃电缆连接，严禁与调度电话电线和动力电缆等共用。

（3）井下分站应设置在便于人员观察、调试、检验及支护良好、无滴水、无杂物的进风巷道或硐室中，安设时应垫支架或吊挂在巷道中，使其距巷道底板不小于 300 mm。

（4）隔爆兼本质安全型等防爆电源宜设置在采区变电所，严禁设置在下列区域：断电范围内，低瓦斯和高瓦斯矿井的采煤工作面和回风巷内，煤与瓦斯突出矿井的采煤工作面、进风巷和回风巷，掘进工作面内，采用串联通风的被串采煤工作面、进风巷和回风巷，采用串联通风的被串掘进巷道内。

（5）安全监控仪器的供电电源必须取自被控开关的电源侧，严禁接在被控开关的负荷侧。宜为井下安全监控设备提供专用供电电源。

（6）安装断电控制时，必须根据断电范围要求，提供断电条件，并接通井下电源及控制线，断电控制器与被控开关之间必须正确接线，具体方法由煤矿主要技术负责人审定。

（7）与安全监控仪器关联的电气设备，电源线和控制线在拆除或改线时，必须与安全监控管理部门共同处理。检修与安全监控仪器关联的电气设备，需要安全监控仪器停止运行时，必须经矿主要负责人或主要技术负责人同意，并制定安全措施后方可进行

（8）模拟量传感器应设置在能正确反映被测物理量的位置，开关量传感器应设置在能正确反映被监测状态的位置，声光报警器应设置在经常有人工作便于观察的地点。

8.3.3　系统调试

监测监控设备安装前必须在井上逐台进行全面的性能检查与调试，必须达到符合防爆性能要求，仪器指标和跟踪误差不超过技术规定，各项功能正常，零配件齐全。

系统功能调试内容较多，从系统的设备层开始，一直到管理层，各层设备的重要功能都要进行调试。这里给出了部分需要进行调试的内容。

1. 模拟量采集、显示及报警功能调试

（1）改变传感器、模拟量发生器的模拟量输出值，在规定时间内，主机、模拟盘、图形终端、电视墙、多屏幕和远程终端等显示设备（以下简称显示设备）上应显示相应的数据，该数据应与模拟量发生器输出值相符，其误差符合要求。

（2）制造模拟量超限或异常故障，系统应有相应的声光报警，报警信号方式及响度应符合规定。

（3）撤销超限或异常故障，相应的声光报警按各自产品标准规定的形式解除。

2．开关量采集、显示及报警功能调试

（1）改变开关量模拟器的输出状态，在规定时间内，显示设备上应显示相应的状态。

（2）制造开关量故障状态或异常状态，在显示设备上应有相应的显示，并伴有声光报警，报警信号方式及响度应符合规定。

（3）撤销故障状态或异常状态，相应的显示以及声光报警均按各自产品标准规定的形式解除。

3．累计量采集、显示功能调试

给出一串累计量信号，在规定时间内，显示设备上应显示出相应的数值。该数值应与输入的一串累计量信号相符，其误差符合要求。

4．控制功能(含断电、声光报警功能)调试

（1）手动控制功能：在规定的输入设备上进行控制操作，在规定时间内，控制执行显示器有相应显示，系统亦有相应的显示。

（2）自动控制功能：使系统输出控制信号的模拟量输入值和开关量状态，在规定时间内，按要求被控的就地和异地控制执行显示器有相应的显示，系统亦应有相应显示和报警。

（3）其他控制功能：按各自产品标准的规定逐项进行调试。

5．调节功能调试

（1）手动调节功能：在规定的输入设备上进行遥调量的变化操作，在规定的调节执行指示器上应显示相应的数值。该数值应与设置的调节量所代表的数值相一致，系统亦应有相应的显示。

（2）自动调节功能：改变相应的模拟量输入值。在相应的调节执行指示器上应显示出相应的数值。该数值应与设置的调节量所代表的数值相一致，系统亦应有相应的显示。

（3）其他调节功能：按各自产品标准的规定逐项进行调试。

6．存储和查询功能调试

（1）该调试应在上述功能调试后立即进行。

（2）调试按下列步骤进行：①使主机停电5 min；②送电，使主机运行，查询并打印停机前的各种实时监测值、各种状态和统计值以及报警和解除报警等情况记录。这些记录应与上述调试一一对应，并注明相应的时间。

7．屏幕显示及打印制表功能调试

（1）召唤显示和打印：按画面显示目录检查屏幕显示功能和打印制表功能。

（2）定时打印：检查系统在规定时间内打印出符合有关要求的各种表格和图形。

（3）屏幕显示及打印出的内容与格式应符合有关规定。

8．图形模拟功能调试

（1）采、掘、开系统模拟图显示：按照要求显示相关模拟图，并能正确显示模拟图设置的各类采集参数。

（2）通风系统模拟图显示：能按照要求实时显示通风网络风流、设备工况，并在相应位置实时数字显示风速、风压等。

（3）监控系统自检模拟图显示：支持故障自检功能，并及时将故障在系统自检图上显示出来。

9．人机对话功能调试

（1）用人机对话方式调用各种菜单，并按菜单和输入提示选测功能。

（2）在不中断正常检测的条件下，通过操作生成、修改各种系统参数、图表和图形，然后对被修改参数的部分进行实际检测调试，结果应与修改的要求相一致。

（3）在不中断正常检测的条件下，设定、修改口令和密级，并检查规定的保护功能。

10. **自诊断功能调试**

（1）对某一分站、传感器及传输电缆制造故障，系统应能诊断出相应故障，并有相应的显示和报警。

（2）将制造的故障撤销，则相应的故障显示和报警解除。

11. **系统软件自监视功能调试**

操作相应键，使之处于软件监视状态，系统应能正确监视软件中各任务运行状态。

12. **软件容错功能调试**

（1）人为制造键盘操作错误，应不影响整个系统软件的运行。

（2）制造盘片读写错误或打印机没联机等故障，应有故障提示，且不影响整个系统软件的运行。

13. **双机切换功能调试**

（1）人工手动切换功能调试：进行手动切换操作，备用主机和相应显示打印设备应投入运行，所构成的系统应能正常工作。同时测试从切换操作开始到备用机正常工作的时间。

（2）双机自动切换功能调试：设置双机切换的条件，备用主机及相应显示打印设备应投入运行，所构成的系统应能正常工作。同时测试从满足双机自动切换条件开始到备用机正常工作的时间。

14. **实时多任务功能调试**

（1）使打印机连续打印，时间不小于磁盘记录时间间隔。打印结束后，查询存盘记录，不应有信息丢失现象。

（2）连续操作键盘，时间不小于磁盘记录时间间隔，然后查询存盘记录，不应有信息丢失现象。

15. **备用电源调试**

使系统停电，相应设备的备用电源应立即投入运行，检查系统，系统应正常工作。使系统恢复供电，检查备用电源，备用电源应自动退出。

习题 8

1. 简述地面中心站装备及安装需要注意的问题。
2. 简述监控系统传输装备及安装需要注意的问题。
3. 了解监控点装备安装时需要注意的问题。
4. 甲烷传感器布置需要遵从的原则有哪些？
5. 监控系统安装包含哪些主要内容？
6. 系统调试过程中，需调试的内容及注意的问题有哪些？

第9章 矿井监控新技术

近年来虽然地面通信技术发展迅速,并向集语音、无线、图像和数据传输一体化的综合信息网方向发展,但煤矿井下通信系统由于受通信设备技术更新缓慢、有线无线独立建网、传输距离有限(3~5km)、井下环境恶劣、多级联网实现困难、电缆造价高昂、施工难度大、扩展性差、检修维护困难等多种现实条件的制约。针对煤矿井下通信现状,采用先进的下一代通信技术,对矿井井下通信系统进行全面改造和升级,使井下通信系统真正成为煤矿安全生产的"生命线",具有重要意义。

随着矿井信息化的不断推进,越来越多的现代化矿井对统一的现代化信息传输平台建设也愈发的重视起来。建立综合自动化煤矿环网,能实现控制系统的集中、高速传输;采用矿用本安型多通道工业以太网技术,构建综合自动化工业控制环网,实现对煤炭生产、设备运行、生产调度、安全监测监控等实时远程监控和数据自动采集,提高对各类问题的准确判断及应急处理能力;将生产监测监控子系统集成到统一的传输平台上,为远程监测监控提供了网络基础;采用实时数据库技术及组态技术,形成统一的管控指挥应用平台,实现了井下皮带、供电、架空乘人装置等系统的远程控制和自动化控制,大幅提高煤矿生产能力和安全生产管理水平。

9.1 矿井综合监控系统信息传输架构

9.1.1 信息传输三层网络结构

随着以太环网技术的迅速发展及其在工业领域的应用日渐广泛,越来越多的工业设备的通信标准也逐渐开始支持 TCP/IP 网络协议,使以太环网技术的应用领域开始向工业延伸。但在矿井井下生产控制领域,不但需要工业以太环网具有煤安认证,还需要网络能在比较恶劣的工作环境下稳定地工作。在煤矿井下工业自动化控制领域,所需连接的设备分布较分散,单个地方连接设备少,这就对支持光纤冗余环路的光纤以太网络交换机产品有了较大需求。为了实现光纤冗余环路功能,需要采用高性能的微处理器实现网络的管理和控制功能,并采用高性能的网络交换芯片实现基本的 100/1 000 M 以太网交换功能。

根据以上分析,煤矿井下工业以太环网需要经过特别设计,才能提供工业级的可靠性和稳定性,以满足长期连续运行的需求。煤矿综合自动化网络平台可以采用设备层 + 工业以太冗余环网 + Intranet 管理网络的三层结构模式,其基本结构如图 9-1 所示。

企业网络系统在技术设计时,其骨干网络可靠性和安全性是第一位的,同时要建设高带宽、高可靠性的网络主干;在煤矿综合自动化网络平台骨干网的设计中将采用工业以太冗余环网技术组成。在此基础上,再通过二级、三级接入层交换机到达用户桌面。为了实现监控系统的安全和可靠性,需要在煤矿工业以太环网和企业管理层局域网之间设置防火墙,用来隔离管理网与生产控制网,保证生产控制网的安全。

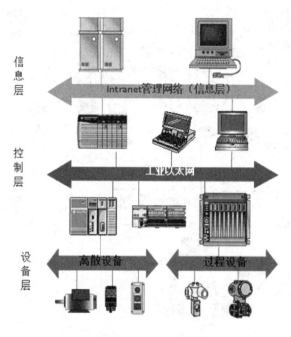

图 9－1　三层网络结构

9.1.2　矿井综合自动化系统

　　近年来,工业以太网在工业自动化领域得到了越来越广泛的应用与认可。许多控制器、PLC、智能仪表、DCS 系统等都正向带有以太网接口,这些都标志着工业以太网朝着成为真正开放互连的工业网络的方向发展。采用基于工业以太网的集成式全分布控制系统,具有高度的分散性、实时性、可靠性、开放性和互操作性的特点。综合自动化监控网络平台把各个自动化子系统有机地整合在一起,所有的监测监控管理操作都在一个平台中运行,提高了矿井综合自动化水平,实现了减员增效和矿井机电设备的安全运行,提高了煤矿的生产效率。

　　综合信息自动化控制平台的主干网结构采用环形工业以太网,主干网传输介质为光纤,采用工业以太网交换机进行数据交换。地面、井下连接成一个光纤环网在控制中心机房通过高性能的工业级核心交换机连接起来,构成一个统一的矿井监控信息子网,该子网运行在一个相对独立的网段中,通过隔离网闸与以后建立的煤矿企业网(也即是信息网络)隔离。

　　在井下工业以太环网的基础上,可方便实现无线井下人员定位管理系统、基于无线 WIFI 的矿井调度系统、电网监测监控系统、瓦斯抽放监控系统、主扇运行监控系统、工业视频监测系统、工业信号集控系统等相关系统的集中传输与管理。图 9－2 给出了新型矿井综合监控系统的信息传输架构。

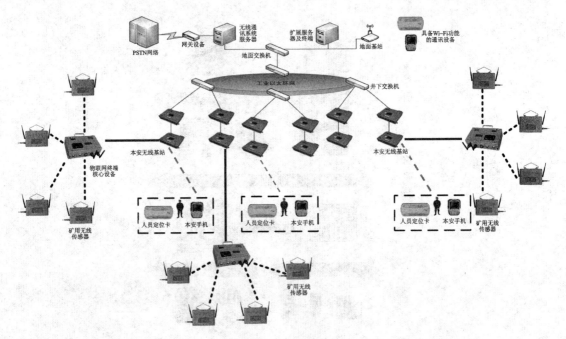

图 9-2 新型矿井综合监控系统的信息传输架构

9.2 以太网和 TCP/IP

9.2.1 以太网

以太网是一种计算机局域网组网技术,IEEE802.3 标准给出了以太网的技术标准,规定了包括物理层的连线、电信号和介质访问层协议的内容。以太网的标准拓扑结构为总线型拓扑,但目前的快速以太网(100 BASE-T、1000 BASE-T 标准)为了最大程度地减少冲突、最有效地提高网络速度和使用效率,使用交换机进行网络连接和组织,这样,以太网的拓扑结构形成了星形结构,但在逻辑上,以太网仍然使用总线型拓扑结构。

以太网技术最早由美国 Xerox 公司开发,后经数字设备公司、Intel 公司联合扩展,于 1982 年公布了以太网规范,IEEE 802.3 就是以这个技术规范为基础制订的。IE 802.3 又称为具有 CSMA/CD 的网络。CSMA/CD 是 IEEE802.3 采用的媒体接入控制技术,或称介质访问控制技术。以太网与 IEEE802.3 略有区别,但在忽略网络协议细节时,人们习惯将 IEEE802.3 称为以太网。

对以太网来说,所有的通信信号都在共享线路上传输,即使信息只发给其中的一台计算机,发送的消息都将被所有其他计算机接收。虽然正常情况下,网络接口卡会滤掉不是发送给自己的信息,除非接收目标地址与本机的地址相一致时才会向 CPU 发出中断请求。但这种"一个说,大家听"的特征是共享介质以太网在安全上的弱点,因为以太网上的每个节点都可以选择是否监听线路上传输的所有信息。同时共享电缆也意味着共享带宽,所以在某些情况下以太网的速度可能会非常慢。

由于信号的衰减和延时,根据不同的介质,以太网段有相应的距离限制,但可通过以太网中继器实现对距离的扩展。以太网标准中规定一个以太网上只允许出现 5 个网段、最多使用 4 个中继器,而且其中只有 3 个网段可以挂接计算机终端。中继器可以将连在其上的两个网段进行电气隔离,增强和同步信号。大多数中继器都有自动隔离的功能,可以把有大多冲突或是冲突持续时间太长的网段隔离开来,这样其他的网段就不会受到损坏部分的影响。其次,中继器在检测到冲突消失后可以恢复网段的连接。

尽管中继器在某些方面隔离了以太网网段,但它向所有的以太网设备转发所有的数据,这严重限制了同一个以太网网络上可以相互通信的机器数量。为了减轻这个问题,采用了桥接的方法,桥接工作在数据链路层。通过网桥时,只有格式完整的数据包才允许从一个网段进入另一个网段,冲突和数据包错误则被隔离。通过记录分析网络上设备的 MAC 地址,网桥可以判断它们的具体位置,这样网桥将不会向非目标设备所在的网段传递数据包。

随着应用领域的拓展,星型的网络拓扑结构被证实是较为有效的结构。于是设备厂商们开始研制有多个端口的中继器,即众所周知的集线器。非屏蔽双绞线最先应用在星型局域网中,之后在 10 BASE - T 中也得到应用,并最终代替了同轴电缆成为以太网的标准。这项改进之后,RJ45 电话接口代替了同轴电缆的 AUI 接口,成为计算机和集线器的标难接口,非屏蔽 3 类双绞线/5 类双绞线成为标准载体。集线器的应用避免了某条电缆或某个设备的故障对整个网络的影响,进一步提高了以太网的可靠性。

采用集线器组网的以太网尽管在物理上是星型结构,但在逻辑上仍然是总线型的,半双工的通信方式采用 CSMA/CD 的冲突检测方法。由于每个数据包都被发送到集线器的所有端口,所以带宽和安全问题仍然存在。集线器的总吞吐量受到单个连接速度的限制(10 或 100 Mbit/s)。当网络负载过重时,冲突也常常会降低总吞吐量。最坏的情况是,当许多用长电缆组网的主机传送很多非常短的帧时,网络的负载仅达到总负载量的 50% 就会因为冲突而降低集线器的吞吐量。

大多数现代以太网用以太网交换机代替集线器。尽管布线方式同集线器以太网相同,但是交换式以太网比共享介质以太网有很多明显的优势,例如更大的带宽和更好地隔离异常设备。交换网络的典型应用是星型拓扑结构,尽管设备工作在半双工模式,但仍然是共享介质的多节点网络。10BASE - T 和以后的标准是全双工以太网,不再是共享介质网络。

在交换式以太网中,交换机根据收到的数据帧中的 MAC 地址决定数据帧应发向交换机的哪个端口。因为端口间的帧传输彼此屏蔽,因此节点就不担心自己发送的帧在通过交换机时是否会与其它节点发送的帧产生冲突。因为数据包一般只是发送到它的目的端口,所以交换式以太网上的流量要略微小于共享介质式以太网。

9.2.2　TCP/IP 协议

TCP/IP 协议是多台相同或不同类型计算机进行信息交换的一套通信协议。TCP/IP 协议组的准确名称是 Internet 协议族,TCP 和 IP 是其中两个最重要的协议。而 Internet 协议族还包含了与这两个协议有关的其他协议及网络应用,如用户数据报协议(UDP)、地址转化协议(ARP)和互连网控制报文协议(ICMP)等。由于 TCP/IP 是 Internet 采用的协议组,所以将 TCP/IP 体系结构称为 Internet 体系结构。TCP/IP 协议具有如图 9 - 3 所示的四层结构。

从下到上的四层,分别为链路层(Link Layer)、网络层(Internet Layer)、传输层(Transport Layer)、应用层(Application Layer)。其中,链路层负责建立电路连接,是整个网络的物理基础,典型的协议包括以太网、ADSL 等等;网络层负责分配地址和传送二进制数据,主要协议是 IP 协议;传输层负责传送文本数据,主要协议是 TCP 协议;应用层负责传送各种最终形态的数据,是直接与用户打交道的层,典型协议是 HTTP、FTP 等。

应用层	Telnet、FTP和e-mail等
传输层	TCP和UDP
网络层	IP、ICMP和IGMP
链路层	设备驱动程序及接口卡

图9-3 TCP/IP 协议的四层结构

以太网是 TCP/IP 使用最普遍的物理网络,实际上 TCP/IP 技术支持各种局域网络协议,包括令牌总线、令牌环、光纤分布式数据接口(FDDI)、串行线路 IP(SLIP)、点到点协议(PPP)、X 2.5 数据网等。由于 TCP/IP 是世界上最大的 Internet 采用的协议组,而 TCP/IP 底层物理网络多数使用以太网协议,因此,以太网和 TCP/TP 成为 IT 行业中应用最普遍的技术。

9.3 工业以太网技术

9.3.1 工业以太网概述

以太网具有传输速度高、低耗、易于安装和兼容性好等方面的优势,由于它支持几乎所有流行的网络协议,所以在商业系统中被广泛采用。但是传统以太网采用总线式拓扑结构和多路存取载波侦听碰撞检测通信方式,在实时性要求较高的场合下,重要数据的传输过程会产生传输延滞,因此,产生了一种新型的、具有工程实用价值的工业以太网。

所谓工业以太网,是指技术上与商用以太网(IEEE802.3 标准)兼容,但在产品设计时,在材质的选用、产品的强度、适用性以及实时性等方面能满足工业现场的需要。简言之,工业以太网是将以太网应用于工业控制和管理的局域网技术,它是基于 IEEE802.3 (Ethernet)的单元网络。在井下应急通信系统中与井上控制中心进行通信则选用以太网,这主要是基于通信介质的强度、实时性和可靠性、电磁兼容性和本质安全方面考虑。为了促进以太网在工业领域的应用,国际上成立了工业以太网协会(IEA,Industrial Ethernet Association),工业自动化开放网络联盟(IAONA,Industrial Automation Network Alliance)等组织,目标是在世界范围内推进工业以太网技术的发展、教育和标准化管理以及在工业应用领域的各个层次运用以太网。

目前工业以太网具备一定的现场总线功能,总线技术通过修改应用层协议,以实现通过上层协议达到相互兼容的目的。近些年来,我们国家的科研院所和相关单位公布我国 EPA 标准,对我国工业网络化、智能化具有重要意义,工业以太网技术将得到广泛的应用。由于近些年物联网技术的不断发展,对以太网技术在工业控制领域里的普及起到了推动作用,通信技术水平的不断发展,网络化的工业以太网络得到了充分发展。工业以太网与 OSI 互联参考模型的对照关系如图9-4所示。

从图9-4可以看到,工业以太网的物理层与数据链路层采用 IEEE802.3 规范,网络层与传输层采用 TCP/IP 协议组,应用层的一部分可以沿用上面提到的互联网应用协议,这些沿用部分正是以太网的优势所在。工业以太网如果改变了这些已有的优势部分,就会削弱甚至丧失工业以太网在控制领域的生命力。因此工业以太网标准化的工作主要集中在 OSI 模型的应用层,需要在应用层添加与自动控制相关的应用协议。

OSI互联参考模型工业以太网

应用层		应用协议
表示层		表示层
会话层		
传输层		
网络层		TCP/IP
数据链路层		以太网 MAC
物理层		以太网物理层

图 9 - 4　工业以太网与 OSI 互联参考模型分层对照

　　过去的十几年间,在工厂自动化和过程自动化领域中,具备高可靠性和实时性的现场总线是现场级通信系统的主流解决方案。为满足控制系统数据量剧增和企业"一网到底"的控制需求,以太网技术逐渐向控制底层渗透,开始广泛地应用于现场级的通信控制。然而,以太网技术的非实时性和确定性成为其应用于现场级控制的最大障碍。针对这一问题,目前的工业以太网协议技术有三种实现方案,如图 9 - 5 所示。

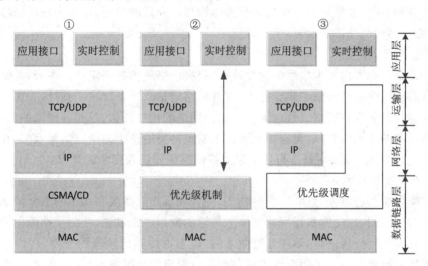

图 9 - 5　三种工业以太网协议实现方案

　　(1)在标准以太网协议应用层增加工业自动化控制功能,此种方法因采用 TCP/IP 协议栈,通信控制实时性较差,系统响应时间在 100 毫秒以上,此类协议主要应用过程自动化和建筑自动化领域。

　　(2)在以太网的 MAC(Media Access Control)层采用优先级控制的方法,保证数据传输的实时性,响应时间最高可达 10 毫秒。

　　(3)除了在 MAC 层采用合适的时序调度方法,还设计专门的硬件来满足实时性要求,使得响应时间达到 1 毫秒以下。

　　以上方案中,第三种是能够最大限度保证系统实时性,也是目前很多工业以太网控制协议普遍采用的。

9.3.2 工业以太网性能指标

1. 通信确定性与实时性

工业控制网络不同于普通数据网络的最大特点在于它必须满足控制作用对实时性的要求,即信号传输要足够快且满足信号的确定性。实时控制往往要求对某些变量的数据准确定时刷新,由于以太网采用 CSMA/CD 方式,当网络负荷较大时,网络传输的不确定性不能满足工业控制的实时要求,因此传统以太网技术难以满足控制系统要求准确定时通信的实时性要求,一直被视为非确定性的网络。然而,随着快速以太网与交换式以太网技术的发展,给解决以太网的非确定性问题带来了新的契机,具体体现在以下几个方面。

(1) 提高通信速率

目前以太网的通信速率从 10 Mbit/s、100 Mbit/s 增大到 1 000 Mbitt/s、10 GMbit/s,其速率还在进一步提高。相对于控制网络传统通信速率的几十千位每秒、几百千位每秒、1 Mbit/s、5 Mbit/s 而言,通信速率的提高是明显的,对减少碰撞冲突也是有效的。在相同通信量的条件下,提高通信速率可以减少通信信号占用传输介质的时间,从而为减少信号的碰撞冲突、解决以太网通信的非确定性提供了途径。

(2) 控制网络负荷

减轻网络负荷也可以减少信号的碰撞冲突,提高网络通信的确定性。本来,控制网络的通信量不大,随机性、突发性通信的机会也不多,其网络通信大都可以事先预计,并实时作出相应的通信调度安排。如果在网络设计时能正确选择网络的拓扑结构、控制各网段的负荷量、合理分布各现场设备的节点位置,就可在很大程度上避免冲突的产生。研究结果表明,在网络负荷低于满负荷的 30% 时,以太网基本可以满足对控制系统通信确定性的要求。

(3) 全双工交换技术

以太网交换机具有数据存储、转发的功能,使各端口之间输入和输出的数据帧能够得到缓冲、不再发生冲突;同时,交换机还可对网络上传输的数据进行过滤,使每个网段内节点间数据的传输只限在本地网段内进行,不需经过主干网,也不占用其他网段的带宽,从而降低了所有网段和主干网的网络负荷。采用全双工通信也可以明显提高网络通信的确定性。半双工通信时,一条网线只能发送或者接收报文,无法同时进行发送和接收;而全双工设备可以同时发送和接收数据。在用 5 类双绞线连接的以太网中,若一对线用来发送数据,另一对线用来接收数据,构成全双工交换以太网,则原本 100M 的网络便可提供给每个设备 200M 的带宽。因此采用全双工交换式以太网,能够有效地避免冲突,满足确定性网络的要求。

应该指出的是,控制网络中以太网的非确定性问题尚在解决之中,采取上述措施可以使其非确定性问题得到相当程度的缓解,但还不能说从根本上得到了解决,问题还在进一步研究解决之中。包括我国在内的许多国家都在积极开发工业以太网技术。

2. 稳定性与可靠性

以太网所用的接插件、集线器、交换机和电缆等均是为商用领域设计,而未考虑较恶劣的工业现场环境(如冗余直流电源输入、高温、低温、防尘等),故商用网络产品不能应用在有较高可靠性要求的恶劣工业现场环境中;而且,在易爆或可燃的场合,工业以太网产品还需要具有防爆要求,包括隔爆、本质安全两种方式。

随着网络技术的发展,上述问题正在迅速得到解决。为了解决在不间断的工业应用领域、在极端条件下网络也能稳定工作的问题,美国 Synergetic 微系统公司和德国 Hirschmann、Jetter AG 等公司专门开发和生产了导轨式集线器、交换机产品,安装在标准 DIN 导轨上,并有冗余电源供电,接插件采用牢固的 DB9 结构。台湾四零四科技推出工业以太网设备服务器,特别设计用于连接工业应用中具有以太网络接口的工业设备(如 PLC、HMI、DCS 系统等)。在 IEEE802.3af 标准中,也对以太网的总线供电规范进行了定义。此外,在实际应用中,主干网可采用光纤传输,现场设备的连接则可采用屏蔽双绞线,对于重要的网段还可使用冗余网络技术,以此提高网络的抗干扰能力和可靠性。

3. 控制协议

工业自动化网络控制系统不仅是一个完成数据传输的通信系统,而且还是一个借助网络完成控制功能的自控系统。它除了完成数据传输之外,往往还需要依靠所传输的数据和指令,执行某些控制计算与操作功能,由多个网络节点协调完成自控任务。因而它需要在应用、用户等高层协议与规范上满足开放系统的要求,满足互操作条件。

对应于 ISO/OSI 七层通信模型,以太网技术规范只映射为其中的物理层和数据链路层。而在其之上的网络层和传输层协议,目前以 TCP/IP 协议为主(已成为以太网之上传输层和网络层"事实上的"标准)。而对较高的层次如会话层、表示层、应用层等没有作技术规定,目前商用计算机设备之间是通过 FTP(文件传送协议)、Telnet(远程登录协议)、SMTP(简单邮件传送协议)、HTTP(WWW 协议)、SNMP(简单网络管理协议)等应用层协议进行信息透明访问,这些协议如今在互联网上发挥了非常重要的作用,但其所定义的数据结构等特性不适合应用于工业过程控制领域现场设备之间的实时通信。

4. 安装方便,适应工业环境的安装要求

工业以太网的环境要求包括机械环境适应性(如耐振动、耐冲击),气候环境适应性(工作温度要求为 $-40\sim+85$℃,至少为 $-20\sim+70$℃,并要耐腐蚀、防尘、防水),电磁环境适应性或电磁兼容性 EMC 应符合 EN 50081-2、EN 50082-2 标准。为了解决在不间断的工业应用领域、在极端条件下网络也能稳定地工作的问题,一些公司专门开发和生产了导轨式收发器、集线器和交换机系列产品;另外一些公司还专门开发和产生了用于工业控制现场的加固型连接件(如加固的 RJ45 接头、具有加固 RJ45 接头的工业以太网交换机、加固型光纤转换器/中继器等),可以用于工业以太网变送器、执行机构等。

9.3.3　工业以太网协议类型

1. Ethernet/IP 协议

Ethernet 表示采用 Ethernet 技术,也就是 IEEE 802.3 标准;IP 表示工业协议,以区别其它 Ethernet 协议。不同于其他工业 Ethernet 协议,EtherNet/IP 协议采用了已经被广泛使用的开放协议,也就是 CIP(Control and Information Protocol)作为其应用层协议。所以,可以认为 EtherNet/IP 就是 CIP 协议在 EtherNet、TCP/IP 协议基础上的具体实现。这一关系如同 DeviceNet 就是 CIP 协议在控制器局域网(CAN 总线)上的具体实现一样。图 9-6 为 EtherNet/IP 的分层模型图。EtherNet/IP 和 DeviceNet 以及 ControlNet 采用了相同的应用层 CIP 协议规范,只有在 OSI 协议七层模型中的低 4 层有所不同。EtherNet/IP 在物理层和数据链路层采用 EtherNet/IP 技术,在传输层和网络层采用 TCP(UDP)/IP 技术。由于在应用层采用了 CIP,EtherNet/IP 也具备 CIP 网络所共有的一些特点,包括:

OSI模型	EtherNetIP模型
应用层	控制与信息协议 CIP (Control and Information Potocol)
表示层	
会话层	
传输层	TCP/UDP
网络层	IP
数据链路层	以太网媒体访问控制
物理层	以太网 物理层

图 9-6 EtherNet/IP 工业以太网系统结构

(1) 可以传输多种不同类型的数据,也括 I/O 数据、配置和故障诊断、程序上下载等;

(2) 面向连接、通信之间必须建立连接;

(3) 用不同的方式传输不同类型的报文;

(4) 基于生产者/消费者模式,提供对多播通信的支持;

(5) 支持多种通信模式,如主从、多主、对等或三者的任意组合;

(6) 支持多种 I/O 数据触发方式,如轮询、选通、周期或状态改变;

(7) 用对象模型来描述应用层协议,方便开发者编程实现;

(8) 为各种类型的 EtherNet/IP 设备提供设备描述,以保证互操作性和互换性。

EtherNet/IP 协议支持显性和隐性报文,并且使用目前流行的商用以太网芯片和物理媒体。如图 9-7 所示,EtherNet/IP 工业以太网采用有源星型拓扑结构,一组装置点对点地连接到交换机,接线简单、故障查找容易、维护方便。

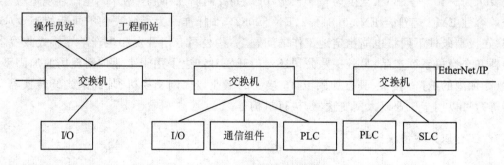

图 9-7 EtherNet/IP 工业以太网系统结构

2. Ethernet Powerlink 协议

Ethernet Powerlink 标准是奥地利贝加莱(B&R)公司开发的工业以太网,它是在标准以太网的基础上建立一个现场总线系统来满足实时性要求,同时克服传统解决方案的局限性。它的主要原理是在时间上重新组织了网络中站间信息交换机制,在 CSMA(载波侦听多路访问)基础上引入时间槽管理机制。网络中一个站点充当管理员管理网络通信,负责为所有站点给定同步节拍,分配各站发布权限,各站只有在得到发布权限之后才能发布信息,在同一时间只有一个站具有发送数据的权利,避免传输产生碰撞,因此保证了传输时间的确定性。

Ethernet Powerlink 的通信结构采用主从模式,通信方法是面向信息的传输帧,实现实时传输的方法是采用 polling 的方法实现分时传输,实时数据的传递通过广播信息的方法实现 Ethernet 帧传递,非实时数据的传递采用非周期性分时传输,TCP/IP 堆栈与实时堆栈并联,用于非周期数据的传输,以太网传输速率达到 100MBit/s,物理拓扑使用星形结构,逻辑拓扑采用环形结构,模块件网络的构成仅仅使用集线器,而没有网关,并有可能使用硬件解决方法。

3. ProfiNet 协议

ProfiNet 是西门子公司支持开发一个工业以太网协议,ProfiNet 独特的传输特性可以满足实时确定通信,这些特性包括:在保证的时间间隔内传输对时间要求严格的数据,传输时间可以准确确定,确保使用其它标准协议的通信可以在同一网络中无故障进行。另外 ProfiNet 在对响应时间要求苛刻、绝对不能超出响应时间的领域,例如运动控制这种情况下,可以满足等时实时通信。在使用等时实时通信的 ProfiNet 中,通信周期被细分成不同的、特定时间的通道,第一个通道用于等时实时通信,接着是实时通信和标准 TCP/IP 通信,这样两种数据通信就可以并存,而且互不干扰。

ProfiNet 支持铜缆、光纤导线、无线电等多种物理介质传输。在使用铜缆介质的情况下,支持星形、总线型、树形三种拓扑结构,最多可接入 126 个节点,网络长度最长为 5km,支持使用交换机、中继器等组件;使用光纤导线时,网络支持星形、环形、总线型三种拓扑结构,可接入多于 1000 个节点,网络长度最长可达 150km,并支持使用 SCALANCE X 组件;使用无线电作为传输介质时,网络只支持星形拓扑结构,并且最多支持 8 个节点,每个网段不能超过 1000m。

ProfiNet 主要包含 3 个方面的技术:

(1) 基于通用对象模型(COM)的分布式自动化系统;

(2) 规定了 Profibus 和标准以太网之间的开放、透明通信;

(3) 提供了一个包括设备层和系统层,独立于制造商的系统模型。

ProfiNet 通信协议模型如图 9-8 所示,采用标准 TCP/IP 与以太网作为连接介质,采用标准 TCP/IP 协议加上应用层的 RPC/DCOM 来完成节点之间的通信和网络寻址。可以同时挂接传统 Profibus 系统和新型的智能现场设备。如图 9-9 所示,现有的 Profibus 网段可以通过一个代理设备(Proxy)连接到 ProfiNet 网络当中,使整套 Profibus 设备和协议能够原封不动地在 ProfiNet 中使用。

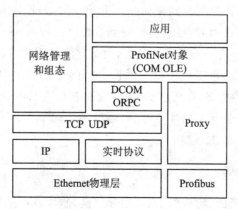

图 9-8　ProfiNet 网络通信协议模型

4. Modbus/TCP 协议

Modbus 协议是应用于电子控制器上的一种通用语言,Modbus/TCP 则是运行在 TCP/IP

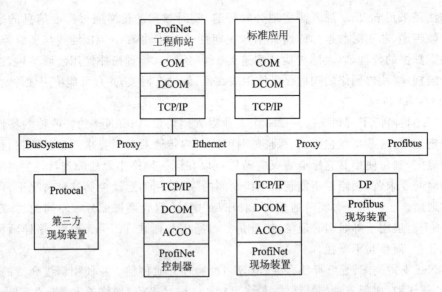

图 9-9 ProfiNet 工业以太网系统结构

上的 Modbus 报文传输协议。这个协议包括 ASCII、RTU、TCP 等,并没有规定物理层,它定义了控制器能够认识和使用的消息结构,而不管它们是经过何种网络进行通信的。Modbus/TCP 没有额外的规定校验,因为 TCP 协议是一个面向连接的可靠协议。

Modbus/TCP 的产品从 1999 年开始投入使用,通信结构采用主从结构,实时数据的传递采用标准 IP 帧,非实时数据的传输采用非周期性传输,TCP/IP 堆栈是完整的,无分开的实时堆栈。它的数据传输速率可选用 100MBit/s 或者 10MBit/s,物理拓扑采用星形,也可采用树形,逻辑拓扑采用总线网络,模块间网络的构成使用网关或集线器,不可以使用硬件解决方法。

5. EtherCAT 协议

EtherCAT 是由德国倍福公司开发,EtherCAT 同其它工业以太网比较是不必再像从前那样在每个连接点接受以太网数据包,然后进行解码并复制为过程数据,而是数据的接受采用移位的方法获取,进行位寻址,即每个网络模块得到其相应地址数据的同时,数据包已经传输的下一个网络模块去了,数据的插入同样如此。由于在网络设备获取数据环节节省了大量时间,所以两个设备间的延迟仅为微秒级,性能得到了提高。

EtherCAT 网络的通信结构采用主从方式,通信方法使用集总帧,实现实时传输的方式是采用等时传输,实时数据传递可以使用以太网帧,也可采用 UDP/IP,非实时数据的传递按协议运行,TCP/IP 堆栈可成为实时堆栈,以太网通信速率可达 100MBit/s,物理拓扑结构可采用线型、链型、树型,逻辑拓扑是开放的环形网络,通过两个端口实现一个段的连接,不同段间可采用网关,可实现硬件解决办法。

9.3.4 工业以太网发展趋势

由于以太网具有应用广泛、价格低廉、通信速率高、软硬件产品丰富、应用支持技术成熟等优点,目前它已经在工业企业综合自动化系统中的资源管理层、执行制造层得到了广泛应用,并呈现向下延伸直接应用于工业控制现场的趋势,未来工业以太网在工业企业综合自动化系统中的现场设备之间的互联和信息集成中发挥越来越重要的作用。总的来说,工业以太网技术的发展趋势将体现在以下几个方面。

1. 工业以太网与现场总线相结合

工业以太网技术的研究近几年才引起国内外工控专家的关注,而现场总线经过十几年的发展,在技术上日渐成熟,在市场上也开始了全面推广,并且形成了一定的市场。就目前而言,工业以太网全面代替现场总线还存在一些问题,需要进一步深入研究基于工业以太网的全新控制系统体系结构。因此,近一段时间内,工业以太网技术的发展将与现场总线相结合,具体表现在:

(1) 物理介质采用标准以太网连线,如双绞线、光纤等;

(2) 使用标准以太网连接设备(如交换机等),在工业现场使用工业以太网交换机;

(3) 采用 IEEE802.3 物理层和数据链路层标准、TCP/IP 协议组;

(4) 应用层(甚至是用户层)采用现场总线的应用层、用户层协议;

(5) 兼容现有成熟的传统控制系统(如 DCS、PLC 等)。

比较典型的应用如施耐德公司推出的"透明工厂"概念,即工厂的商务网、车间的制造网络和现场级的仪表、设备网络构成畅通的透明网络,并与 Web 功能相结合,与工厂的电子商务、物资供应链和 ERP 等形成整体。

2. 工业以太网技术直接应用于工业现场设备间的通信已成大势所趋

以太网通信速率的提高,全双工通信、交换技术的发展,为以太网通信确定性问题的解决提供了技术基础,从而消除了以太网直接应用于工业现场设备间通信的主要障碍,为以太网直接应用于工业现场设备间通信提供了技术可能。为此,国际电工委员会 IEC 正着手起草实时以太网标准,旨在推动以太网技术在工业控制领域的全面应用。

(1) 以太网应用于现场设备间通信的关键技术获得重大突破

针对工业现场设备间通信具有实时性强、数据信息短、周期性较强等特点和要求,经过认真细致地调研和分析,以下技术可以基本解决以太网应用于现场设备间通信的关键问题。

① 实时通信技术

采用以太网交换技术、全双工通信、流量控制等技术及确定性数据通信调度控制策略、简化通信栈软件层次、现场设备层网络微网段化等针对工业过程控制的通信实时性措施,解决了以太网通信的实时性。

② 总线供电技术

采用直流电源耦合、电源冗余管理等技术,设计了能实现网络供电或总线供电的以太网集线器,解决了以太网总线的供电问题。

③ 远距离传输技术

采用网络分层、控制区域微网段化、网络越小时滞中继以及光纤等技术解决以太网的远距离传输问题。

④ 网络安全技术

采用控制区域网段化,各控制区域通过具有网络隔离和安全过滤的现场控制器与系统主干网相连,实现各控制区域与其它区域之间的逻辑上的网络隔离。

⑤ 可靠性技术

采用分散结构化设计、EMC 设计、冗余、自诊断等可靠性设计技术等,提高基于以太网技术的现场设备可靠性,经实验室 EMC 测试,设备可靠性符合工业现场控制要求。

（2）起草了 EPA 国家标准

以工业现场设备间通信为目标，以工业控制工程师（包括开发和应用）为使用对象，基于以太网、无线局域网、蓝牙技术＋TCP/IP 协议，起草了《用于工业测量与控制系统的 EPA 系统结构和通信标准》（草案），并通过了由 TC124 组织的技术评审。

（3）开发基于以太网的现场总线控制设备及相关软件原型样机，并在化工生产装置上成功应用

针对现场控制应用的特点，通过采用软硬件抗干扰、EMC 设计措施，开发出了基于以太网技术的现场控制设备，主要包括：基于以太网的现场设备通信模块、变送器、执行机构、数据采集器、软 PLC 等。

由于以太网有"一网到底"的美誉，即它可以一直延伸到企业现场设备控制层，所以被人们普遍认为是未来控制网络的最佳解决方案，工业以太网已成为现场总线中的主流技术。

9.4　工业以太网技术在矿井监控系统中的应用

9.4.1　矿用工业以太网技术要求

在煤矿井下通信系统中，工业以太网有多种特性，根据不同环境的应用要求，工业以太网应具有以下特性：

① 具有良好的实时性和可靠性；

② 传输数据形式多为短帧格式，容错能力强；

③ 协议代码精简，执行效率较高；

④ 网络拓扑结构相对简单，多为树型结构；

⑤ 通信设备网络的智能化与纠错检错能力；

⑥ 组网容易，方便屏蔽底层控制网络；

⑦ 可支持远距离传输；

⑧ 具有总线供电、本质安全、防爆等。

由于煤矿井下通信系统对通信质量和通信速度有较高的要求，就可以利用工业以太网的通信速率高、通信距离远等特点来保证网络数据的传输。当然，煤矿井下的特殊环境不能使用以太网直接通信，而是通过 CAN 总线经 CAN 转以太网模块后，利用以太网传输到地面上位机，进而保障信息传输的可靠性。因此，通过工业以太网技术和 CAN 总线技术相结合，可以实现井下信息的采集与控制。

9.4.2　矿用工业以太网拓扑结构

目前，煤矿井下通信的工业以太网拓扑结构主要有总线型、环型和双环型结构。

（1）总线型

在总线型组网拓扑结构下（也可理解为星型结构），一个网络核心节点下联各个分节点，布线简单，管理方便，直接通过背板交换数据，交换速度快。主要在网络业务比较简单、可靠性要求不高的网络环境下组网，不适合于煤矿自动化网络多业务平台的需求。其基本结构如图 9-10 所示。

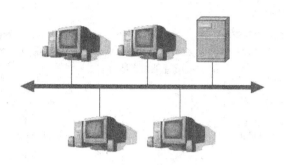

图 9 - 10　总线型结构

（2）环型组网拓扑结构

环形组网拓扑结构，属于分布式网络，各个网络节点串联成闭环结构，允许某一传输链路或网络节点出现一处断点。发生连路故障时，环网自动在一定时间内能切换到总线，属于简单而又实用的冗余组网方式，性价比高、可靠性较高。适合于煤矿多业务自动化网络平台，可以进一步提高网络的可靠性及安全性，其基本结构如图 9 - 11 所示。

（3）双环型

在双环形组网拓扑结构下，每个网络节点具有 2 套网络设备，各个节点串联成 2 套环网，构成冗余网络如图 9 - 12 所示。该类型网络是常用的高级工业冗余网络系统，主要用于电信核心级网络。在煤矿行业，同一井筒或巷道的双环型光缆敷设时，和单环网的可靠性一样，不适合煤矿的实际情况，且双环网布线复杂，如网络设备、网络光（电）缆、网卡均为双份，成本高。

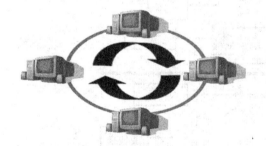

图 9 - 11　环型结构

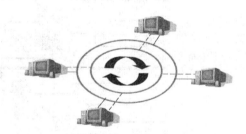

图 9 - 12　工业双环形组网结构

9.4.3　工业以太网在监控系统中的应用

目前，我国最新的矿井安全监控系统的特点是系统通信干线普遍采用工业以太环网搭建，但其核心设备井下监控分站一般只有 RS485 或 CAN 总线接口，所以监控分站必须要通过一个以太环网与其他接口的转换设备才能接入工业以太环网中。虽然监控系统通信干线的传输速率为 100Mbps/1000Mbps，但是 RS485 或 CAN 总线接口的可靠通信速率一般不超过5000bps，由"木桶理论"可知，整个系统的通信速率是由其最小的通信速率决定的，所以监控计算机与监控分站等设备的通信速率一般最高也只能达到 5000bps。目前我国矿井安全监控系统通信方式示意图如图 9 - 13 所示。

新一代矿井安全监控系统以工业以太网为核心，实现矿井综合自动化监控。下面以某矿井为例，采用最先进的网络技术，为煤矿安全生产全综合自动化提供一个完整的解决方案。采

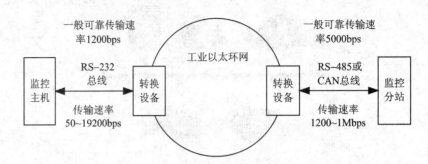

图 9-13　矿井安全监控系统通信方式示意图

用 100/1000M 工业以太网技术构成煤矿井下三网合一的网络平台,实现在矿调度中心通过计算机集中远程实时在线监测煤矿的安全信息、工况信息、图像信息,控制矿井井下、地面主要生产系统和辅助生产系统机电设备,实现矿井安全生产管控一体化,其基本框架如图 9-14 所示。

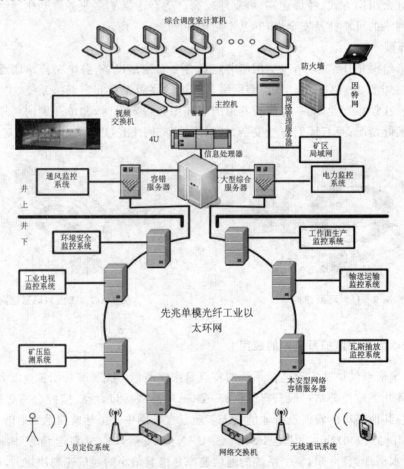

图 9-14　基于工业以太网的矿井安全监控系统结构

由于工业以太网具有开放性好、数据传输率高、易与网络集成等优点和现场总线易于实现分散式控制,煤矿综合监控系统采用工业以太网和现场总线模式,由光纤冗余主干网和设备级现场总线组成网络结构。其中,工业以太网技术为系统的功能综合化提供了重要的技术支持手段。由于矿井井下巷道纵横交错,分支较多且环境复杂,网络设备的维护难,因此主干巷道敷设阻燃单模光纤传输线,分支巷道通过 CAN 总线方式敷设电缆并汇接入防爆型网络容错服务器以实现信息的传输。网络容错服务器和光纤环网汇集到信息处理器,通过主控机进行管理和控制。各监控子系统通过标准的网络 TCP/IP 协议接入网络容错服务器,实现监控设备的集成传输,对于部分异构子系统采用先进的 ODBC(Open Data Base Connectivity,开放数据库互连)、OPC(OLE for Process Control,对象链接和嵌入过程控制技术)、HTTP (Hyper Text Transfer Protocol,超文本传输协议)等技术实现信息的汇接与集成。

工业以太网作为煤矿井下的综合信息传输平台,对系统的可靠性、稳定性要求较高,故系统核心层采用冗余环网的结构,网络故障切换时间小于 300ms。网络节点采用网络容错服务器来代替网络交换机,以保证通信传输的实时性,同时也提高了故障状态下的自恢复能力。网络容错服务器作为工业以太网上的一个节点,发挥独特的作用。当用户需要服务时,由相应的计算机工作站发出请求,服务器响应请求服务并执行相应的操作,同时将服务结果返回工作站。也就是数据处理由主控机独自完成转变为由客户计算机和服务器两部分共同完成,相应数据处理由客户计算机启动,服务器和客户计算机协同执行同一程序直至完成。

各种现场设备把采集到的数据和控制信息通过综合监控系统以太网实时传送到地面信息处理器和相应的服务器上,由信息处理器对各种数据进行分析、分类,把处理结果上传给系统主控机,主控机进而对数据进行处理、存储、控制、显示、查询、打印等操作,并通过网络管理服务器进行网上发布,实现网上数据实时共享。系统主干网络采用冗余工业以太环网(如图 9 - 15 所示),系统正常工作时整个网络传输通道沿同一方向传输数据,当网络某一节点出现故障时系统在 300ms 内自动切换通道,传输通道变成双向传输。

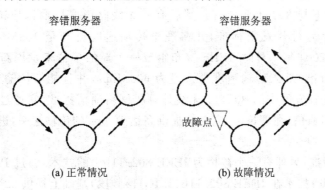

图 9 - 15　冗余工业以太环网传输通道示意图

9.5　井下无线通信技术

9.5.1　Wi - Fi 技术概述

Wi - Fi 是无线保真的缩写,英文全称为 Wireless Fidelity,在无线局域网范畴是指"无线兼容性认证",实质上是一种商业认证,同时也是一种无线联网技术,与蓝牙技术一样,同属于在办公室和家庭中使用的短距离无线技术。同蓝牙技术相比,它具备更高的传输速率,更远的传播距离,已经广泛应用于笔记本、手机、汽车等广大领域中。

Wi-Fi是无线局域网联盟的一个商标,该商标仅保障使用该商标的商品互相之间可以合作,与标准本身实际上没有关系,但因为Wi-Fi主要采用802.11b协议,因此人们逐渐习惯用Wi-Fi来称呼802.11b协议。从包含关系上来说,Wi-Fi是无线网络WLAN(Wireless Local Area Networks)的一个标准,Wi-Fi包含于WLAN中,属于采用WLAN协议中的一项新技术。

在Wi-Fi使用之初,在安全性方面非常脆弱,很容易被截取数据包,所以在安全方面成了政府和商业用户使用WLAN的一大隐患。WAP(无线应用协议)是由我国制定的无线局域网中的安全协议,它采用国家密码管理委员会办公室批准的公开密钥体制的椭圆曲线密码算法和秘密密钥体制的分组密码算法,实现了设备的身份鉴别、链路验证、访问控制和用户信息在无线传输状态下的加密保护。2009年6月15日,在国际标准组织ISO/IECJTC1/SC6会议上,中国无线局域网安全强制性标准WAPI(WLAN Authentication and Privacy Infrastructure)国际提案首次获得包括美、英、法等10余个与会国家成员体一致同意,将以独立文本形式推进其为国际标准,目前在中国加装WAPI功能的WIFI手机等终端可入网检测并获进网许可证。

IEEE 802.11是针对Wi-Fi技术制定的一系列标准,第一个版本发表于1997年,其中定义了介质访问接入控制层和物理层。物理层定义了工作在2.4GHz的ISM频段上,的两种无线调频方式和一种红外传输的方式,总数据传输速率设计为2Mbps。1999年加上了两个补充版本:802.11a定义了一个在5GHz ISM频段上,的数据传输速率可达54Mbps的物理层,802.11b定义了一个在2.4GHz的ISM频段上但数据传输速率高达11Mbps的物理层。802.11g在2003年7月被通过,其载波的频率为2.4GHz(跟802.11b相同),传输速率达54Mbps。802.11g的设备向下与802.11b兼容。其后有些无线路由器厂商因应市场需要而在IEEE 802.11g的标准上另行开发新标准,并将理论传输速度提升至108Mbit/s或125Mbit/s。IEEE 802.11n是2004年1月时,IEEE宣布组成一个新的单位来发展新的802.11标准,于2009年9月正式批准,最大传输速度理论值为600Mbps,并且能够传输更远的距离。IEEE 802.11ac是一个正在发展中的802.11无线计算机网络通信标准,它通过5GHz频带进行无线局域网(WLAN)通信,在理论上,它能够提供高达1Gbps的传输速率,进行多站式无线局域网(WLAN)通信。

除了上述的标准,另外有一个被称为IEEE 802.11b+的技术,通过PBCC(Packet Binary Convolutional Code)技术在IEEE 802.11b(2.4GHz频段)基础上提供22Mbps的数据传输速率。但这事实上并不是一个IEEE的公开标准,而是一项产权私有的技术,产权属于德州仪器。IEEE的一个工作组TGad与无线千兆比特联盟联合提出802.11ad的标准,即在60GHz的频段上面使用大约2GHz的频谱带宽,实现近距离范围内高达7Gbps的传输速率。

9.5.2　Wi-Fi技术在矿井监控中的应用

1. Wi-Fi具有的技术优势

(1)无线电波的覆盖范围广,基于蓝牙技术的电波覆盖范围非常小,半径大约只有50英尺左右,约合15米,而Wi-Fi的半径则可达300英尺左右,约合100米,办公室自不用说,就是在整栋大楼中也可使用。最近,由Vivato公司推出的一款新型交换机。该款产品能够把目前Wi-Fi无线网络91米通信距离扩大到6.4千米。

（2）虽然由 Wi-Fi 技术传输的无线通信质量不是很好，数据安全性能比蓝牙差一些，传输质量也有待改进，但传输速度非常快，可以达到 11mbps，符合个人和社会信息化的需求。

（3）厂商进入该领域的门槛比较低。厂商只要在机场、车站、图书馆等人员较密集的地方设置"热点"，并通过高速线路将因特网接入上述场所。这样，由于"热点"所发射出的电波可以达到距接入点半径数十米至 100 米的地方，用户只要将支持无线设备拿到该区域内，即可高速接入因特网。也就是说，厂商不用耗费资金来进行网络布线接入，从而节省了大量的成本。

2．煤矿井下无线通信系统要求

目前井下安全生产监控系统设备接入井下监控网络的方式采用有线的方式，主要是考虑井下的生产环境有许多干扰源，采取有线的方式可以较好的屏蔽周围的干扰，使得生产数据能够较好的传送给地面监控中心。但由于矿井的开采是在不断地向前进行，因此采煤等直接生产设备的位置也在不断地变化，采用这种方式将是信息采集的灵活性及实时性大打折扣。而且，我国生产的监控设备自动化系统、协议均为各个厂家自己定义的，这样造成每个系统都需要重新进行布线。因此，采用有线的接入方式效率低，工作量大，制约了煤矿安全生产的发展。

鉴于有线或半有线方式的缺点，无线通信方式已经出现在井下。井下无线通信系统不同于一般地面无线通信系统，它应有以下特殊的要求：

（1）煤矿井下空气中含有甲烷等可燃性气体和煤尘，容易发生爆炸事故。因此要求电器设备、移动通信设备等采用安全性能好的本质安全型防爆功能，要求井下电气设备应为防爆等级为Ⅰ类的本质安全型或隔爆型（或二者兼有）的设备。

（2）煤矿井下空间狭小，设备种类又多，要求移动通信系统的体积不能很大。

（3）根据矿井通信规则，矿井移动通信设备发射功率一般较小。本质安全型防爆电气设备的最大输出功率为 25W 左右。

（4）井下空间窄小、机电设备相对集中，因此，环境电磁干扰严重，因此要求通信设备应具有较强的抗干扰能力。

（5）井下通信设备应有防尘、防水、防潮、防腐、耐机械冲击等防护性能。

（6）井下电网电源的电压波动范围较大，因此要求移动通信设备的电源电压波动适应能力强，且备用电源应维持不小于 2 小时的正常工作。

（7）矿井移动通信系统应有较强的抗故障能力，当系统中某些设备发生故障时，其余非故障设备应该仍能继续工作。

（8）煤矿井下是一个移动的工作环境，随着井下移动通信系统的可靠性以及通信质量的提高、功能的完善、成本的降低，它将承担全部生产调度与救灾通信的任务，因此要求系统具有较大的信道容量。

3．Wi-Fi 技术在井下监控的应用

与其他无线传输方式相比，Wi-Fi 的传输速率高，目前最快理论值达 600 Mbps，并可根据环境、距离、信噪比等自动调节速率。功耗低，嵌入式 Wi-Fi 模块工作功耗可达毫瓦级，便于设计成符合煤矿安全标准的设备。Wi-Fi 标准有自己的安全机制，具有良好的安全性。Wi-Fi 移动通信系统还具有设备体积小、抗干扰能力强、终端携带方便、产品丰富等特点，十分适用于煤矿应用。

然而，由于煤矿井下的环境复杂，各种条件较差，巷道多，对信号的干扰因素多，因而给井下的无线通信带来了不小的难题，使井下的无线通信很长时间以来一直都徘徊在窄频范围内。

而基于 Wi-Fi 的宽带无线通信系统,能够很好地突破井下无线通信技术的瓶颈,更好地实现煤矿井下的无线通信。

为了说明基于 Wi-Fi 技术的井下通信系统的原理,我们以矿用无线语音通信调度系统为例进行说明。系统以光纤有线网络为骨干,以无线网络为延伸,在井下设立若干矿用分站,通过无线局域网络覆盖井下巷道,利用矿用本安手机(IP 终端接入设备)来实现群呼、组呼等功能,从而实现井上对井下的语音调度以及井下对井上的数据和语音双向通信。地面通信与监测中心的软件能分析、处理和显示人员位置、生命状态,可实现人员位置和生命状态显示报警和存储,从而全面实现煤矿安全生产、调度通信、应急救援、安全监控与督察。系统整体架构如图 9-16 所示。

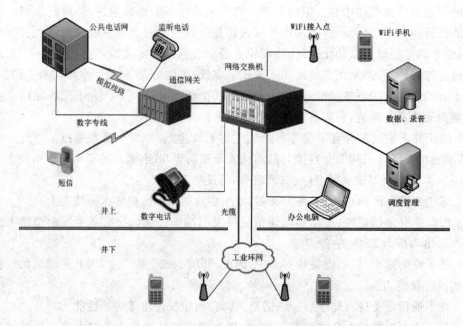

图 9-16　矿用无线语音通信调度系统

本质安全型无线以太网移动通信终端通过无线网络与矿用多媒体通信接入网关互联,调度台通过以太网与网关连接,多媒体通信接入网关之间通过光纤互连组成千兆多环型或环型与链型或星型的任意组合网络,识别卡通过无线网络与矿用多媒体通信接入网关互联。数据服务器模块包括网络管理服务器、人员定位服务器和视频管理平台服务器,网络管理服务器、人员定位服务器和视频管理平台服务器均通过以太网与矿用多媒体通信接入网关连接。

IP 调度台内置有 SIP 服务器,用以实现 VoIP 通话,IP 调度台通过话音中继接口与公网市话系统或企业内部电话系统互联,从而实现井下人员间、井下到矿区、井下到公网的全面通话。井上设备和井下设备均安装有不间断后备电源系统,在停电或断电环境中系统可以正常工作,系统满足井下爆炸性气体环境用电气设备安全技术要求。

由于煤矿井下是特殊的工作环境,移动通信设备要求采用安全性能好的本质安全型防爆措施,手机必须有防爆许可证。为了保证矿井移动通信系统覆盖全矿井,须选用合适的技术方案、频率和设计合理的结构。由于煤矿井下空间狭小,矿井最大尺寸也就 4m 左右,因此,移动通信设备的体积不能很大,终端的天线长度不能太长。由于在矿井中,50Hz 和其谐波的干扰和电机车火花所造成的干扰大,所以移动通信的工作频率选择上应考虑避开这些干扰源,应尽量选择高频或甚高频作为系统工作频率。手机的键盘、麦克和扬声器设计时要特别考虑其防尘、防水、防潮、防霉、耐机械冲击等性能。

本质安全型无线以太网移动通信终端应满足井下爆炸性气体环境用电设备安全技术要求,终端由以下部分组成:本质安全型数字电路、本质安全型模拟电路、本质安全型 RF 前端、本质安全型电池与电源管理电路、天线与外壳。话音信号通过模拟电路部分转换成数字信号,再传输到数字电路部分,并按相应的通信模式进行 I/O 编码输入到射频前端电路最终馈入到天线,由天线将信号向空间辐射输出。由天线接收到的信号经由射频前端解调处理后得到相应的 I/O 信号,再通过数字电路部分处理后,得到模拟话音电信号,最终通过模拟电路部分转换出话音信号,传递给收听者,整个电路安装在一个外壳中。

终端采用多模式处理器实现 GSM 与无线以太网的双模通信,使用 2.4 GHz 无线以太网 Wi-Fi 协议实现井下移动话音通信,具有定位功能。

9.6　矿井无线传感网络监控技术

9.6.1　无线传感网络技术概述

无线传感器网络(WSN,Wireless Sensor Network),是指通过在被监测区域内以适当的结构布置一定数量的传感器节点,这些节点以多条路由的无线通信方式建立连接并自组织成网络,传感器节点实时感知、采集周围环境信息,协同工作以满足特定的应用监测需求,并将最终结果发送给用户。WSN 主要由传感器节点、汇聚节点、监控中心三部分构成。传感器节点分布在指定监测区域内,将采集到的数据信息逐跳传输给汇聚节点,与监控中心之间通过 Internet 或其它外部网络连接,管理中心收到传上来的数据后对其综合处理和判断,并下发相应的管理指令,WSN 的体系结构图如图 9-17 所示,其核心包括 Sink 节点和传感器节点。

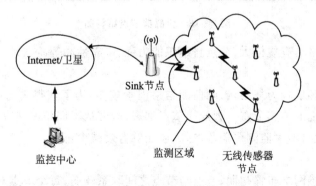

图 9-17　无线传感器网络体系结构图

（1）Sink 节点

Sink 节点可以为一个具有无线通信功能的特殊网关,也可以为一个具有较大存储功能、足够能量并具有较强计算能力的加强型传感器节点。Sink 节点是监控区域与外界网络进行数据交换的通道,它可以通过相关协议栈实现节点管理以及传感器节点之间的通信,一方面负责将监控区域采集数据传递至外界网络,另一方面也负责管理节点所派任务的下发。

(2)传感器节点

传感器节点一般为一个具有独立数据采集与接收的嵌入式系统,由于其需要在监控区域进行大量布置,其定价较低,数据通信能力有限,一般只可与周围相距较近的传感节点进行数据交换。如果需要与较远节点进行数据交换,则需要借助于中间节点转发,使用多条路由实现。传感节点不仅需要进行数据采集,数据转发也是其需要具备的功能之一,同时它还需要与其他传感节点配合完成管理节点所下发的任务。

传感节点一般由能量供应、微处理器、无线通信、传感器等四个模块组成,四部分协同工作,完成数据的采集及无线传送,其总体结构图如下图9-18所示。传感器模块作用为采集监控区域特定环境数值,由温度、湿度、响声、烟雾等各式各样的微型传感器及 A/D 转换器组成,微型传感器将采集得到的数据交与 A/D 转换器进行模数转换,得到稳定数值,便于下一步处理。处理器模块用于对收到数据的存储及处理并控制节点正常工作,它包含 CPU、数据存储器等。无线通信模块由 MAC 层、无线收发器、网络三部分组成,主要作用是完成自身所采集数据的发送,转发其他节点数据以及节点之间控制信息互换等等。能量供给模块为整个传感器节点提供能量支持,由于传感器节点多位于较隐蔽的地方,所以能量供给模块一般由微型电池来实现。能量因素为影响无线传感网络的重要因素,为了尽可能的节省能量、延长节点寿命,在传感器内部原器件选择上尽可能采用低功耗器件,在无通信任务时,切断部分射频电源。

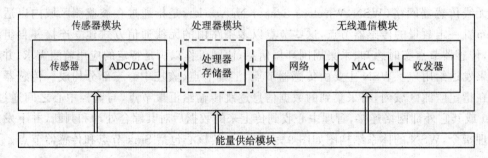

图 9 - 18 传感器节点结构图

无线传感器网络具有规模大、节点自组织能力强、可靠性高等特点。

(1)大规模

一般监控区域环境较为复杂,影响监测结果因素较多,为了获得更为准确的数据,需要在监测区域内放置大批的传感节点。大规模节点部署,能够从不同角度获取大量环境信息,从而有效提高监控准确性,增大监测覆盖范围外,还能够有效减少盲区。

(2)自组织

通常在无线传感网络布置初期,节点与节点之间联系较弱,每个节点对其周围的其他节点信息都不清楚。为了形成统一网络,这就需要节点能够主动对周围节点信息进行感知,通过相应的网络拓扑机制及路由协议从而形成具有多跳数据转发能力的网络。同时,在运行过程中,某些节点会因为能量耗尽或者其他原因脱离网络,也会有一些新节点出现代替失效节点,这样就会使整个传感器网络拓扑处在不断变化之中,自组织能力就使得节点能够适应这种不断改变的网络拓扑。

（3）可靠性

无线传感网络一般布置与位置偏僻、环境恶劣或者人不方便抵达的地方，此时对传感器节点的可靠性就提出很高要求，能够适应各种恶劣环境条件。同时通信保密性及安全性也是无线传感网络可靠性重要的一部分，其能够有效避免采集数据被窃取以及识别假造的监测数据，具有较好鲁棒性及容错性。

9.6.2　无线传感网络在矿井监控中的应用

传统的矿井安全监控系统大多是以有线通信方式来部署，有线监控系统在保障矿井安全生产方面起着重要作用，但仍有其自身不可避免的局限性。首先，煤矿井下是非自由空间，线缆铺设不到的地方容易造成监测盲区，难以对矿井环境实施全面、灵活的监测；而且长时间的使用之后容易出现线路老化造成漏电等安全隐患，线缆维护成本较高，破坏后恢复周期较长。其次，井下较多的危险源和事故隐患，通信线路容易遭到破坏，造成数据传输中断，监测信息不能及时到达监控中心，一旦发生矿难，对工作人员的跟踪定位和抢险救灾工作造成了非常大的影响。最后，有线监控系统网络监测点相对固定，不适合回采工作面不断推进的环境变化需求，无法满足井下实际分布情况和随机移动的工作特点，灵活性方面存在不足，很难实现动态的全面监控。

随着无线通信、嵌入式、传感器等多项技术的发展，WSN 由于其节点成本低、体积小、自组网等特点，在矿井安全生产监控系统中得到广泛应用，WSN 在监测区域内节点部署密集，在功能上实现冗余覆盖，即使部分节点损坏或失效，系统也能够自主正常工作，无需铺设线路，可以很方便的部署，大大节约了监控系统维护成本。

在煤矿井下构建 WSN 监控网络并不是要替代有线监控系统，而是与现有的有线监控系统相互补充，对有线监控系统难以监测到的区域进行更全面的监测。有线监控系统和无线监控系统相结合，使网络结构更加灵活、适应性更强，将很大程度上避免一些潜在的安全隐患，加强煤矿灾害预测预警监测网络的可靠性。

煤矿主巷道区域内特别是从井下到井上的提升井部分，距离较远且地形开阔，方便布设有线电缆，以有线工业以太网为主要通信方式。在空间相对狭小的支巷道和人员不可达的采空区，为了避免布线和供电困难以及线缆跟进不及时的缺点，就可以构建 WSN 进行监控。

有线与无线结合的矿井安全监控网络主要由两部分构成：地面监控中心和井下监控分站。井下监控分站包括井下工业以太网、传感器节点、路由器节点等。传感器节点负责采集周围环境信息，通过路由节点逐跳中继给无线分站，无线分站收到信息后通过有线方式传至井上监控中心。井上监控中心包括服务器和用户终端，服务器负责收集由井下传过来的各项数据信息，并进行储存和整理分析，用户终端通过访问服务器全面掌握井下各区域目标参数变化情况，以便对突发状况及时作出相应的预报和应急预警信号，如图 9-19 所示为有线无线结合矿井安全监控系统网络架构图。

目前，矿井 WSN 在温度监测、瓦斯监控、顶板压力控制及人员定位等方面都得到了应用。

（1）温度监测

煤与氧气发生反应放出热量，热量累积到一定程度可能会造成矿井火灾的出现，另外，机电硐室的机械设备在工作时也要严格控制温度避免起火现象，矿井火灾是影响井下安全生产的重要问题之一，通过在井下布置温度传感器节点，能给监控中心实时提供温度变化信息，及

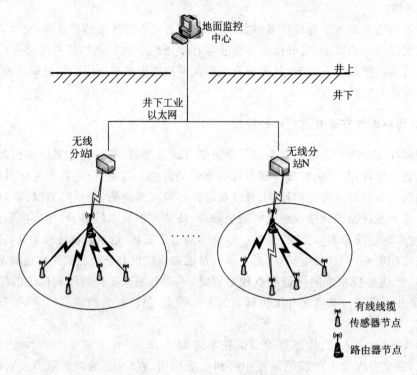

图 9 - 19 矿井安全监控系统网络架构图

时进行火灾预测预警并采取安全措施。

（2）瓦斯监控

瓦斯爆炸事故是威胁矿井安全生产及井下工作人员生命安全的重大因素,瓦斯浓度是井下重点监测的指标之一,瓦斯涌出的来源有很多方面,开采过程中煤体内游离态的瓦斯也在不断释放,通过布置瓦斯传感器实时监测瓦斯浓度变化情况,一旦出现安全隐患及时采取对应措施,尽可能避免瓦斯灾害事故发生。

（3）顶板压力控制

矿井下起支护作用的顶板在多次采动下容易发生变形,当矿山压力过大时就会遭到破坏而发生冒顶事故,通过布置压力传感器能及时监测压力变化情况,加强巷道及采场顶板管理,尽量避免顶板冒落事故。

（4）井下人员定位

通过给矿井工作人员佩戴传感器节点,能实时掌握他们的分布范围及活动轨迹,当有异常情况发生时,井上监控中心能通过传感器节点尽快找到被困人员的具体位置,尽快进行救援工作。

习题 9

1. 名词解释:工业以太环网,Wi－Fi,WSN,井下移动通信,ZigBee 技术
2. 列举目前矿井信息传输的几种主要技术。
3. 试述工业以太网的主要特点及类型。
4. 简要叙述工业以太网技术用于矿井监控系统的技术要求。
5. 试述工业以太网用于矿井监控系统的几种主要的拓扑结构。
6. 简述 Wi－Fi 技术的技术优势以及用于矿井监控系统的技术要求。
7. 什么是无线传感网络？无线传感网络在矿井监控系统中有哪些应用？
8. 对比几种用于矿井监控系统的无线通信技术的优缺点。

参考文献

[1] 李长青,孙君顶等. 矿井监控系统 [M]. 北京:中国水利水电出版社,2012.

[2] 孙继平. 矿井安全监控系统[M]. 北京:煤炭工业出版社,2006.

[3] 国家安全生产监督管理总局.煤矿安全规程[M]. 北京:煤炭工业出版社,2016.

[4] 陈维健. 矿井安全监测监控设备[M]. 徐州:中国矿业大学出版社,2014.

[5] 李树刚. 安全监测监控技术[M]. 徐州:中国矿业大学出版社,2008.

[6] 苏柏顺. 矿用一氧化碳传感器的研究与设计[D]. 焦作:河南理工大学,2006.

[7] 谢芳. 矿用超声波旋涡式风速传感器的研究与设计[D]. 焦作:河南理工大学,2007.

[8] 田兵. 矿用负压传感器的研究与设计[D]. 焦作:河南理工大学,2008.

[9] 汤永利. 矿用温度传感器的研究与设计[D]. 焦作:河南理工大学,2005.

[10] 殷振振. 矿用光纤瓦斯传感器的研究与设计[D]. 焦作:河南理工大学,2010.

[11] 侯海涛. 红外无线瓦斯传感器的研究与设计[D]. 焦作:河南理工大学,2013.

[12] 孙君顶. 分布式矿井安全、生产监控系统软件设计[D]. 焦作:河南理工大学,2001.

[13] 孙君顶,李长青,毋小省. KJ93 矿井安全、生产监控系统中数据传输的研究[J]. 河南理工大学学报(自然科学版),2001,20(1):58-61.

[14] 郭江涛. 煤矿安全监控系统现状及发展趋势[J]. 煤矿机械,2017,(03):1-3.

[15] 张新宇. 煤矿安全监测监控系统的现状及发展趋势研究[J]. 能源与节能,2016,(04):33-34.

[16] 孙继平. AQ1029—2007《煤矿安全监控系统及检测仪器使用管理规范》修订意见[J]. 工矿自动化,2016,(03):1-6.

[17] 胡继红. 煤矿安全监控系统存在的问题与发展方向[J]. 中国煤炭,2010,(12):61-63.

[18] 李长青,朱世松,赵建贵. 煤矿安全和生产监控系统的现状与未来发展趋势[J]. 焦作工学院学报(自然科学版),2000,(02):121-1

[19] 孙继平. 煤矿安全监控技术与系统[J]. 煤炭科学技术,2010,38(10):1-4.

[20] 赵建贵,李长青,安葳鹏,等. RS-485 通信接口在 KJ93 型煤矿监控系统中的应用[J]. 焦作工学院学报(自然科学版),2001,(05):353-354.

[21] 张翠云,王福忠. 基于 RS-485 总线的煤矿井下供电远程监控系统[J]. 矿山机械,2007,(05):120-121.

[22] 邬莎莎,廖晓群,马莉,赵安新. 煤矿安全监控系统数据接口标准的研究[J]. 工矿自动化,2010,(12):21-24.

[23] 李长青,安葳鹏,赵建贵,等. 矿井监控系统绘图软件的研制[J]. 河南理工大学学报(自然科学版),2002,21(2):127-129.

[24] 闫文忠,李长青,安葳鹏,等. KJ93 型矿井安全生产监控系统中的抗干扰技术研究[J]. 河南理工大学学报(自然科学版),2004,23(5):395-398.

[25] 赵建贵,李长青,安葳鹏,等. RS-485 通信接口在 KJ93 型煤矿监控系统中的应用[J].

河南理工大学学报自然科学版，2001，20(5):37-38.

[26] 刘家磊，李长青. 矿井安全生产监控系统通信协议的研究[J]. 工矿自动化，2007，(1):54-57.

[27] 刘师良，李长青. 基于 CAN 总线的煤矿监控系统工作站的研究[J]. 工矿自动化，2009，(1):66-69.

[28] 李长青，张晓芬. 基于 ZigBee 的瓦斯传感器节点的研究[J]. 通信技术，2010，43(2):92-94.

[29] 李长青，侯海涛. 矿用红外甲烷浓度测试仪的设计[J]. 仪表技术与传感器，2013(8):25-27.

[30] 闫文忠，李长青，赵建贵，等. KJ93 型矿井安全生产监控系统技术分析[J]. 煤矿机械，2004，(6):59-60.

[31] 金世钟，黄志刚. 矿井安全监控系统实用教程，北京:煤炭工业出版社，2006.

[32] 中国煤炭建设协会. 中华人民共和国国家标准 GB50581-2010 煤炭工业矿井监测监控系统装备配置标准.北京:2010.

[33] 孙继平、彭霞. 中华人民共和国煤炭行业标准 MT/T1079-2008 矿用断电控制器.北京:煤炭工业出版社，2009.

[34] 熊若讷. 煤矿井下安全智能监控分站的设计[D]. 武汉理工大学，2012.

[35] 李翔. 煤矿井下智能监控分站的设计[D]. 武汉理工大学，2011.

[36] 俞磊荣. 煤矿安全监控系统甲烷监控分站的研制[D]. 电子科技大学，2011.

[37] 周海坤. 甲烷风电闭锁在矿用分站中的设计与实现 [J]. 煤矿安全，2008，(02):64-66.

[38] 李慧宗，葛斌，王向前. Zigbee 技术在矿井安全监控系统中的应用[J]. 煤矿机械，2011，(05):206-208.

[39] 杨景辉，刘树林. 基于 zigbee 煤矿无线网络监控系统设计[J]. 陕西煤炭，2011，(02):40-41.

[40] 邓作杰，谭小兰. 基于 Zigbee 技术的煤矿安全监控系统设计[J]. 煤矿机械，2010，(08):171-173.